Vorwort

Abläufe und Vorhaben zu planen, durchzuführen, zu kontrollieren und fortlaufend zu verbessern ist elementarer Bestandteil aller Berufe. Lediglich Aufgaben auf Anweisung auszuführen, sichert in der heutigen Zeit keinen Arbeitsplatz auf Dauer. Gefragt sind wachsame und aufmerksame Mitarbeiterinnen und Mitarbeiter, die in der Lage sind, Abläufe einzuordnen, Verbesserungspotenziale zu erkennen und diese auch zu benennen.

Dazu soll Sie dieses Lehrwerk befähigen, das grundlegend in zwei Lerngebiete eingeteilt ist:

⬗ **Prozessmanagement:** Prozesse sind Arbeitsabläufe, die im besten Fall lückenlos und gut verständlich dokumentiert sind. Dieses Lerngebiet soll Sie darauf vorbereiten Prozessmodelle zu lesen, selbst zu erstellen, zu analysieren und letztendlich auch zu verbessern.

⬗ **Projektmanagement:** Während Prozesse fortlaufend gleiche Abläufe beschreiben, lebt das Prozessmanagement von der Neuartigkeit der zu bewältigenden Aufgaben und deren Komplexität. Diese Aufgaben zu planen, durchzuführen und zu kontrollieren ist Inhalt dieser Lerneinheit.

In den Praxiseinheiten nehmen Sie die Rolle eines Praktikanten ein, der in dem Industriebetrieb „Vereinigte Motorenwerke GmbH" fortlaufend von Mitarbeitern betreut wird.

Zur fachlichen Einarbeitung stehen Ihnen unternehmensinterne Dokumente in Form von Handbüchern zur Verfügung. Sie ermöglichen Ihnen eine selbstorganisierte Bearbeitung der gestellten Aufgaben, wobei diese im Verlauf zunehmend anspruchsvoller werden.

Sie werden an vielen Stellen dieses Lehrwerks feststellen, dass es für die praktische Arbeit konzipiert wurde. Das spiegelt sich sowohl in zahlreichen Aufgaben als auch in der Möglichkeit wieder, in den Randbereichen der Seiten eigene Notizen anzulegen.

Softwareunterstützung

Zur Bearbeitung der Themengebiete stehen Ihnen kostenfreie spezialisierte Softwareangebote zur Verfügung:

⬗ **Modelliersoftware:** Die Modelle in diesem Workshop können prinzipiell mit jedem Präsentationsprogramm dargestellt werden. Wesentlich komfortabler arbeiten Sie mit der Modelliersoftware ARIS Express, die Sie kostenfrei bei der Software AG (www.ariscommunity.com) herunterladen können. Sofern auch Auswertungen auf Prozessmodelle durchgeführt werden sollen, stellt die Software AG Schulen kostenfrei die Prozessdesign und Analyse Software ARIS zur Verfügung (ARIS@school - www.aris-at-school.de).

Für Fragen rund um die Modellierung und die Software steht Schülerinnen und Schülern ein eigenes Forum zur Verfügung. Dieses finden Sie ebenfalls unter der Adresse www.ariscommunity.com.

⬗ **Projektmanagementsoftware:** Die Software Ganttproject stellt ein einfaches Werkzeug zur Koordination von Aufgaben, Terminen und Ressourcen dar. Es ist ein opensource-Produkt und kann direkt von der Internetseite http://www.ganttproject.biz heruntergeladen und installiert werden.

Inhaltsverzeichnis

1 Praxiseinheit: Prozessmanagement im Betrieb

Die „Vereinigten Motorenwerke" sind eine hundertprozentige Tochterunternehmung der United Motors Group aus Detroit. Der Hauptsitz des Unternehmens liegt im niedersächsischen Oldenburg.

Das Unternehmen hat sich mit seinen 350 Mitarbeitern auf die Herstellung von Lösungen im Bereich der Elektromotoren spezialisiert.

Typische Anwendungsbereiche für die Motoren sind:

- Hybridantriebe in Fahrzeugen
- Elektroantriebe für Fahrräder und Rollstühle
- Elektrische Höhenverstellungen für Büromöbel
- Elektromotoren für Hauswasserwerke, Wasserpumpen u. v. m.

Darüber hinaus führt die VMW GmbH auch weitere fremdhergestellte Handelswaren zur Abrundung des Sortiments.

Das Industrieunternehmen arbeitet nach dem Leitbild:

> *... gelebte Qualität für das Wesentliche – für unsere Kunden!*

Die VMW GmbH bietet Auszubildenden die Möglichkeit eines Tauschs der Ausbildungsstätten als Praktikant. Im Rahmen dieses vierwöchigen Austauschs arbeiten Sie in der VMW GmbH, während eine Auszubildende oder ein Auszubildender in dieser Zeit in Ihren Ausbildungsbetrieb wechselt.

Als Hilfe für die schnelle Einarbeitung in die Unternehmensphilosophie stehen Ihnen unternehmensinterne Dokumente zu den Themen

- Handbuch: Unternehmensorganisation
- Handbuch: Geschäftsprozessorientierung
- Handbuch: Geschäftsprozessmodellierung
- Handbuch: Geschäftsprozessoptimierung
- Handbuch: einfache Mapping-Tools
- Handbuch: ARIS Software

zur Verfügung.

Während der Projektphase werden Sie von unterschiedlichen Mitarbeiterinnen und Mitarbeitern der VMW GmbH betreut:

Vereinigte Motorenwerke GmbH

Geschäftsführer Albert Rilke

Industriestraße 8 26129 Oldenburg

Tel: 0441 987654-0 Fax: 0441 987654-10

mail@v-mw.de www.v-mw.de

HR-Eintrag: AG Oldenburg HRB 12345

Ust-ID Nummer: DE123456789

Elke Schmidt	Rudolf Harping	Karl Heinz Winkler	Wiebke Katrinsen	Anita Hansen
Verkauf	**IT & Orga**	**Beschaffung**	**Finanzbuch-haltung**	Projektmanagerin **Fertigung**

Damit die Mitarbeiter etwas von Ihnen erfahren, wurde folgender „Steckbrief" ausgehängt:

M

VMW

Vereinigte MotorenWerke

STECKBRIEF

Ihr Bild

Liebe Mitarbeiterinnen und Mitarbeiter!
Gegenwärtig haben wir wieder eine
Praktikantin/einen Praktikanten im Haus.
Hiermit heißen wir diese/diesen
herzlich willkommen!

Name: _____

Vorname: _____

Schule: _____

Sofern Sie Prozessmodelle mit ARIS modellieren werden, benötigen Sie Zugangsdaten für die Software. Damit Sie die nicht vergessen, notieren Sie sich diese bitte hier:

Benutzernamen: _____

Kennwort: _____

Als neues Mitglied im Team der VMW GmbH gilt es für Sie, sich zunächst einen Überblick über das Unternehmen zu verschaffen. Diesen Überblick über die Leistung, mit der die VMW GmbH Geld verdient, gelingt am schnellsten mit einer Prozesslandkarte, die im nachfolgenden Kapitel näher betrachtet wird.

Im Schulungsraum der VMW GmbH ist das Whiteboard einer ERP-Schulung stehen geblieben. Es verdeutlicht, dass nahezu der gesamte Ablauf einer Leistungserstellung über das ERP-System gesteuert wird.

Die Grafik gibt Ihnen einen ersten Überblick, wie der Leistungserstellungsprozess, also die Bearbeitung einer Bestellung, abläuft.

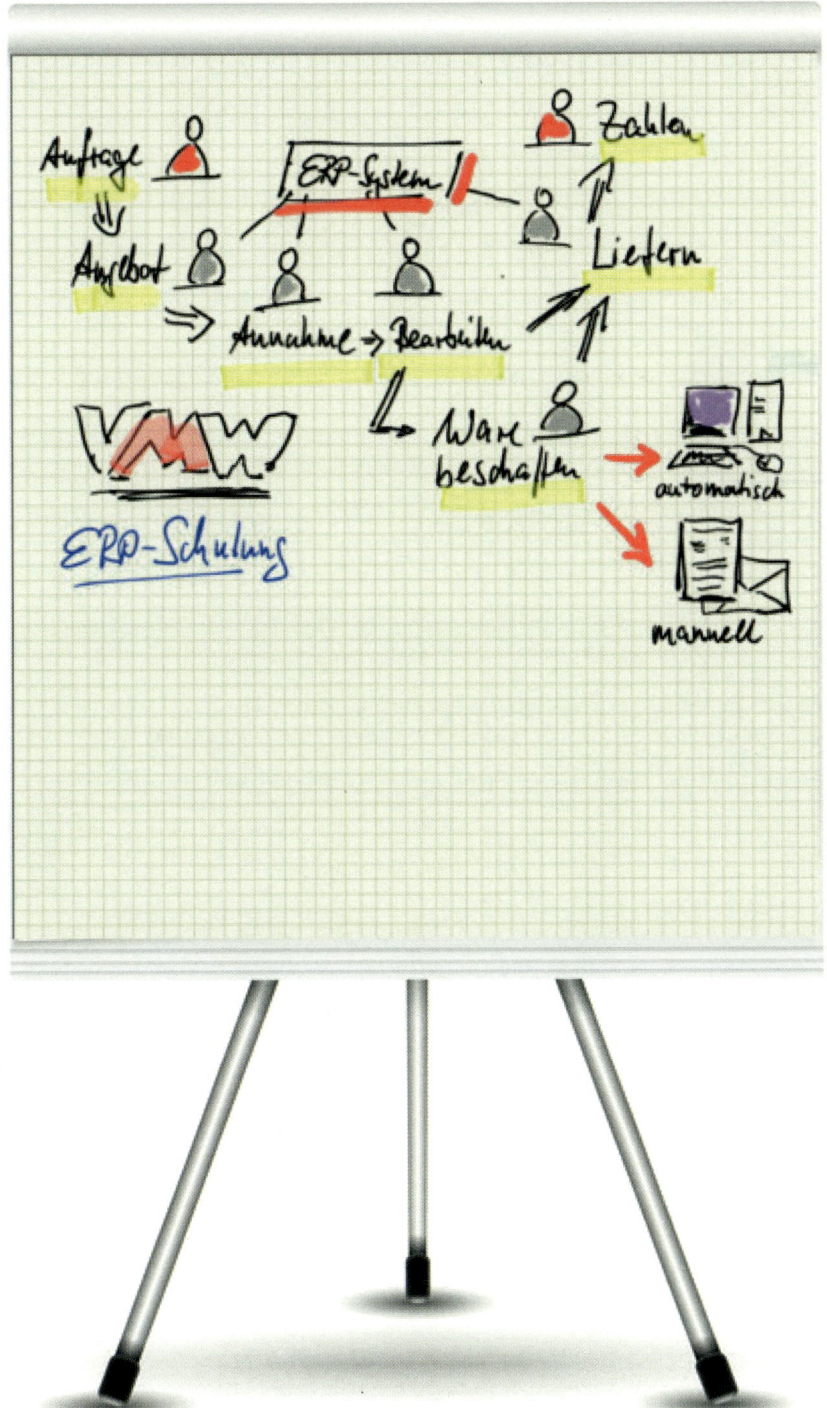

Herr Harping, der Leiter der IT und Orga-Abteilung, kommt zu Ihnen in den Sitzungsraum und nimmt sich Ihrer an:

> *„Jeder Start in einer neuen Unternehmung ist schwer. Um den Einstieg zu erleichtern, haben wir für Mitarbeiterinnen und Mitarbeiter das **Handbuch der Unternehmensorganisation** entwickelt und ins Intranet gestellt. Ganz grundlegend sind für uns in der VMW GmbH einige organisatorische Dinge besonders wichtig: optimale Auftragsbearbeitung mit unserem **ERP System**,*

Rudolf Harping

9

2 Harms · ISBN 978-3-8120-1040-5

*möglichst viele Entscheidungen des **dispositiven Bereichs** auf den Mitarbeiter übertragen, eine optimale **Aufbauorganisation** mit sinnvoll gestalteten **Stellen** und **Abteilungen** sowie unser **Stab-Liniensystem**. Sind Ihnen diese Begriffe alle bekannt?"*

1. *Recherchieren Sie die markierten Begriffe im **Handbuch Unternehmensorganisation** (ab S. 40) und erstellen Sie kurze Definitionen dazu.*

2. *Welche Vor- und Nachteile bringen organisatorische Regelungen mit sich?*

3. *Welche Vorteile bietet die Abbildung des Unternehmens in Form eines Organigramms für Außenstehende, Vorgesetzte und Mitarbeiter?*

4. *Erstellen Sie eine tabellarische Übersicht, die Vor- und Nachteile der einzelnen Aufbausysteme gegenüberstellt.*

Herr Harping stellt dar, warum die VMW GmbH so erfolgreich ist:

*„Mit unseren Motorensystemen sind wir seit über 60 Jahren erfolgreich am Markt tätig. Seit der Gründung steht die Zufriedenheit der Kunden bei uns an erster Stelle. Diese erreichen wir durch hoch motivierte Mitarbeiterinnen und Mitarbeiter und durch eine exzellente Qualität der Waren. Welche Auswirkungen die Kundenzufriedenheit auf unseren Erfolg hat, erfahren Sie im **Handbuch Geschäftsprozessorientierung** im ersten Kapitel auf S. 45."*

5. *Welchen Zusammenhang gibt es zwischen Kundenzufriedenheit und Kundenverhalten? Hinweise dazu finden Sie im **Handbuch Geschäftsprozessorientierung** ab S. 45.*

6. *Was muss demzufolge das primäre Ziel der Ausrichtung auf eine neue Unternehmensphilosophie sein? Schreiben Sie es deutlich in das nachfolgende Kästchen, um es nicht aus den Augen zu verlieren.*

7. *Versuchen Sie die Kurven in der Abbildung auf S. 46 mit den Anforderungsbereichen des Kano-Modells zu benennen.*

8. *Finden Sie Beispiele für Anforderungen aus allen drei Bereichen des Kano-Modells, die Sie mit einem Fast Food Restaurant in Verbindung bringen.*

9. *Analysieren Sie die Grafik des Kundenmonitor Deutschland (S. 46) und finden Sie Merkmale, die in Verbindung mit einer gesteigerten Kundenzufriedenheit stehen.*

Herr Harping betont noch einmal den hohen Qualitätsanspruch der VWM GmbH:

*„Den hohen Ansprüchen unserer Kunden können wir nur gerecht werden, wenn unsere Produkte perfekt sind. Das heißt, wir prüfen fortlaufend sowohl unsere Produkte als auch zugelieferte Produktbestandteile und Handelswaren. Mehr zum Thema Qualität erfahren Sie im Kapitel zwei im **Handbuch Geschäftsprozessorientierung**. Und um noch kundenorientierter zu werden, reorganisieren wir uns gegenwärtig in Richtung prozessorientierte Organisation, wozu Ihnen aber meine Kollegin Frau Schmidt mehr erzählen kann."*

10. *Diskutieren Sie, warum Unternehmen vorsichtig mit der Bewerbung des Sigels „ISO-9000 ff- geprüft" gegenüber Endkunden sein sollten.*

11. *Worin liegen die Hauptunterschiede der ISO-9000-Normengruppe und des Total Quality Managements?*

12. *Welche Vorteile ergeben sich für Unternehmen aus einer ISO-9000-Zertifizierung?*

Ihre Praktikumsbetreuerin aus der Abteilung Verkauf, Frau Schmidt, erzählt Ihnen mehr zum Thema „Prozessorientierung":

Elke Schmidt

> *„Insbesondere größere Kunden, die bei uns nach vorheriger Spezifikation Motoren herstellen lassen, klagen über zu viele Ansprechpartner. Sie stimmen sich mit Technikern ab, werden vom einem Verkaufsteam, zu dem ich gehöre, betreut und haben bei spezielleren Fragen auch noch mit dem Rechnungswesen zu tun. Das sind typische Merkmale einer Funktionsorientierung, die wir zukünftig kundenorientiert organisieren wollen. Unsere Ideen dazu finden Sie im **Handbuch Geschäftsprozessorientierung** im dritten Kapitel."*

13. *Welche beiden Konzepte werden in dem Zeitungsartikel der Süddeutschen Zeitung auf S. 50 beschrieben? Nutzen Sie zur Erklärung des Sachverhalts die beiden nachfolgenden Zeichnungen, bei denen die Einrichtung eines Wiederverkäuferkontos dargestellt ist. Zeichnen Sie den Informations- und Materialtransport des Geschäftsprozesses in Pfeilform ein.*

Kunden-daten erfassen	Wiederver-käuferstatus prüfen	Wiederver-käuferkonto anlegen	Kunde informieren

Kundin | Sachbe-arbeiterin 1 | Sachbe-arbeiter 2 | Sachbe-arbeiterin 3 | Sachbe-arbeiter 4 | Kundin

_____ - *orientierung*

Kunden-daten erfassen	Wiederver-käuferstatus prüfen	Wiederver-käuferkonto anlegen	Kunde informieren

Kundin

Sachbe-arbeiterin 1

Sachbe-arbeiter 2

Sachbe-arbeiterin 3

Sachbe-arbeiter 4

Kundin

_____ - *orientierung*

14. *Welches vorrangige Ziel wird bei den Umstrukturierungsmaßnahmen von den Unternehmen gemäß des Zeitungsartikels verfolgt?*

15. Bisher bewilligte ein Mitarbeiter des Arbeitsamtes beispielsweise lediglich das Arbeitslosengeld – mehr nicht! Nach dem neuen Konzept begleitet er Hilfesuchende durch den ganzen Prozess.

    a) Welche Auswirkungen, Vor- und Nachteile könnte das für den Mitarbeiter haben?
    b) Welche Auswirkungen, Vor- und Nachteile könnte das für den Hilfesuchenden haben?

16. Bei so vielen Informationen zu verschiedenen ablauforganisatorischen Unterschieden muss eine vernünftige Strukturierung her. Beschreiben Sie in nachfolgender Tabelle kurz die Merkmale der jeweiligen Organisationsformen.

	Funktionsorientierung	Geschäftsprozessorientierung
Aufbau des Arbeitsablaufs		
Anzahl der beteiligten Organisationseinheiten		
Spezialisierungsgrad des Mitarbeiters		
Reichweite von Entscheidungen des Mitarbeiters		
Dauer möglicher Entscheidungsfindungen		
Aufwand zur Dokumentation und Weitergabe von Informationen		
Gefahr der Routineanfälligkeit		
Identifikation mit Ergebnissen bzw. Verantwortungsbewusstsein für diese		

17. *Aus welchem Grund hat die Geschäftsprozessorientierung immer auch mit massivem Einsatz von Datenverarbeitung und prozessbegleitenden Informationssystemen zu tun?*

18. *In traditionellen Organisationen wird zwischen dem dispositiven Bereich „steuern und planen" (Management & Controlling) und der ausführenden Arbeit der Leistungserstellung differenziert (vgl. Grafik auf S. 40). Beurteilen Sie, ob diese klassische Zweiteilung noch in das Bild der Geschäftsprozessorientierung passt.*

19. *In der Darstellung einer prozessorientierten Aufbauorganisation auf S. 44 im **Handbuch Unternehmensorganisation** wird das „One Face to Customer" Konzept dargestellt. Ist dies vergleichbar mit einem fest zugewiesenen Kundenbetreuer im Außendienst?*

Frau Schmidt berichtet über den mühsamen Weg von einer funktionsorientierten zu einer geschäftsprozessorientierten Organisation:

> *„Die Umstellung einer Unternehmung ist wirklich riskant. Daher werden wir das sehr behutsam angehen, keinesfalls im »Hauruck-Verfahren«. Bei der Umgestaltung helfen uns die Hinweise der Kunden sowie mustergültige Referenzmodelle aus dem Bereich Absatz und Industriefertigung. Und letztendlich müssen wir uns immer wieder mit anderen Tochterunternehmen der United Motors Company in Form von Benchmarks messen. Was das ist, steht in unserem **Handbuch Geschäftsprozessorientierung** in dem vierten Unterkapitel. "*

Elke Schmidt

20. *Welche Problematiken können bestehen, wenn Unternehmen oder Organisationseinheiten sich miteinander in Form eines Benchmarks vergleichen wollen? (Informationen zum Thema Prozessumgestaltung finden Sie ab S. 51)*

21. *Aus welchem Grund werden die vorgestellten Analyseverfahren oftmals durch externe Unternehmensberater und nicht durch die eigene Orga-Abteilung durchgeführt?*

22. *Diskutieren Sie, wo die Gefahren bei einer völligen Neustrukturierung einer Unternehmung und ihrer Prozesse liegen könnten.*

23. *Diskutieren Sie im Plenum, welcher der genannten Projektschritte auf S. 53 Ihrer Meinung nach als besonders kritisch zu bewerten ist und somit am meisten Aufmerksamkeit verdient.*

24. *Neben der nachfolgenden Abbildung sehen Sie einige Beispiele für Prozesse aus einem Industriebetrieb. Diskutieren Sie eine mögliche Zuordnung und dokumentieren Sie Ihr Ergebnis, indem Sie die vorstehende Nummer in das Diagramm eintragen.*

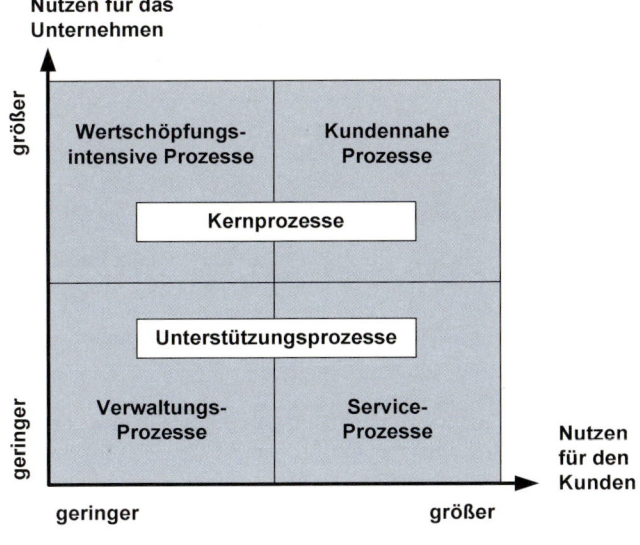

1. Einkauf von Ware
2. Lohnbuchhaltung
3. Maschinenwartung
4. Produktreklamation
5. Fertigungsplanung
6. Bestellannahme
7. Versand
8. Total Quality Management
9. Großkundenbetreuung
10. Personaleinsatzplanung

1.1 Wertschöpfungskettendiagramm

Im Sitzungszimmer haben Sie das Flipchart mit dem Kernprozess der VMW GmbH sehen können (vgl. S. 9). Ziel des Praktikums ist, dass Sie alle Bereiche des Prozesses kennenlernen. Um einen guten Überblick über die damit verbundenen Teilprozesse zu erhalten, sollten Sie sich zunächst mit einer besonderen Form der Ablaufdarstellung, der Prozesslandkarte, auseinandersetzen. Der auf dem Flipchart dargestellte Ablauf kann übersichtlich mit einem entsprechenden Modelltyp, dem Wertschöpfungskettendiagramm (S. 54 f.), dargestellt werden.

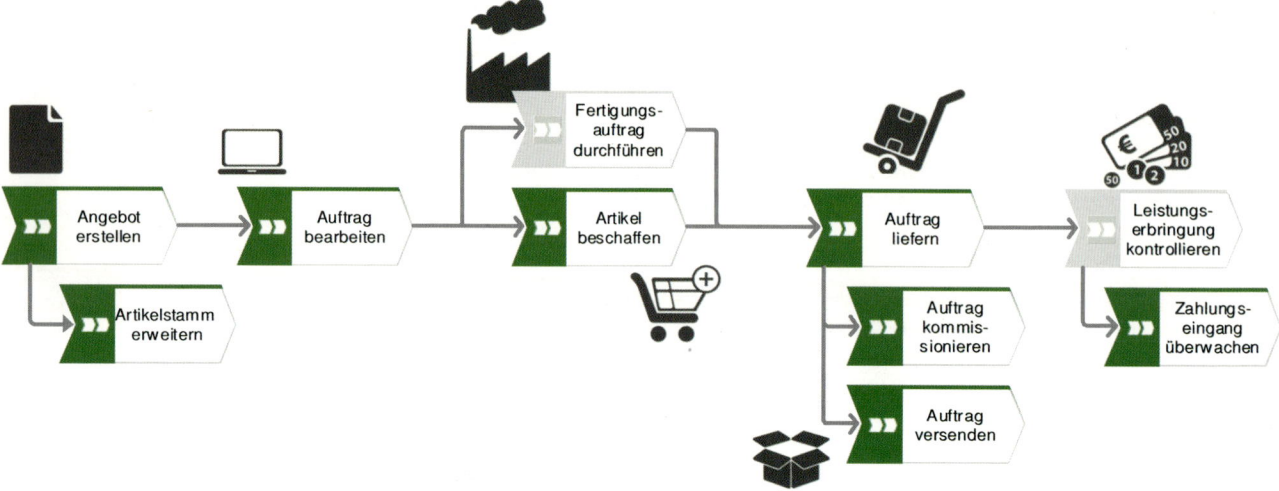

Die gekennzeichneten Wertschöpfungskettenelemente der **Prozesslandkarte Verkauf** werden Sie im Verlauf des Workshops noch eingehender kennenlernen.

In den jeweiligen nachfolgenden Kapiteln finden Sie an den Aufgaben das entsprechende Wertschöpfungskettenglied zur besseren Orientierung wieder.

---

25. *Untersuchen Sie das zuvor abgebildete WKD und ordnen Sie zu, welches untergeordnete Teilprozesse und welches parallele Prozesse sind.*

26. *Überführen Sie das WKD in Ihr Mapping-Tool (Modellierwerkzeug).*

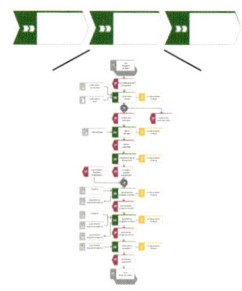

Das dargestellte Wertschöpfungskettendiagramm stellt die Sales-Phase dar, also alle Schritte, die zum eigentlichen Kauf gerechnet werden.

Vorgelagert ist die Presales-Phase, zu der die Kundenbetreuung, die Darstellung des Produkts auf Messen und in der Werbung sowie Workshops und Beratung gehören. Im

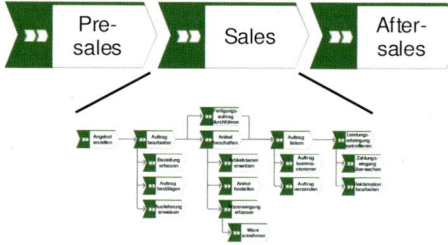

Großen und Ganzen kann die Presales-Phase auch als Geschäftsanbahnung bezeichnet werden.

Außerhalb der Sales-Phase wird der Kunde über die Aftersales-Phase, die im Laufe des Workshops noch genauer beschrieben wird, weiterhin betreut.

Der Bereich der Erfassung der Aufträge von Kunden wird Ihr schwerpunktmäßiger Bereich während der 4 Wochen bei der VMW GmbH sein. Daher gilt es, diesen näher zu beschreiben.

Ihre Praktikumsbetreuerin aus der Abteilung Verkauf, Frau Schmidt, informiert Sie näher über die notwendigen Teilprozesse:

„Der Teilprozess, einen Auftrag für einen Kunden auszuführen, klingt erst einmal recht überschaubar, aber es gehören schon eine ganze Menge an kleineren Tätigkeiten dazu. Zunächst erstellen wir dem Kunden auf Grundlage einer Anfrage ein Angebot.

Der Teilprozess »Auftrag bearbeiten« ist der sachlogische Folgeschritt, nachdem ein Kunde ein Angebot angenommen hat. Dieser besteht aus 3 Teilprozessen. Zunächst wird die Bestellung erfasst, dann folgt der Teilprozess, in dem der Auftrag bestätigt wird. Abschließend weisen wir dann die Auslieferung an."

Sollte im Verlauf des beschriebenen Teilprozesses festgestellt werden, dass die vom Kunden gewünschte Ware nicht mehr auf Lager ist und somit beschafft werden muss, greift der Teilprozess „Artikel beschaffen". Dieser beginnt mit Bestellung der Artikel und endet mit dem Teilprozess der Wareneingangserfassung mit dem Unterprozess der Warenannahme.

*Sind dann alle Artikel lieferbar, folgt die Auslieferung. Mehr über diesen Modelltyp finden Sie im **Handbuch Geschäftsprozessmodellierung** im zweiten Kapitel."*

---

27. *Ihre Aufgabe besteht nun darin, das nachfolgende Wertschöpfungskettendiagramm auf Basis der Ausführungen von Frau Schmidt zu vervollständigen.*

28. *Ergänzen Sie das Erarbeitete in der Prozesslandkarte Verkauf in Ihrem Mapping-Tool.*

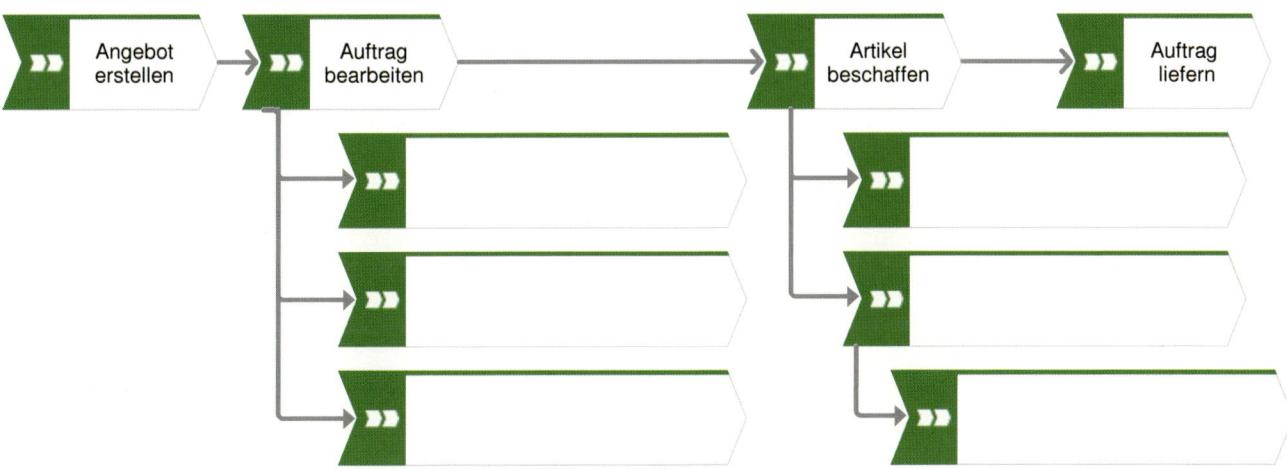

---

29. *Die Prozesslandkarte auf S. 14 soll um den Teilprozess „Reklamation bearbeiten" erweitert werden. Integrieren Sie dieses Wertschöpfungskettenelement in Ihr Diagramm in Ihrem Mapping-Tool.*

30. *Überlegen Sie sich in Partnerarbeit, welche Reihenfolge der unten angegebenen Wertschöpfungskettenglieder jeweils den Gesamtprozess „Kantine", „traditionelles Restaurant" und „Fast Food Restaurant" wiedergeben.*

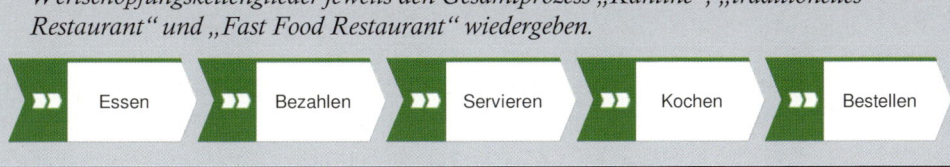

Nachdem die groben Abläufe bekannt sind, wird es Zeit, sich den Aufbau der Unternehmung genauer anzusehen.

„Nachdem die Ablauforganisation, also die grundlegenden Prozesse visualisiert sind, schauen wir uns den Aufbau der VMW GmbH etwas genauer an."

1.2   Aufbauorganisation

Wie Sie bereits in der Vorstellung der VMW GmbH lesen konnten, handelt es sich um eine Gesellschaft mit beschränkter Haftung. Diese Gesellschaft wird gemäß § 6 GmbH-Gesetz von einem oder mehreren Geschäftsführern geleitet. Bei den Vereinigten Motorenwerken ist das Herr Dr. Albert Rilke und in Assistenz Frau Carmen Martinez.

Der Geschäftsführung zugeordnet ist das Sekretariat und die Stabsabteilung Informationstechnologie (IT) sowie Herr Hannes Harms, der als QS-Beauftragter die Qualität der Prozesse und Produkte überwacht.

Den grundlegenden weiteren Aufbau können Sie nachfolgendem Organigramm entnehmen:

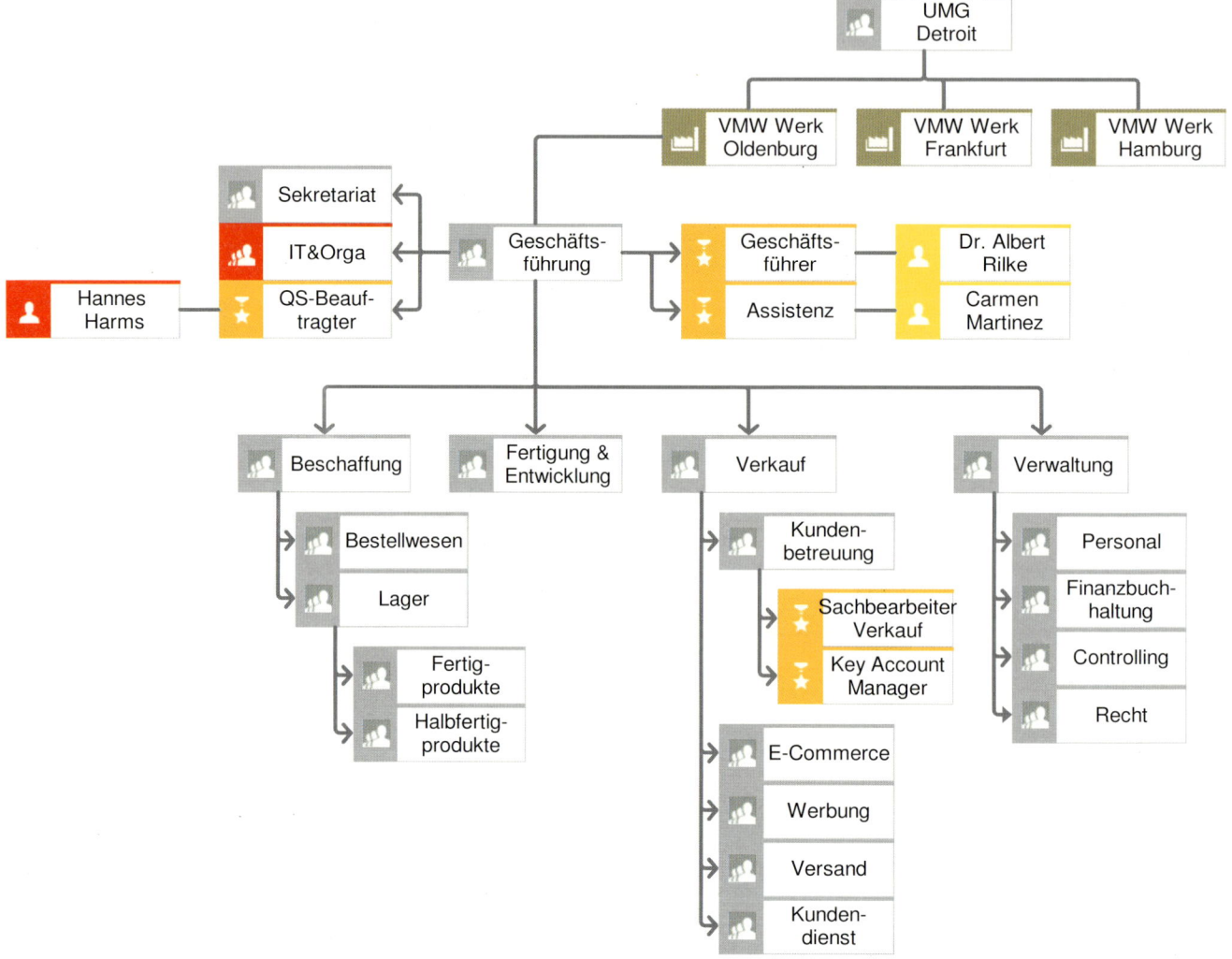

ARIS Symbol	Verwendung
Organisation-seinheit	Eine **Organisationseinheit** kann ein Team, eine Abteilung oder eine sonstige organisatorische Bündelung von Stellen sein.
Stelle	Die **Stelle** ist die kleinste organisatorische Einheit und bündelt i. d. R. aufgabenbezogene Tätigkeiten.

Person intern	Die **Person intern** weist eine real existierende Person namentlich einer Stelle zu.
Rolle	Die **Rolle** ist eine Zusammenfassung mehrerer Personen zu einer „Kategorie". So können die Personen Hansen (Unterabteilungsleiter) und Clausen (Unterabteilungsleiter) der Rolle/dem Personentyp Lower Management zugeordnet werden.
Standort	Der **Standort** ermöglicht es, für einzelne Organisationseinheiten den geografischen Standort zu dokumentieren. Darüber hinaus können reine Standortmodelle mit allen Werken, Gebäuden, Etagen und Zimmern erstellt werden.
⟶	Die Kantenrichtung weist der Kante unterschiedliche organisatorische Zuordnungen (z. B. wird gebildet durch) zu.

31. *Welche Unterabteilungen gehören zur Hauptabteilung Verkauf?*

32. *Wer ist der Abteilung Controlling vorgesetzt?*

33. *Wer kann in dieser Unternehmung Entscheidungen treffen, die für jeden Mitarbeiter bindend sind?*

34. *Für wen ist eine Entscheidung der Instanz Beschaffung bindend?*

35. *Welche Gründe sprechen für eine Stabsstelle „QS-Beauftragter"?*

36. *Die Abteilung Personal ist auf der Suche nach einem Mitarbeiter für den Bereich Beschaffung. Daher soll in einer überregionalen Tageszeitung eine Stellenanzeige aufgegeben werden. Bei der VMW GmbH gibt es die grundlegende Regelung, dass ausschließlich die Abteilung Werbung Zeitungsanzeigen schalten darf. Welchen disziplinarischen Weg muss nach Fertigstellung der Anzeige die Abteilung Personal zur Schaltung der Anzeige wählen?*

37. *Gibt es bezogen auf den disziplinarischen Weg der vorherigen Aufgaben eine praxistaugliche Vereinfachung? Hinweise dazu auf S. 41.*

38. *Einem Memo der Vorstandssitzung ist Folgendes zu entnehmen:*

> Ferner wird beschlossen, durch verschärfte Haftungsgrundlagen in allen Bereichen die Abteilung „Recht" in eine Stabsstelle zu reorganisieren. Diese wird der Geschäftsleitung zugeordnet.

I. *Was ist die Aufgabe einer unternehmenseigenen Rechtsabteilung?*
II: *Was halten Sie von dem Vorschlag, die Rechtsabteilung aus der Linie der Verwaltung herauszunehmen und der Geschäftsleitung zuzuordnen?*

39. *Erweitern Sie das nachfolgende Organigramm durch folgende Beschreibung von Herrn Harping aus der Abteilung IT&Orga.*

„Die Abteilung »Fertigung und Entwicklung (F&E)« ist der wertschöpfende Kernbereich des Unternehmens und wird von Michaela Simonis seit Jahren geführt. Unterstützt und vertreten wird sie von Max Walther, der schon seit seiner Ausbildung bei der VMW GmbH arbeitet. Für die Arbeitssicherheit im gesamten Bereich zeichnet sich Rike Harms zuständig.

Der Fertigung und Entwicklung sind mehrere organisatorische Einheiten im klassischen Stab-Liniensystem untergeordnet. Die Unterabteilung »Arbeitsvorbereitung« rüstet Maschinen um und sorgt für die entsprechende

3 Harms - ISBN 978-3-8120-1040-5

Rudolf Harping

Materialbereitstellung. Geleitet wird die Unterabteilung von Chantal Lürsen und vertreten von Heiner Schmeling.

Nach gleichem Vorbild ist die Unterabteilung »Fertigung« mit dem Leiter Frank Andrews und Konstanze Wilkens in Vertretung aufgebaut. Die Abteilung »Wartung« von Maschinen und Fahrzeugen wird organisiert von Ulrich Clausen.

Abschließend gehört noch die Abteilung »Entwicklung« mit der Abteilungsleiterin Anita Hansen in den Bereich der F&E. Frau Hansen wird liebevoll die Chefin genannt, denn bei ihr laufen als Leiterin der Entwicklung viele Informationen zusammen. In dieser Abteilung sind zwei Teams beschäftigt, die die technische Entwicklung und den Prototypenbau organisieren.«

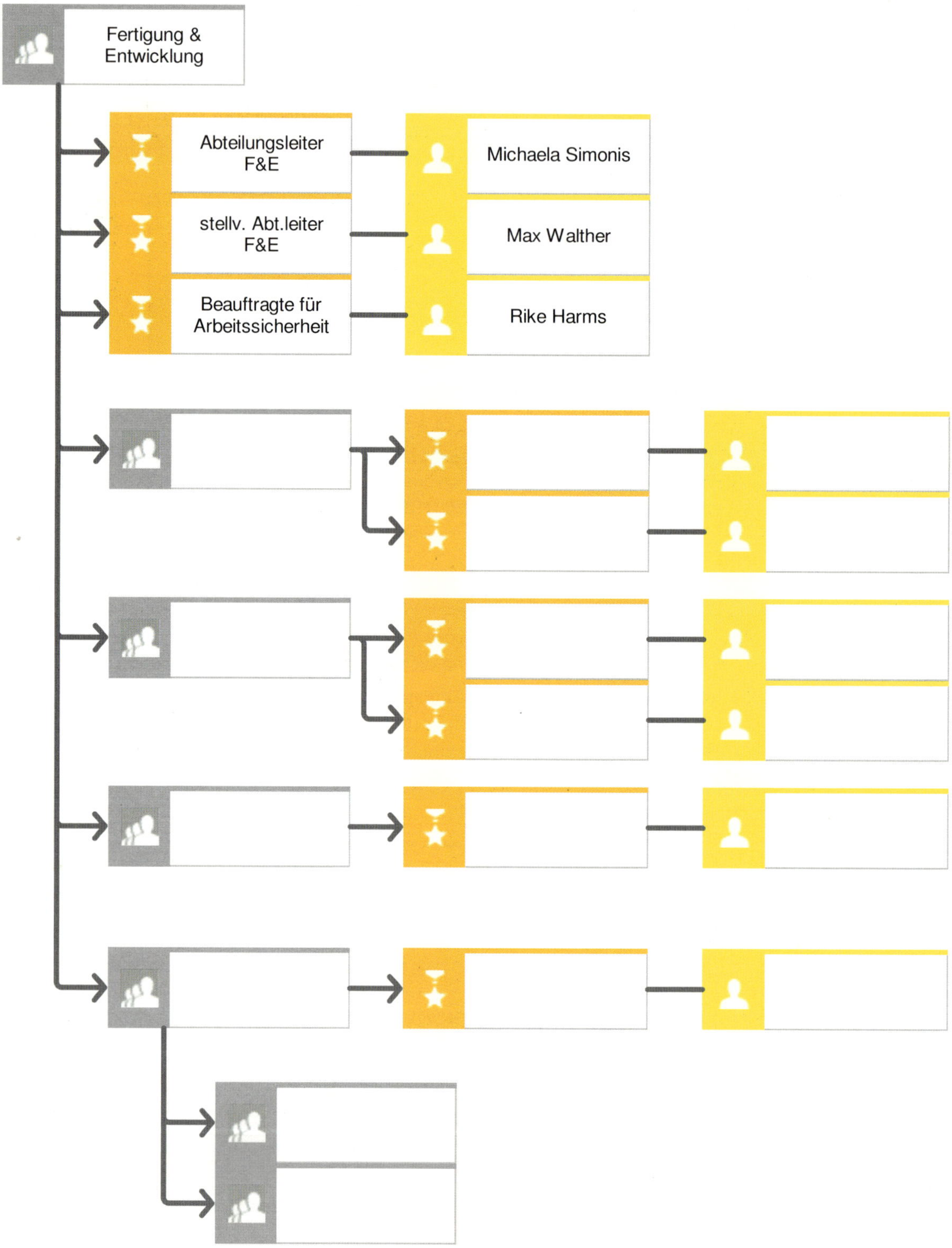

Fertigung & Entwicklung

Abteilungsleiter F&E	Michaela Simonis
stellv. Abt.leiter F&E	Max Walther
Beauftragte für Arbeitssicherheit	Rike Harms

40. *Stellen Sie das Organigramm mit Ihrem Mapping-Tool dar.*

41. *Ein Mitarbeiter ist für die Betreuung der A-Kunden zuständig. Sein Dienstfahrzeug muss in die Reparatur und er versucht, sich ein Alternativfahrzeug zum Besuch eines Key Accounts von der Abteilung „Wartung" zu organisieren. Welche Erfahrungen bzgl. der organisatorischen Hürden wird er machen?*

42. *Die Abteilung Werbung wird restrukturiert. Im Rahmen dieser Maßnahmen wird die Abteilung in „Kommunikation" umbenannt. Zur Bündelung von Aufgaben wurden drei Teams in der umgestalteten Abteilung installiert. Diese sind Online-Marketing, Public Relations und Print-Werbung. Berücksichtigen Sie diese Veränderung in Ihrem Modell.*

43. *Zur besseren Betreuung von Kunden, Besuchergruppen und Schulungen von Mitarbeitern und Kunden plant die VMW GmbH den Bau eines Visitor-Centers. Zum Betrieb dieses Gebäudes ist eine eigene Abteilung geplant. Diese soll von Deniz Burcu geleitet werden. Dieser kümmert sich unter anderem um eine positive Außendarstellung des Unternehmens. Unterstützt wird er durch zwei Teams (Werksführungen und Training). Berücksichtigen Sie diese Veränderung in Ihrem Modell.*

44. *Welche Auswirkungen hätte die organisatorische Einbindung des Visitor-Centers als eigenständige Abteilung auf andere Abteilungen?*

Key Accounts (auch Major Accounts) werden im Deutschen als Schlüsselkunden bezeichnet. Sie haben einen besonders hohen Kundenwert und machen einen Großteil des Umsatzes bzw. des Deckungsbeitrags aus.

1.3 Funktionsbaum

Wie im Kapitel „Funktionsbaum" im **Handbuch Geschäftsprozessmodellierung** auf S. 56 dargestellt, werden Funktionen nach drei unterschiedlichen Zielen zusammengefasst. Im anschließenden Beispiel sehen Sie Funktionen, die dem Teilprozess „Angebot erstellen und Auftrag bearbeiten" prozessmäßig zugeordnet werden.

45. *Überlegen Sie sich, in welcher Reihenfolge die Tätigkeiten ausgeführt werden und dokumentieren Sie das über gezeichnete Pfeile im nachfolgenden Funktionsbaum.*

46. *Übertragen Sie Ihr Ergebnis in Ihr Mapping-Tool.*

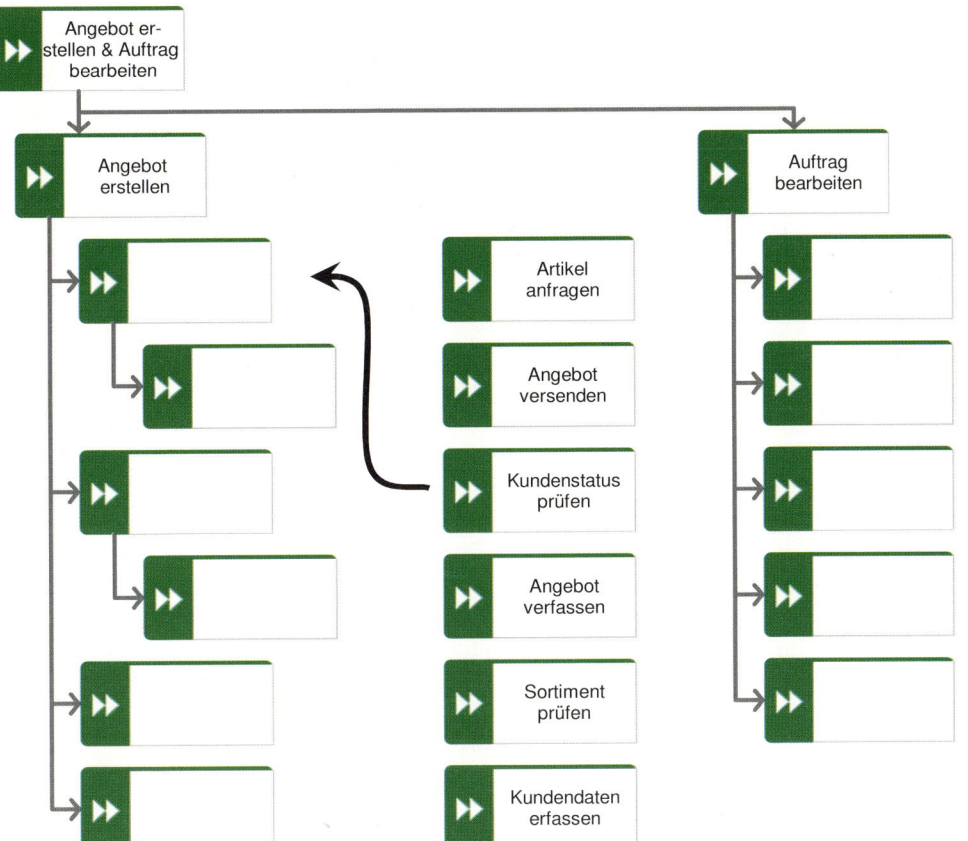

Sie schauen dem Mitarbeiter Karl Heinz Winkler in der Abteilung Beschaffung über die Schulter. Dieser stellt gerade eine Anfrage für Artikel, die die VMW GmbH für einen Kundenauftrag beschaffen muss. Er erklärt Ihnen dabei Folgendes:

> *„Der Teilprozess „Artikelstamm erweitern" ist bei der VMW GmbH eindeutig geregelt. Ich prüfe zunächst, ob die Daten eines Lieferanten im ERP-System erfasst sind. Sollte das nicht der Fall sein, gebe ich diese im ERP-System ein. Anschließend gebe ich die anzufragenden Artikel ins ERP-System ein. Wenn nun alles im System erfasst ist, drucke ich die Bestellanfrage aus und gebe sie in den Postversand. Und dann muss ich warten, bis die Angebote der Lieferanten eingehen."*

Artikelstamm erweitern

> 47. *Erstellen Sie einen Funktionsbaum, der den Ablauf „Artikelstamm erweitern" dokumentiert.*
>
> 48. *Übertragen Sie das Ergebnis in Ihr Mapping Tool.*

1.4 Detaillierte Prozessdarstellung

Bisher haben Sie bei der VMW GmbH überwiegend Modelltypen kennengelernt, die eher die obere, grobe Ebene von Prozessen darstellen. Diese sind gut geeignet, um

- das eigene Leistungsspektrum darzustellen
- einen Überblick zu geben
- Verzahnungen der Teilprozesse zu dokumentieren.

Die QM-Konzepte sehen zwar die Dokumentation von Abläufen vor (Arbeitsanweisungen), geben aber in Hinblick auf die Darstellung der Abläufe keine Vorgaben. Vielen Unternehmen reichen einfache Checklisten, wie beispielsweise nachfolgende tabellarische Liste zur Einrichtung eines Wiederverkäuferkontos eines Kunden.

Geschäftsprozess: **Waren verkaufen**   Datum 12.01.2014

Teilprozess: **Wiederverkäuferkonto einrichten**   Version 1.11

Tätigkeit	Besonderheit	Input	Output	Anwendungs-system	Organisations-einheit
Kundendaten erfassen		Kundenfax			Kundenbetreuer
Wiederverkäuferstatus prüfen		Kundenfax		ERP-System	Kundenbetreuer
Wiederverkäuferkonto einrichten	nur einrichten, wenn der Wiederverkäuferstatus gegeben ist			ERP-System	Kundenbetreuer
Kunde informieren	egal, ob der Kunde einen Anspruch auf ein Wiederverkäuferkonto hat oder nicht		individuelle Nutzungs-vereinbarung; Bestätigungsmail	ERP-System	Kundenbetreuer

Forsetzung des

Teilprozesses: **Dokumente versenden**

Prozessverantwortlich: **Wiebke Katrinsen**   Seite: 1

Schon dieses kleine Beispiel zeigt den Nachteil, den tabellengestützte Dokumentationen mit sich bringen. Schnell wird diese Darstellungsform zu komplex und das, obwohl hier nur eine Entscheidung festgelegt wurde. Das wird dadurch deutlich, dass die Spalte „Besonderheiten" notwendig ist, um Ausnahmefälle zu definieren.

Aus diesem Grund haben sich die grafischen Notationen, wie sie im Handbuch „Geschäftsprozessmodellierung" vorgestellt werden, als Standard durchgesetzt.

„Das Thema »Grafische Notationen« ist im Prinzip kein Neues. Vor vielen Jahren war schon einmal das Arbeitsablaufdiagramm bei uns im Einsatz. Das wird im **Handbuch Geschäftsprozessmodellierung** *beschrieben. Ziel war es, Zeit- und Mengengerüst von Standardprozessen mit Hinblick auf eine Bedarfsplanung zu erfassen. Als Arbeitsanweisung für Mitarbeiter sind diese grafischen Notationen nur bedingt geeignet.“*

Karl Heinz Winkler

49. *Das Arbeitsablaufdiagramm im* **Handbuch Geschäftsprozessmodellierung** *auf S. 66 zeigt die Anforderung von neuem Büromaterial durch einen Mitarbeiter. Finden Sie heraus, wie lange die Ausführung der innerbetrieblichen Beschaffung dauert und ob es bessere Wege für diesen Prozess geben könnte.*

Ein Diagrammtyp, der auch komplexe Fortführungen des Prozesspfades erlaubt, ist die „Ereignisgesteuerte Prozesskette" (EPK). Er berücksichtigt alle Sichten den ARIS-Hauses und ist für Nutzer und Anwender leicht zu verstehen.

1.4.1 EPK-Prozessmodelle lesen

Ihre Praktikumsbetreuerin Elke Schmidt hat sich einen Tag Zeit genommen, um mit Ihnen den Umgang mit der EPK zu üben. Voraussetzung für einen guten Einstieg ist, dass Sie sich mit dem Kapitel „Detaillierte Prozessbeschreibung – ereignisgesteuerte Prozesskette" auf S. 57 im **Handbuch Geschäftsprozessmodellierung** der VMW GmbH sorgfältig auseinandergesetzt haben.

Elke Schmidt

„Seit vielen Jahren schon haben wir unsere Prozesse dokumentiert. Zuerst mit Tabellen und seit drei Jahren grafisch. Das war viel Arbeit, aber nun kann sich wenigstens jeder in diesem Betrieb schnell in die Prozesse einarbeiten. Eigentlich beantwortet so eine EPK alle möglichen Fragen. Wir schauen uns den Teilprozess der Angebotserstellung an.“

50. *Wodurch wird die Bearbeitung des Teilprozesses „Angebot erstellen" ausgelöst?*
51. *Was ist das Ergebnis des Teilprozesses „Angebot erstellen", nachdem dieser bearbeitet wurde?*
52. *Finden Sie heraus, wie die Abteilung heißt, in der dieser Teilprozess bearbeitet wird.*
53. *Welche Rolle spielt das ERP-System in diesem Teilprozess?*
54. *Welche Dokumente werden in diesem Teilprozess genutzt?*
55. *Welche Konnektoren kommen im Teilprozess zum Einsatz? Wenn Sie sich unsicher sind, lesen Sie im entsprechenden Kapitel noch einmal nach.*
56. *Was passiert, wenn der Sachbearbeiter Verkauf feststellt, dass der Kunde noch nicht im ERP-System erfasst ist?*
57. *Was passiert, wenn der Sachbearbeiter Verkauf feststellt, dass ein Artikel noch nicht im Sortiment gelistet ist?*
58. *Was sind die grundlegenden Voraussetzungen, damit ein Angebot für den Kunden erstellt werden kann?*
59. *Übertragen Sie den Teilprozess „Angebot erstellen" in Ihr Mapping-Tool.*

Angebot
erstellen

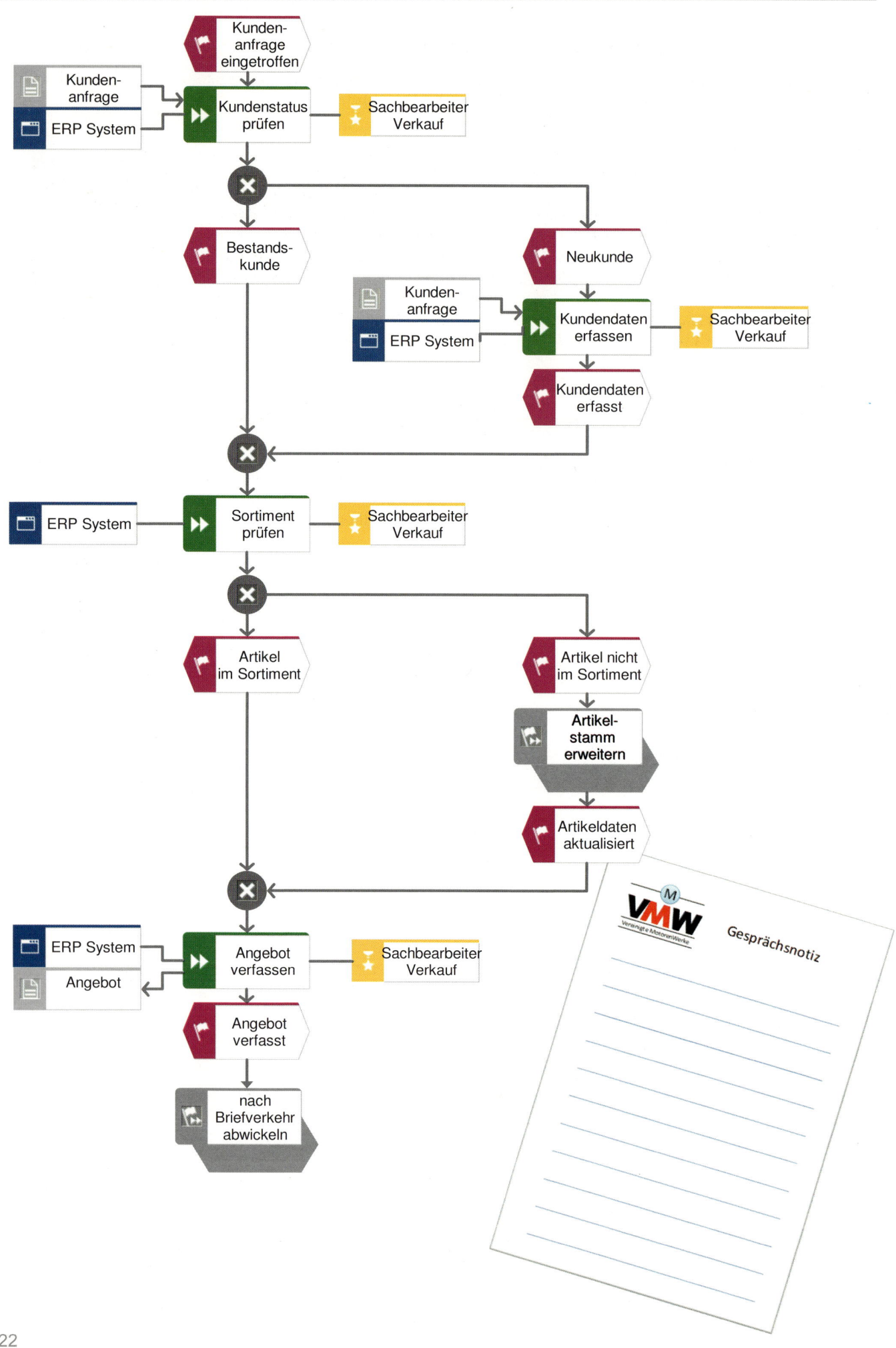

1.4.2   EPK-Prozessmodelle vervollständigen

Der nachfolgende Prozess beschreibt den Fall, dass ein Kunde aufgrund eines bereits vorliegenden Angebots der VMW GmbH einen Auftrag erteilt.

„Sobald der Auftrag des Kunden über die Poststelle eingetroffen ist, geht es los. Wir rufen die Daten des Kunden im ERP-System auf und prüfen, ob die gewünschten Artikel in ausreichender Anzahl in unserem Bestand sind. Falls ein Artikel nicht mehr im Bestand ist, muss er beschafft werden. Der nun angestoßene Teilprozess der Artikelbestellung ist so groß, dass ich da erst einmal nicht drauf eingehe. Ist die Ware im Bestand, legen wir im ERP-System für den Auftrag den Liefertermin fest. Na ja, und dann ist es nur noch ein Klick und die Auftragsbestätigung wird mithilfe des ERP-Systems erstellt und kommt aus dem Drucker. Damit der Verkauf Bescheid weiß, erstellen wir mit dem gleichen System noch einen Lieferschein. Danach geht es dann sowohl mit dem Versand der Lieferung als auch dem Verschicken der Auftragsbestätigung weiter.“

Elke Schmidt

| 60. | *Vervollständigen Sie nachfolgendes Prozessmodell „Auftrag bearbeiten“ auf Grundlage der Erzählung Ihrer Praktikumsbetreuerin Elke Schmidt.* |
| 61. | *Übertragen Sie den Teilprozess „Auftrag bearbeiten“ in Ihr Mapping-Tool.* |

Auftrag
bearbeiten

1. _____

2. _____

3. _____

4. _____

5. _____

6. _____

7. _____

8. _____

9. _____

10. _____

11. _____

12. _____

13. _____

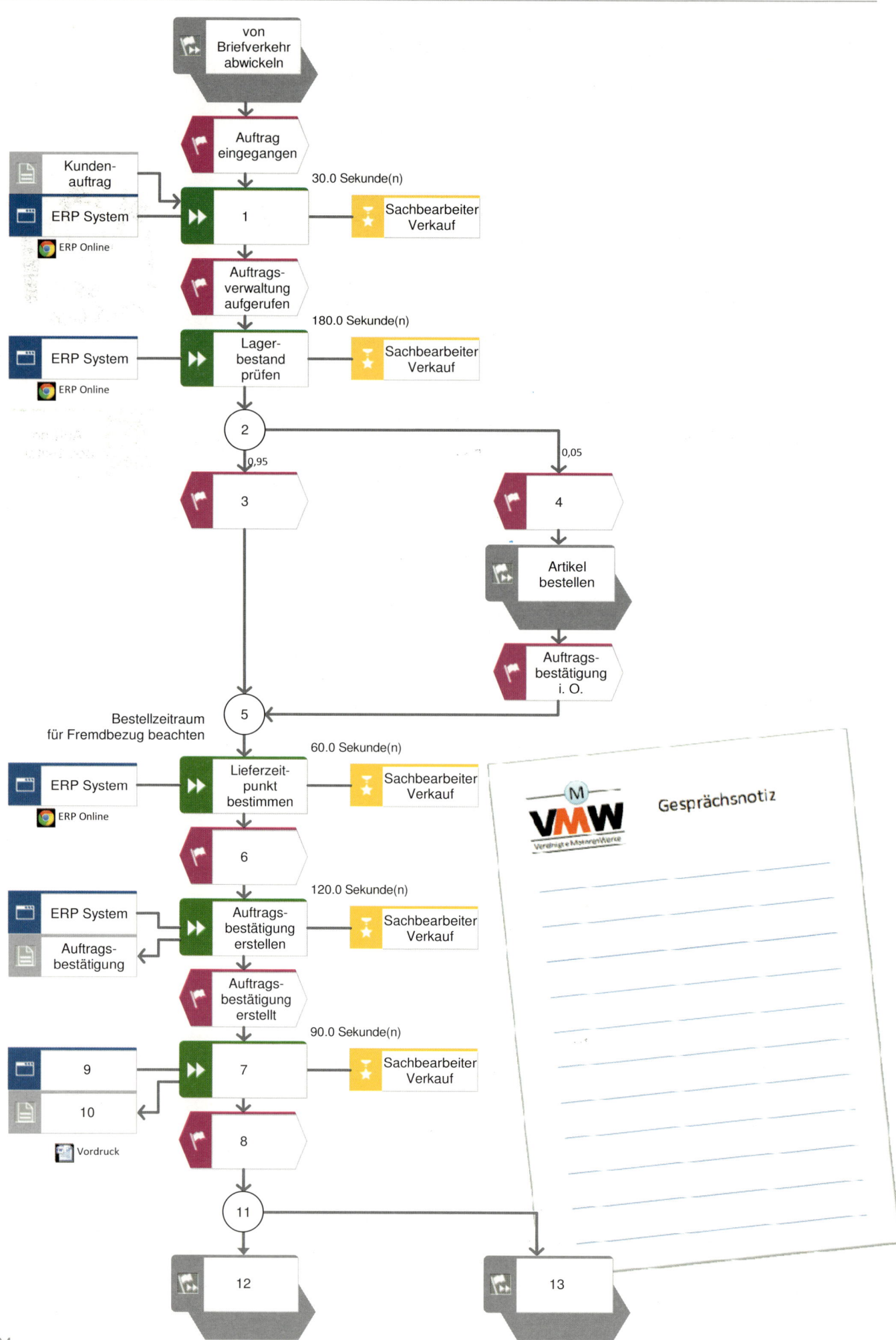

von
Briefverkehr
abwickeln

Auftrag
eingegangen

Kunden-
auftrag

ERP System

ERP Online

30.0 Sekunde(n)

1

Sachbearbeiter
Verkauf

Auftrags-
verwaltung
aufgerufen

ERP System

ERP Online

180.0 Sekunde(n)

Lager-
bestand
prüfen

Sachbearbeiter
Verkauf

2

0,95

0,05

3

4

Artikel
bestellen

Auftrags-
bestätigung
i. O.

Bestellzeitraum
für Fremdbezug beachten

5

ERP System

ERP Online

60.0 Sekunde(n)

Lieferzeit-
punkt
bestimmen

Sachbearbeiter
Verkauf

Gesprächsnotiz

VMW
Vereinigte MotorenWerke

6

ERP System

Auftrags-
bestätigung

120.0 Sekunde(n)

Auftrags-
bestätigung
erstellen

Sachbearbeiter
Verkauf

Auftrags-
bestätigung
erstellt

90.0 Sekunde(n)

9

7

Sachbearbeiter
Verkauf

10

Vordruck

8

11

12

13

1.4.3   EPK-Prozessmodelle überprüfen

Ihre Praktikumsbetreuerin holt aus der Tiefe ihres Schreibtischs einen Ordner.

> *„Schau mal ... Hier sind noch die ersten Versuche, unsere Prozesse bei der VMW GmbH zu modellieren. Da ging einiges schief. Uns hat dann ein externes Beratungshaus geholfen, die Prozesse regelgerecht zu modellieren. Hier habe ich noch meinen ersten selbst modellierten Prozess. Siehst du irgendwelche Fehler im Prozessmodell?"*

62. *Untersuchen Sie nachfolgenden Teilprozess „Zahlungseingang überwachen". Markieren Sie gefundene Fehler direkt im Modell. Nutzen Sie bei Bedarf eine Legende. Notieren Sie dazu am gefundenen Fehler eine fortlaufende Nummer und beschreiben Sie dann den Fehler auf einem Extra-Blatt. Hinweise auf häufige Fehler finden Sie im **Handbuch Geschäftsprozessmodellierung** auf S.64 .*

63. *Erfassen Sie den korrigierten Prozess in Ihrem Mapping-Tool.*

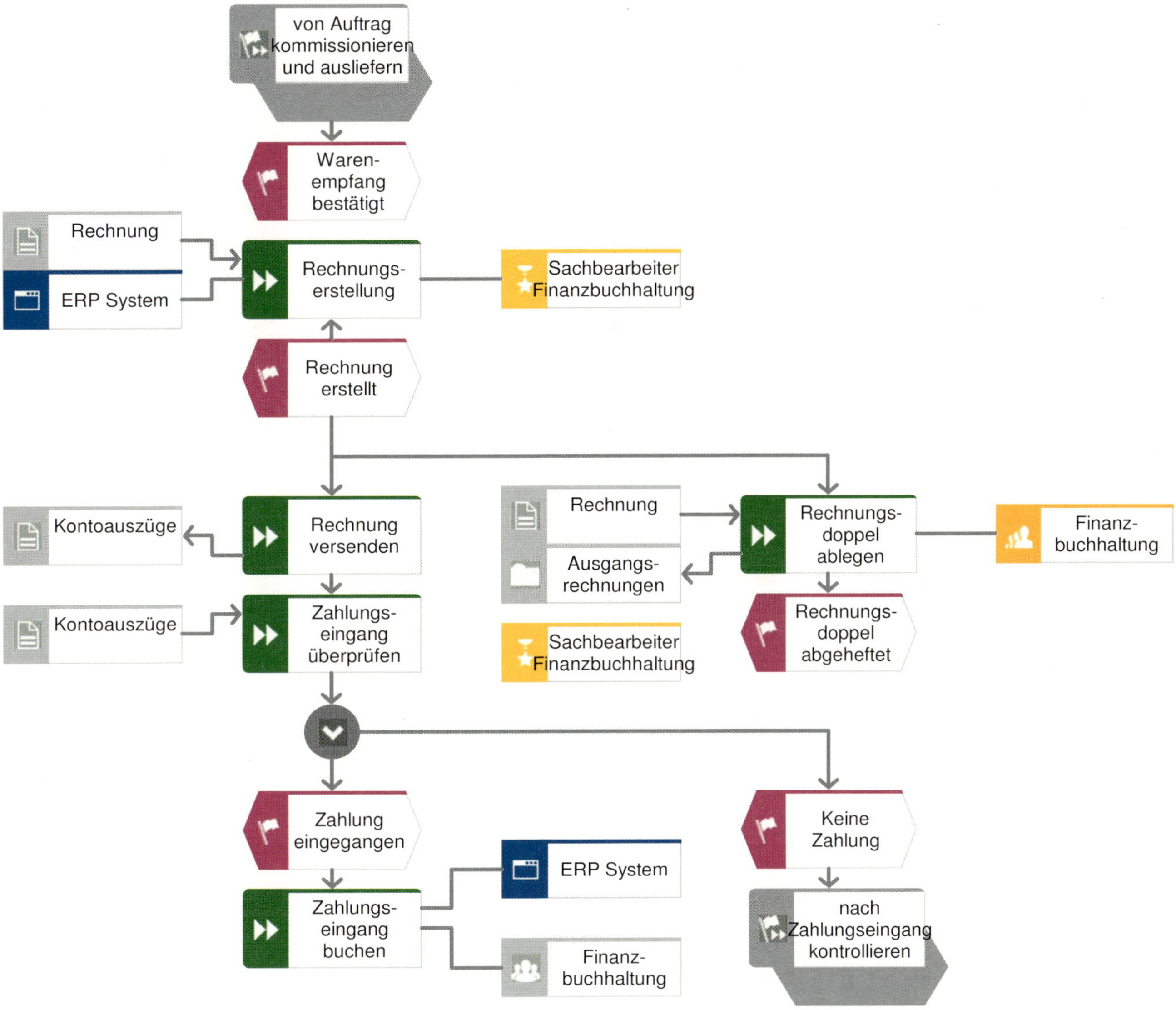

Zahlungs-
eingang
überwachen

von Auftrag kommissionieren und ausliefern

Waren-empfang bestätigt

Rechnung

ERP System

Rechnungs-erstellung

Sachbearbeiter Finanzbuchhaltung

Rechnung erstellt

Kontoauszüge

Rechnung versenden

Rechnung

Ausgangs-rechnungen

Rechnungs-doppel ablegen

Finanz-buchhaltung

Kontoauszüge

Zahlungs-eingang überprüfen

Sachbearbeiter Finanzbuchhaltung

Rechnungs-doppel abgeheftet

Zahlung eingegangen

ERP System

Zahlungs-eingang buchen

Finanz-buchhaltung

Keine Zahlung

nach Zahlungseingang kontrollieren

4 Harms - ISBN 978-3-8120-1040-5

1.4.4 EPK-Prozessmodelle modellieren

Mittlerweile haben Sie viele Erfahrungen mit Ereignisgesteuerten Prozessketten gesammelt. Es wird Zeit, das erste eigene Modell zu erstellen. Frau Schmidt gibt Ihnen Papier und Stift.

„Ich hatte dir ja bereits gezeigt, dass es manchmal vorkommt, dass Ware nicht mehr vorrätig ist. Im Teilprozess „Auftrag bearbeiten" wird beispielsweise die Vorrätigkeit von Waren abgefragt. Ist die Ware nicht mehr auf Lager, kann der Verkauf selbstständig Ware über das ERP-System bestellen.

Kollege Winkler aus der Abteilung Beschaffung bestellt dann den Artikel über unser ERP-System. In diesem sind schon alle notwendigen Daten, Preise und Beschaffungszeiträume hinterlegt. Anschließend prüft er die Auftragsbestätigung. Sollte etwas nicht in Ordnung sein, wird die Unstimmigkeit in einem Teilprozess, der zurückgeführt wird, geklärt. Nachdem die Auftragsbestätigung geprüft wurde, findet der Prozess in jedem Fall seinen Fortgang in den Teilprozessen »Auftrag bearbeiten« und »Wareneingang erfassen«."

Artikel bestellen

64. *Modellieren Sie den Teilprozess „Artikel bestellen" als EPK auf Papier und anschließend in Ihrem Mapping-Tool.*

65. Auf der Website der VMW GmbH (www.v-mw.de) steht Ihnen der Teilprozess „Wareneingang erfassen" zum Download zur Verfügung. Laden Sie sich die entsprechende Datei bei www.v-mw.de herunter und integrieren Sie diese mit der Prozessschnittstelle am Ende des Teilprozesses „Artikel bestellen".

66. Zeigt der Teilprozess „Wareneingang erfassen" irgendwelche Auffälligkeiten, die ggf. besser gelöst werden könnten?

67. Tauschen Sie im Prozess „Wareneingang erfassen" die Funktion „Ware annehmen" durch eine Prozessschnittstelle aus und verknüpfen Sie diese mit dem Teilprozess „Ware annehmen", den Sie vollständig modellieren sollen. Das Wissen, das Sie dazu benötigen, erhalten Sie, indem Sie dem nachfolgenden Gespräch der Auszubildenden der VMW GmbH mit Herrn Winkler lauschen.

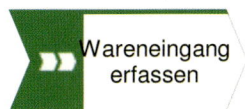

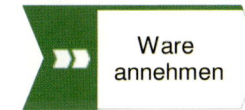

> **Ausbilder:** Der Fachlagerist nimmt bei uns Ware an. Ist dir die Warenannahme klar oder soll ich dir das erklären?

> **Auszubildende:** Kann jeder! Lieferschein unterschreiben, Paket annehmen. Wie zu Hause.

> **Ausbilder:** Fast. Aber nur fast. Zunächst einmal wird sofort, also im Beisein des Lieferers, der Lieferschein geprüft.

> **Auszubildende:** Worauf?

> **Ausbilder:** Erstens, ob die Sendung überhaupt für uns ist. Zweitens, ob alle Versandstücke, die auf dem Lieferschein stehen, auch geliefert wurden.

> **Auszubildende:** Gut, wenn´s nicht für uns ist, lehne ich ab. Was mache ich denn, wenn zu wenig Versandstücke geliefert wurden? Auch ablehnen?

> **Ausbilder:** Das wäre nicht so gut. Dann hätten wir ja noch nicht einmal eine Teillieferung. Nein, einfach die Fehlzahl bestätigen lassen. Generell solltest du dir immer alles Abweichende bestätigen lassen.

> **Auszubildende:** OK und dann?

> **Ausbilder:** Genau hinschauen, ob die Versandstücke Beschädigungen haben. Ist alles in Ordnung, zeichnest du die Lieferung ab. Sofern da mal eine kleine Macke vorhanden ist, regeln wir das bei uns im Haus so, dass der Lieferer den Schaden auf dem Lieferschein vermerkt. Erst dann unterschreibst du und nimmst somit die Ware an. Sind die Kartons aber stark beschädigt oder nass geworden, lehnen wir die Annahme ab.

> **Auszubildende:** Oha, doch anders als zu Hause. Was passiert dann?

> **Ausbilder:** Der Lieferer fährt weg, und sobald du Zeit hast, prüfst du die Ware intensiver. Denk dran, das Ganze sollte unverzüglich passieren.

> **Auszubildende:** Auch wieder auf kaputte Kartons prüfen?

> **Ausbilder:** Im Prinzip hast du das ja schon geprüft. Hier geht es eher darum, ob die verpackte Ware kaputt ist bzw. ob das Richtige gesendet wurde. Sollte alles in Ordnung sein, wird die Ware als Lagerbestand eingebucht, ansonsten beim Versender reklamiert. Soweit alles verstanden?

> **Auszubildende:** Ich denke schon.

> **Ausbilder:** Wie der Zufall es will, da kommt der Paketdienst. Na dann mal ran ...

Eine Videobeschreibung dieses Prozesses finden Sie auf der Website der VMW GmbH.

68. Übungseinheit „Post annehmen" – Auf der Website www.v-mw.de steht ein Video zum Thema Annahme von Post zur Verfügung. Schauen Sie sich das Video an und erstellen Sie zu dem Vorgang ein Prozessmodell als EPK.

Übungsaufgabe: Die Abteilungen der VMW GmbH versenden zahlreiche Briefe mit Anfragen, Angeboten oder auch Auftragsbestätigungen für Kunden. Damit Sie noch mehr Übung im Modellieren bekommen, beauftragt Sie Frau Schmidt, die Bestellung von Briefmarken im Internet genau zu beobachten und als EPK zu Papier zu bringen:

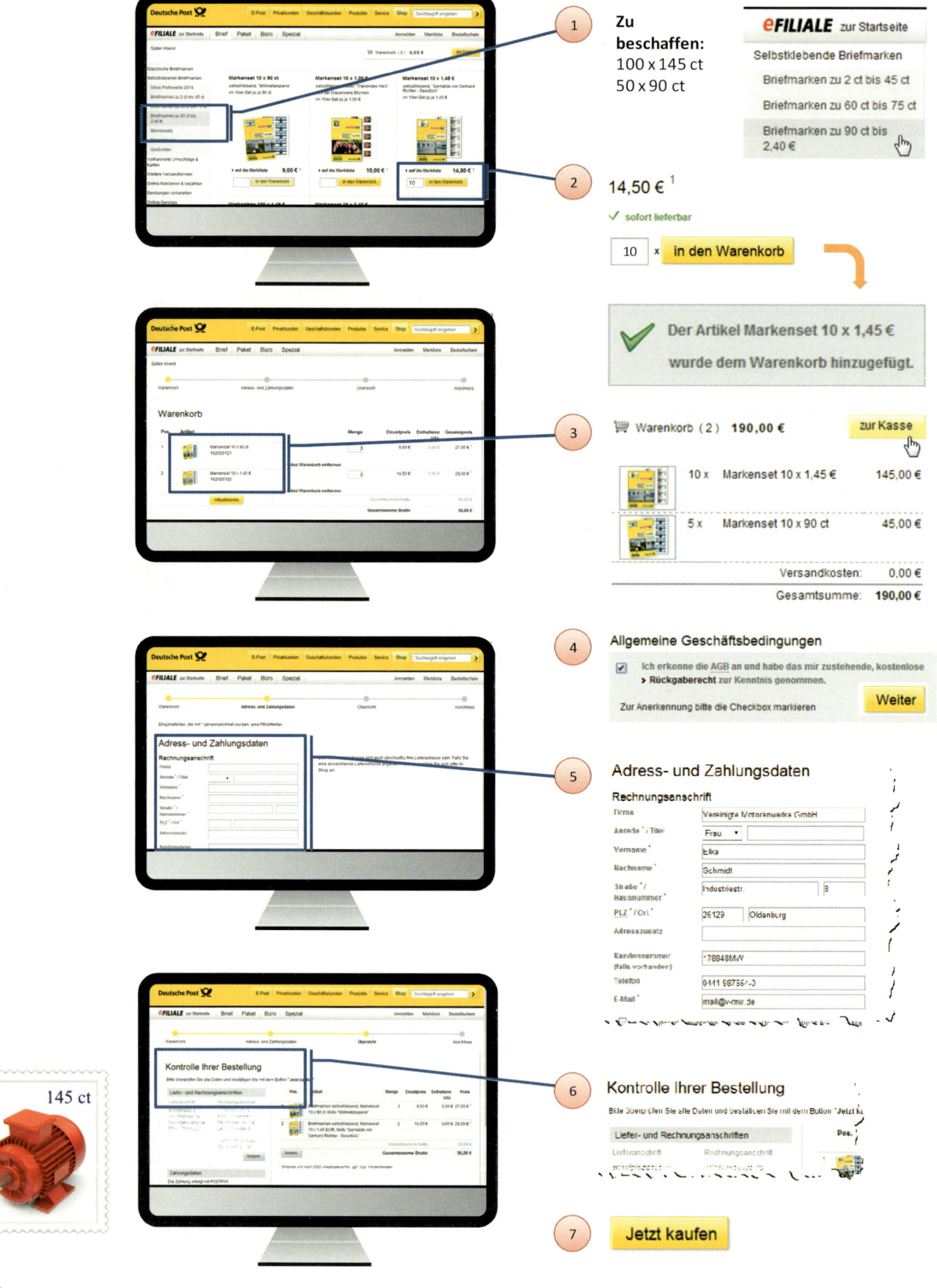

69. *Modellieren Sie den Prozess „Postwertzeichen beschaffen" in Ihrem Mapping-Tool als EPK.*

70. *Aufgabe für Fortgeschrittene: Berücksichtigen Sie, dass der Kunde die Möglichkeit hat, unterschiedliche Zahlungsmethoden zu wählen. Zur Auswahl stehen:*
- Nachnahme: Der Prozess wird wie bereits erfasst weiter fortgeführt.
- Rechnung: Der Kunde muss sich in einem Teilprozess zunächst einloggen.
- Elektronische Zahlung: Der Kunde bezahlt in einem entsprechenden Teilprozess.

71. *Aufgabe für Experten: Modellieren Sie den Teilprozess „Webshop einloggen" und integrieren Sie diesen über eine Prozessschnittstelle in den Prozess „Postwertzeichen beschaffen". Berücksichtigen Sie dabei Ihre eigenen Erfahrungen. Achten Sie darauf, dass die Möglichkeit besteht, dass Neukunden sich zunächst registrieren müssen, bevor sie sich einloggen.*

Sie erinnern sich an den Teilprozess „Angebot erstellen"? Dort wurde der Fall berücksichtigt, dass eine Ware nicht im Sortiment der VMW GmbH ist und somit ggf. der Artikelstamm erweitert werden muss. Herr Winkler aus der Abteilung Beschaffung nimmt sich nachfolgend Ihrer an und zeigt Ihnen, wie der Teilprozess „Artikelstamm erweitern" abläuft.

„So, nun werde ich Ihnen erläutern, wie der Teilprozess der Sortimentserweiterung abläuft. Der Teilprozess „Artikelstamm erweitern" wird „angestoßen" durch den vorherigen Teilprozess „Angebot erstellen".

Die nun anfallenden Tätigkeiten des Teilprozesses „Artikelstamm erweitern" kennen Sie ja schon aus dem Funktionsbaum, den ich Ihnen beim ersten Treffen gezeigt habe. Am Ende des Teilprozesses folgt ein Verweis auf den Teilprozess »Briefverkehr abwickeln«."

72. *Modellieren Sie den Teilprozess „Artikelstamm erweitern" auf Grundlage der von Herrn Winkler zuvor beschriebenen Hinweise als EPK in Ihrem Mapping-Tool. Überlegen Sie sich, welche Organisationseinheiten und Ressourcen benötigt werden.*

„Und zur weiteren Bearbeitung des Teilprozesses „Artikelstamm erweitern" brauchen Sie meine Ausführungen kaum noch. Er beginnt mit Teilprozess „Briefverkehr abwickeln", in dem die angeforderte Angebote eintreffen. Am besten schauen Sie sich der Reihe nach an, was in diesem Teilprozess an Dokumenten benötigt oder auch erstellt wird. Dann müsste alles klar sein."

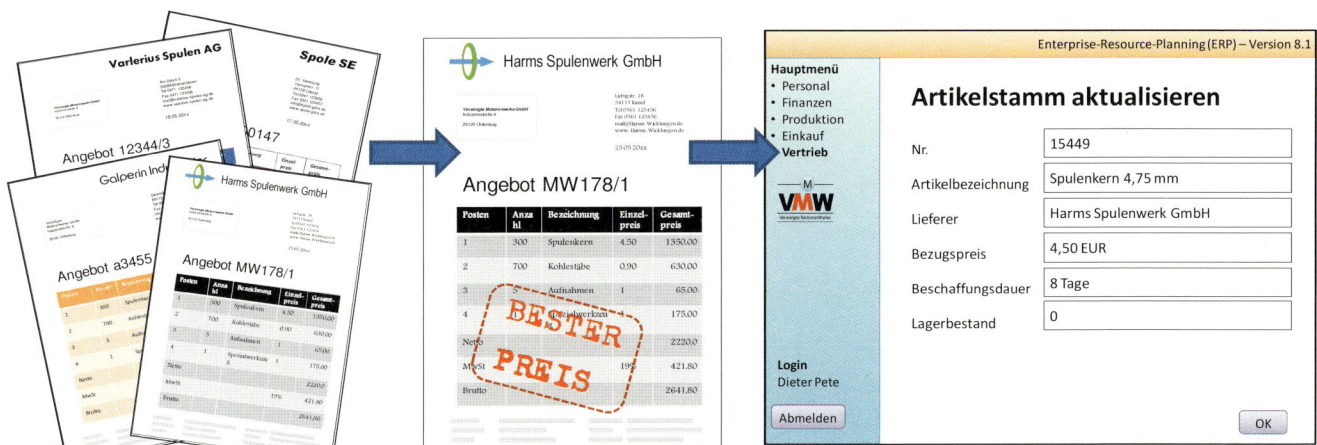

73. *Erweitern Sie das Modell der vorherigen Aufgabe, in dem die Hinweise von Herrn Winkler zur Auswahl eines Lieferanten Berücksichtigung finden. Der Prozess findet seinen Fortgang erneut im Teilprozess „Angebot erstellen".*

Nachfolgende Prozessmodellierungen bieten Ihnen die Möglichkeit, die bereits vermittelten Modellierfähigkeiten zu festigen und weiter auszubauen.

1.4.5 Übungseinheit „Tee/Kaffee kochen"

Besprechungen und Konferenzen sollten gut vorbereitet sein. Das betrifft sowohl die inhaltliche Gestaltung als auch die organisatorischen Rahmenbedingungen. Getränke für die Teilnehmer gehören dabei zum „guten Ton".

74.   Modellieren Sie den Prozess „Tee/Kaffee kochen" mit einem Mapping Tool.

1.4.6 Übungseinheit „Betriebsbesichtigung buchen"

Für den Besuch des neuen Visitor-Centers der VMW GmbH mit anschließender Werksführung ist folgender Ablauf geplant.

Nachdem der Kunde Kontakt zum „Sachbearbeiter PR" aufgenommen hat, teilt dieser seinen Wunschtermin mit (1 Minute). Anschließend prüft der Sachbearbeiter mit Hilfe des Buchungskalenders (www.v-mw.de), ob der gewünschte Termin noch verfügbar ist (0,5 Minute). Sollte das nicht der Fall sein, werden weitere Termine vorgeschlagen.

Ist ein Termin gefunden, werden die Besucherdaten im Buchungskalender aufgenommen (4 Minuten). Eine Führung besteht aus maximal 30 Gästen. Es folgt die Buchung des Termins im Buchungskalender (30 Sekunden).

Nach der Buchung wird geklärt, ob die Besuchergruppe im Anschluss an die Führung noch eine Bewirtung im Betriebsrestaurant wünscht (2 Minuten). Sollte das der Fall sein, reserviert der Sachbearbeiter einen Tisch (1 Minute) per E-Mail (kantine@v-mw.de).

Anschließend werden dem Kunden alle Daten bestätigt, indem ihm eine Reservierungsbestätigung per Post zugesendet wird (3 Minuten). Der Prozess findet seine Fortsetzung in einer Prozessschnittstelle zur Besuchsveranstaltung.

Regeln für die Fahrzeugbuchung

- Fahrzeug (Fz) im kooperativen Kalender buchen
- Buchungsantrag wird vom Abteilungsleiter »Wartung« genehmigt
- Vor der Fahrt das Fahrtenheft ausfüllen
- Nach der Fahrt
    - Das Fahrtenheft ausfüllen
    - Sollte getankt worden sein, die Tankbelege an die Buchhaltung weiterleiten
    - Etwaige Besonderheiten am Fahrzeug im Formular „Fahrzeugservice" eintragen (liegt im Handschuhfach) und der Abteilung „Wartung" zukommen lassen.

75.   Stellen Sie den Ablauf gemäß des Arbeitsblatts als EPK mit einem Mapping-Tool dar.

1.4.7 Übungseinheit „Fahrzeugpool"

Die VMW GmbH hat 5 Fahrzeuge für Besuche von Kunden durch Vertriebsmitarbeiter. Darüber hinaus stehen diese Fahrzeuge auch für weitere dienstliche Fahrten zur Verfügung.

Nebenstehendes Hinweisblatt gibt es zur Buchung und Nutzung der Fahrzeuge.

76.   Stellen Sie den Ablauf gemäß des Hinweisblatts als EPK mit einem Mapping-Tool dar.

77.   Erweitern Sie den Prozess aus betrieblicher Sicht, indem der Abteilungsleiter bei dringenden Fahrzeuganfragen einen Mietwagen für Mitarbeiter hinzubucht.

78.   Erstellen Sie ein Prozessmodell „Fahrzeug tanken". Dieses Modell sollte vollständig auf Ihren Erfahrungen beruhen.

1.4.8   Übungseinheit „Snack-Automat"

Im Sozialraum der VMW GmbH und an mehreren Stellen in der Fabrikation steht den Mitarbeitern ein Snack-Automat zu Verfügung. Dieser hält ausgewählte Snacks vom Schokoriegel über Müsliriegel bis hin zu kleinen Kuchenstücken gegen Bezahlung bereit.

Die Waren werden über ein Tastenfeld ausgewählt. Nach der Bezahlung fallen die Waren in die Entnahmeklappe.

> 79.   Modellieren Sie das Vorgehen zum Kauf eines Snacks mit einem Mapping-Tool.

1.4.9   Übungseinheit „Telefonate managen"

Die Telefonzentrale nimmt Gespräche entgegen und vermittelt diese. Zur Unterstützung steht der Service-Kraft ein Telefonverzeichnis mit den Rufnummern der Mitarbeiter zur Verfügung.

Sofern ein vermitteltes Gespräch vom Mitarbeiter nicht angenommen wird, werden die Anrufer wieder zur Telefonzentrale zurückgestellt. Dort wird dann eine Nachricht für den Mitarbeiter entgegengenommen und anschließend als handschriftliche Telefonnotiz an den Empfänger weitergeleitet. Es ist auch möglich, direkt bei Anruf der Zentrale eine Nachricht ohne Vermittlung zu hinterlassen.

Darüber hinaus koordiniert die Telefonzentrale in speziellen Fällen auch Terminanfragen mit Mitarbeitern. In diesem Fall wird die Telefonanfrage auf einem Notizblock notiert und anschließend im elektronischen Kalender des jeweiligen Mitarbeiters auf Machbarkeit geprüft.

Sollte kein Termin gefunden werden, wird eine entsprechende Rückrufnotiz über das elektronische Kommunikationssystem an den Mitarbeiter gesendet. Wurde ein Termin vereinbart, wird dieser Termin im elektronischen Kalender des jeweiligen Mitarbeiters eingetragen.

Letztendlich beantwortet die Service-Kraft auch Fragen allgemeiner Art. Dazu steht das unternehmenseigene Wiki als Datenbasis zu Verfügung.

> 80.   Modellieren Sie den Prozess mit einem Mapping Tool.
>
> 81.   Der Prozess ist effektiv, denn er funktioniert! Leider fehlt es dem Prozess an Effizienz. Das heißt, der Ablauf könnte optimiert werden. Fallen Ihnen Besonderheiten auf, die ggf. verbessert werden könnten?

1.4.10   Prozessabläufe entwickeln

Den Status eines Prozessanwenders haben Sie längst erreicht. Und auch die ersten Erfahrungen als Prozessmodellierer liegen vor. Der Weg zum selbstständigen Modellierer ist nur noch ein kurzer. Um diesen zu bestreiten, hat sich Herr Harping aus der IT-Abteilung Zeit für Sie genommen.

„Ich bin erstaunt, was Sie in so kurzer Zeit schon alles über das Prozessmanagement gelernt haben. Sie werden aber merken, dass es der nächste Schritt zum Modellierer in sich hat.

Machen Sie sich Gedanken darüber, welche Schritte nötig sind, um den Teilprozess „Auftrag bearbeiten" in Form des Warenversands an den Kunden fortzusetzen. Der Leitsatz der Prozessmodellierung „Wer macht was, mit welchem Erfolg und welchen Hilfsmitteln?" soll Sie dabei leiten.

Auftrag kommis- sionieren

Auftrag versenden

Als gedanklichen Leitfaden stellen Sie sich einfach vor, dass Sie privat etwas versenden möchten. Dann haben Sie schon einmal einen guten Ideenpool für auszuführende Tätigkeiten. Des Weiteren lohnt es sich, den Begriff „kommissionieren" im Internet zu suchen."

---

82. *Modellieren Sie den Teilprozess „Auftrag versenden" als EPK in Ihrem Mapping-Tool.*

1.5 Entscheidungswege darstellen

Die EPK ist im Wesentlichen als Arbeitsanweisung für Menschen entwickelt. Darüber hinaus ziehen Fachabteilungen ihren Nutzen aus diesen Abläufen und analysieren, welche Funktionalitäten beispielsweise Software unterstützen muss. Gilt es Entscheidungen darzustellen, kann das Flussdiagramm die EPK unterstützen (S. 65).

Rudolf Harping

„Manchmal sind Sachverhalte wirklich schwer in Worte zu fassen. Da hilft das Flussdiagramm. Vor längerer Zeit fiel uns auf, dass bei der Abrechnung von Spesen fortlaufend Fehlberechnungen erfolgten. Mit der fallweisen Entscheidung in unserem Flussdiagramm, konnten wir die Fehler deutlich reduzieren. Durch dieses Diagramm konnten wir zudem dem Programmierer unmissverständlich verdeutlichen, was die kleine Erweiterung des ERP-Systems leisten muss."

83. *Ermitteln Sie anhand des Diagramms, wie hoch die Spesenabrechnungen für die nachfolgenden Personen sind:*

a) Dieter Pete ist mit dem Privatfahrzeug zur Hannover-Messe Industrie gefahren (einfache Fahrt: 178 km). Dort arbeitete er vom 13. bis 16. April d. J. von morgens früh bis spät in die Nacht auf dem Messestand der VMW GmbH.

b) Anna Log besuchte einen Kunden in Berlin. Hin und zurück fuhr sie mit dem Firmenfahrzeug 905 km. Sie fuhr am Montag um 09:00 Uhr los und war um 22:00 Uhr wieder in Oldenburg.

c) Dieter Pete fuhr mit einem Firmenfahrzeug nach Emden. Für die insgesamt 165 km benötigte er drei Stunden. Vor Ort bei dem Kunden war er eine Stunde.

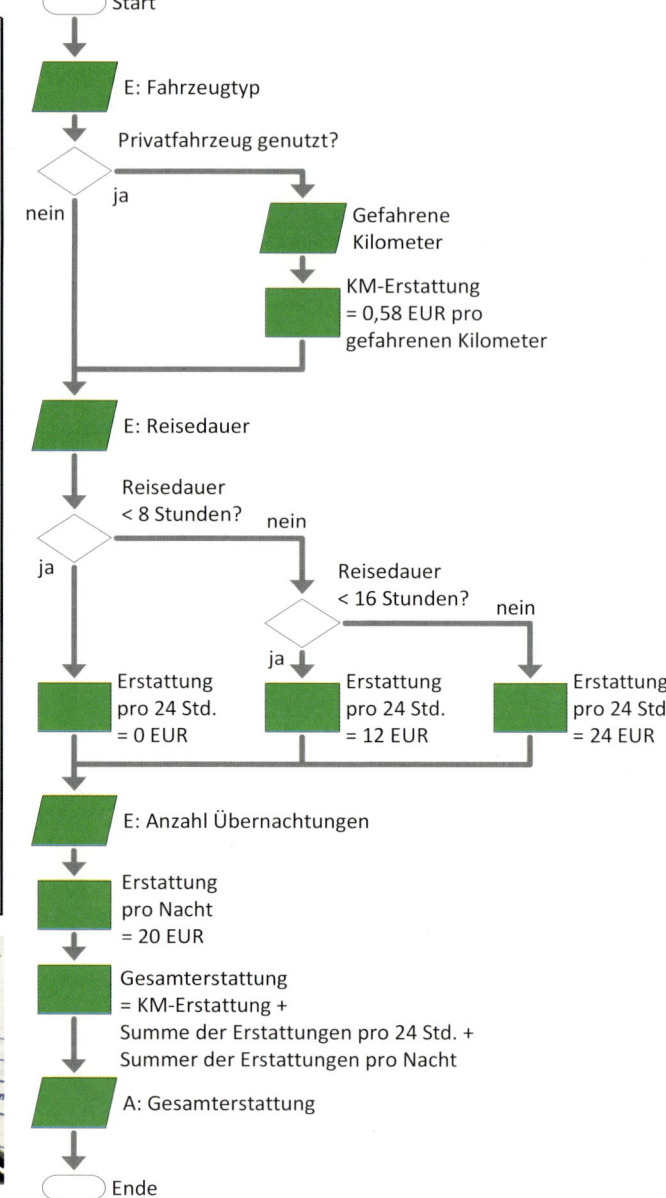

Start
→ E: Fahrzeugtyp
→ Privatfahrzeug genutzt? — ja → Gefahrene Kilometer → KM-Erstattung = 0,58 EUR pro gefahrenen Kilometer
— nein
→ E: Reisedauer
→ Reisedauer < 8 Stunden? — nein → Reisedauer < 16 Stunden? — nein → Erstattung pro 24 Std. = 24 EUR
— ja → Erstattung pro 24 Std. = 12 EUR
— ja → Erstattung pro 24 Std. = 0 EUR
→ E: Anzahl Übernachtungen
→ Erstattung pro Nacht = 20 EUR
→ Gesamterstattung = KM-Erstattung + Summe der Erstattungen pro 24 Std. + Summer der Erstattungen pro Nacht
→ A: Gesamterstattung
→ Ende

1.6   Prozesse optimieren

Herr Harping schildert, wie wichtig die Optimierung von Prozessabläufen für eine Unternehmung ist.

> *„Der Markt auf dem wir tätig sind, ist immer in Bewegung. Neue Technologien, verändertes Nachfrageverhalten und die Leistungen der Mitbewerber zwingen uns immer besser zu werden. Im **Handbuch Geschäftsprozessoptimierung** finden Sie anschauliche Beispiele für die Kriterien zur Optimierung von Abläufen. Der spürbare Erfolg basiert manchmal auf weitreichenden strategischen Optimierungen wie die Aufnahme von Handelswaren zu unseren produzierten Gütern. Manchmal sind es aber nur Kleinigkeiten wie ein Rückrufservice, den Kunden im Internet anfordern können.*

---

84. *Bei genauer Betrachtung der Verbesserungsvorschläge in der Grafik auf S. 67 können Sie konkurrierende Ziele feststellen. Welche könnten das sein?*

85. *Finden Sie Beispiele, bei denen der Kunde (z. B. im Online-Handel) neben der regulär zu erwartenden Leistungserbringung einen besonderen Mehrwert erfährt.*

86. *Welche unternehmenstypischen Prozessentscheidungen könnten die amerikanischen, weltweit agierenden Fast Foodketten so erfolgreich gemacht haben?*

87. *Sowohl die Discounterketten als auch die etablierten Supermärkte bedienen das Einzelhandelssegment Lebensmittel und Haushaltswaren. Diskutieren Sie, in welchen Punkten sich die beiden Konzepte außer im Preis auf strategischer Ebene unterscheiden.*

Bisher haben Sie den Beschaffungsprozess für Artikel auf Grundlage einer Kundenbestellung kennengelernt. In so einem Fall stellt ein Mitarbeiter der VMW GmbH fest, dass die Ware nicht mehr vorrätig ist, und leitet den Bestellvorgang ein.

---

88. *Recherchieren Sie, was es mit den Begriffen Mindest-, Melde- und eiserner Bestand auf sich hat. Formulieren Sie auf Grundlage dieses Wissens eine grobe Prozessidee, bei der das ERP-System besser integriert wird.*

> *„Der nachfolgende Prozess „Reklamation bearbeiten" wurde schon vor einigen Jahren entwickelt. Mein Team und ich wollen uns den Ablauf zwecks Reorganisation in Kürze ansehen. Hätten Sie Lust, sich mit dem Prozess schon einmal auseinanderzusetzen und Verbesserungsansätze direkt im Ausdruck zu vermerken?"*

---

89. *Setzen Sie sich mit dem Teilprozess „Reklamation bearbeiten" auseinander. Beachten Sie dazu das **Handbuch Geschäftsprozessoptimierung** auf S. 67.*

---

5 Harms - ISBN 978-3-8120-1040-5

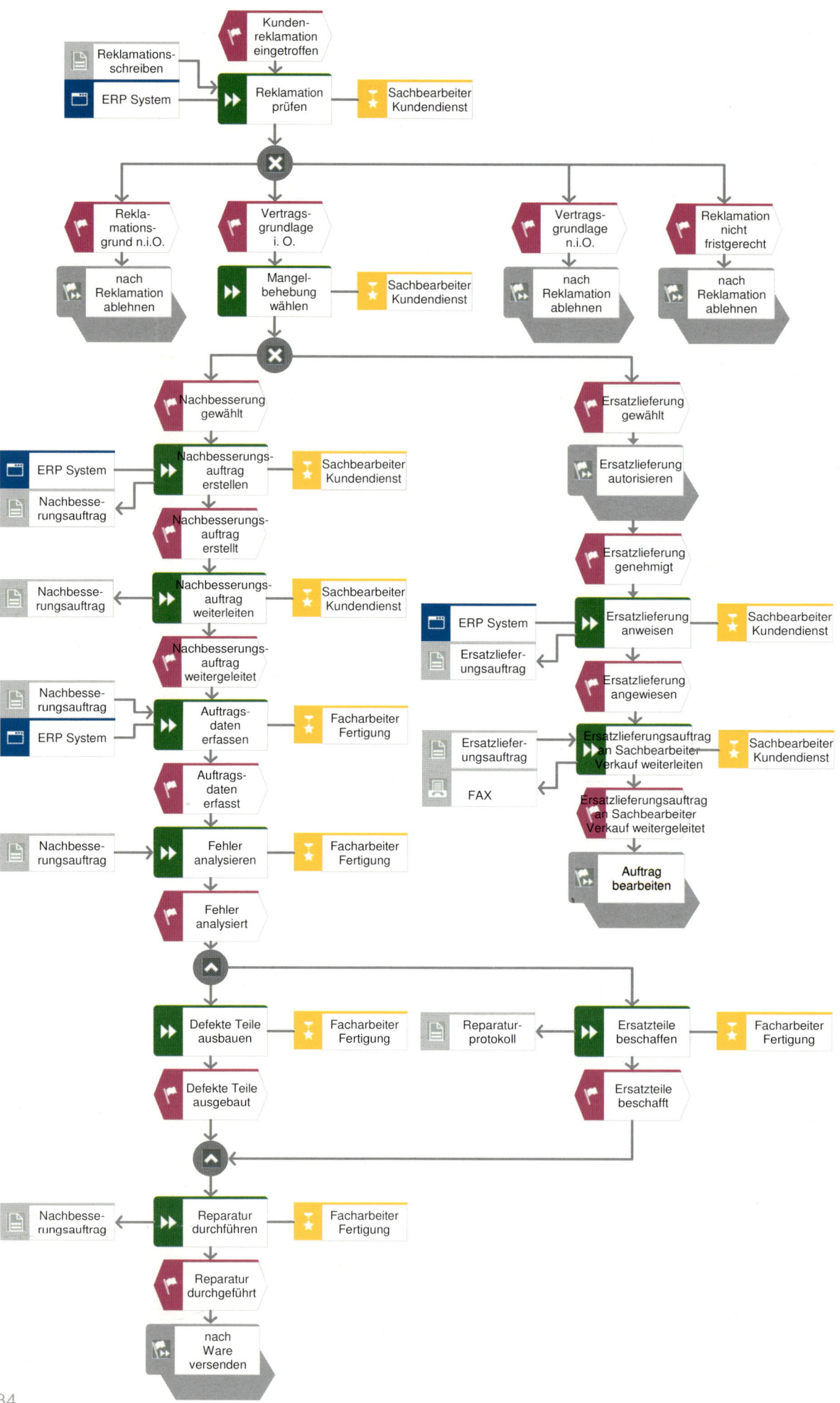

1.7 Prozesse bewerten

Prozesse können mit Hinblick auf eine Optimierung auf vielfältige Art und Weise betrachtet und bewertet werden. Der Begriff Key Performance Indicator (KPI) ist Thema im **Handbuch Geschäftsprozessoptimierung** auf S. 51.

Frau Katrinsen aus der Buchhaltung erklärt Ihnen, was das Besondere an dem KPI „Prozesskosten" ist.

„Wir sind ein Industriebetrieb und stellen Produkte in größerer Stückzahl her. Wenn wir nun also wissen wollen, was ein Elektromotor »101005 – Micromotor 9V« in der Herstellung kostet, ermitteln wir, was die Herstellungskosten insgesamt sind, und teilen diese durch die Anzahl der hergestellten Güter. Das nennt man auch eine Vollkostenrechnung.

Wenn es um Beratungs- oder Serviceleistungen geht, ist das nicht so einfach. Durch unterschiedliche Leistungen wäre eine Umlage von Gemeinkosten zu ungenau. Daher betrachtet die Prozesskostenrechnung ausgewiesene Abläufe und verteilt die Gemeinkosten verursachungsgerecht auf diese. Wie das funktioniert, steht im **Handbuch Geschäftsprozessoptimierung.**"

Wiebke Katrinsen

---

90. *Im Handbuch ist auf S. 70 die Einrichtung eines Wiederverkäuferkontos beschrieben. Die Funktion „Wiederverkäuferkonto einrichten" ist im ERP-System etwas mühsam. Der Berater des Systemhauses schlägt vor, das System anzupassen. Er veranschlagt dazu 5 Arbeitsstunden à 120,00 EUR. Dadurch könnte jede Kontoeinrichtung im ERP-System in 2 Minuten erfolgen. Führen Sie eine neue Berechnung durch und beurteilen Sie diese Idee.*

Auf der Internetseite www.v-mw.de finden Sie eine Excel-Tabelle, mit der Sie eine Prozesskostenrechnung durchführen können.

1.7.1 Prozesskosten ermitteln

Die Prozesskostenrechnung stellt ein wertvolles Instrument zur Berechnung von Dienstleistungen dar. Dabei wird grundlegend in zwei verschiedene Kostenarten unterschieden:

- leistungsmengeninduzierte Kosten (lmi-Kosten): Von der Menge der Prozessausführungen abhängige Kosten, im Bereich Dienstleistungen in der Regel Lohnkosten.

- leistungsmengenneutrale Kosten (lmn-Kosten): Von der Menge der Prozessausführungen unabhängige Kosten, zum Beispiel Arbeitsplatzkosten.

Die nachfolgende Prozesskostenrechnung beschreibt die notwendigen **Funktionen** eines Teilprozesses zum Erstellen eines Angebots.

Prozesskostenrechnung

Vereinigte MotorenWerke

Gesamtprozess-kosten pro Ausführung

4,04 €

Teilprozess:	Angebot erstellen						
Aktivität	**Prozess-menge**	**Zeit in Min**	**Zeit-bedarf ges.**	**Perso-nen-jahre**	**Prozess-kosten (lmi)**	**Prozess-kosten (lmn)**	**Prozess-kosten (lmn und lmi)**
Kundenstatus prüfen	2400	2	4800	0,04	1.515,20 €	333,33 €	1.848,53 €
Kundendaten erfassen	120	9	1080	0,01	378,80 €	83,33 €	462,13 €
Sortiment prüfen	2400	4	9600	0,07	2.651,60 €	583,33 €	3.234,93 €
Angebot erstellen	2400	5	12000	0,09	3.409,20 €	750,00 €	4.159,20 €
Gesamt					**7.954,80 €**	**1.750,00 €**	**9.704,80 €**

lmn-Kosten	1.750,00 €	22,00% Umlagesatz

Eine weitere Methode, die Prozesskosten zu ermitteln, basiert auf Werten von **Teilprozessen**, die die Buchhaltung als Summe der Löhne für alle Teilprozesse ermittelt hat. Diese werden auf die leistungsmengenneutralen Kosten im Umlageverfahren verteilt.

Nachfolgendes Beispiel zeigt die Teilprozesse, die zur Ausführung eines Auftrags notwendig sind:

Teilprozesse	Ausführungen pro Jahr	Plankosten der Buchhaltung	Prozesskostensatz lmi	Prozesskostensatz lmn	Prozesskostensatz ges.
Angebot erstellen	2400	7.945,00 €	3,31 €	0,73 €	**4,04 €**
Auftrag bearbeiten	13200	57.800,00 €	4,38 €	0,96 €	**5,34 €**
Ware beschaffen	470	3.450,00 €	7,34 €	1,62 €	**8,96 €**
Auftrag liefern	12900	43.200,00 €	3,35 €	0,74 €	**4,09 €**
Gesamt		**112.395,00 €**	**18,38 €**	**4,04 €**	**22,42 €**
lmn-Kosten				**22,00 % Umlagesatz**	
Verwaltungskosten		21.850,00 €			
Managementkosten		2.880,00 €			

Vorgehen:

1. Daten der Buchhaltung sowie der Aufzeichnungen der Abteilung Verkauf erfassen.

2. Prozesskostensatz lmi ermitteln, indem die Plankosten der Buchhaltung durch die Ausführungen pro Jahr aufgeteilt werden.

3. Umlagesatz lmn ermitteln, indem die gesamten lmn-Kosten auf die gesamten lmi-Kosten umgerechnet werden.

4. Anwenden des lmn-Umlagesatzes auf die lmi-Kosten.

5. Summieren der lmn- und lmi-Kosten.

Durch diese Berechnung kann das Unternehmen im Nachhinein Auskunft darüber geben, wie viel die Bearbeitung eines Teilprozesses gekostet hat.

---

91. *Überprüfen Sie, ob sich die berechneten Zahlen des Teilprozesses „Angebot erstellen" aus der detaillierten Prozesskostenrechnung mit den Zahlen der Prozesskostenrechnung der Buchhaltung decken.*

92. *Welche der beiden Prozesskostenrechenarten ist besser geeignet, um Maßnahmen einer Geschäftsprozessoptimierung zu bewerten? Begründen Sie Ihre Meinung.*

1.7.2   Prozesse über Prozesskosten optimieren

In den letzten Kapiteln haben Sie einiges über die Ermittlung der Prozesskosten kennengelernt. Nachfolgend

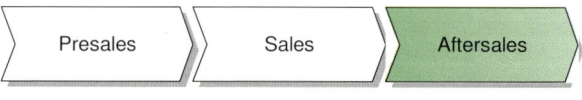

erfahren Sie, wie Ihnen die Prozesskosten helfen können, alternative Prozessabläufe zu bewerten. Dabei hilft die Betrachtung eines typischen Support-Prozesses.

Diese Betreuung (Support) des Kunden nach dem Kauf ist vielschichtig. Sie reicht von der Schulung von Mitarbeitern bezüglich gelieferter Produkte über die Wartung bis hin zu Reparaturdiensten und Garantieleistungen. Je nach Branche fallen aber auch Zusatzleistungen wie Aufbau und Installation von Gerätschaften in diesen Tätigkeitsbereich. Das abgedeckte Spektrum ist demnach ein Bestandteil des Marketing-Mixes und kann die Kaufentscheidung von Kunden maßgeblich beeinflussen. Aus der Aftersales-Phase ergeben sich häufig Nachkäufe.

Zu dieser Phase gehört der Bereich „Kundendienst", den Ihnen Herr Harping nun erklärt:

„Der Kundendienst, manchmal auch Kundenservice genannt, ist in der Regel eine eigene Organisationseinheit. Das können Sie im Organigramm nachprüfen. Der Aftersales-Service, also die persönliche Betreuung über einen sogenannten Helpdesk, wird immer wichtiger. Kunden können dort Fragen via Webformular, E-Mail oder auch telefonisch stellen. Bei uns müssen die Kunden bisher außer den üblichen Telefonkosten nichts für Serviceauskünfte bezahlen. Der Prozess ist bei uns so gestaltet, dass wir für Standardfragen nach Versand, Lieferzeiten, Merkmale eines Produkts und ähnliches vom sogenannten First Level Support betreut werden. Erst, wenn es wirklich um fachspezifische Fragen wie Spezifikationen oder Montageprobleme geht, wird der Second Level Support mit einbezogen."

Rudolf Harping

93. Nachfolgend sehen Sie den telefonischen Support-Prozess der VMW GmbH. Welche Besonderheiten weist er bezüglich der Beratungstiefe auf, wie werden die Mitarbeiter unterstützt und aus welchem Grund nennt sich das System ein lernendes System?

94. Übertragen Sie den nachfolgenden Prozess in ARIS und tragen Sie alle ausgewiesenen Attribute ein. Wie lange dauert eine durchschnittliche Beratung und wie teuer ist sie? Die notwendigen Daten sehen Sie im Modell. Sie können alle nachfolgenden Rechnungen natürlich auch manuell oder mit der Vorlage für die Tabellenkalkulation (www.v-mw.de) berechnen.

95. Die VMW GmbH möchte den Support zukünftig nicht mehr kostenfrei anbieten. Wie könnte, ausgehend vom Ursprungsszenario, dem Kunden die Leistung eines Supports berechnet werden?

96. Bewerten Sie den Vorschlag, den gesamten Prozess durch einen Mitarbeiter im 2nd Level Support durchführen zu lassen. Argumentieren Sie mit der Durchlaufzeit und den jährlichen Kosten. Arbeiten Sie gegebenenfalls mit einer Variante des Ursprungsprozesses.

97. Die Geschäftsführung denkt darüber nach, Supportanfragen nur noch über ein Web-Ticketsystem anzubieten. Dabei gibt der Kunde seine Frage direkt in das Ticketsystem ein. Die erarbeiteten Lösungsvorschläge werden dem Kunden ebenfalls schriftlich über die Antwortfunktion des Ticketsystems zugestellt. Die schriftliche Darstellung der Problemlösung dauert im Schnitt 50 % länger als eine telefonische Beratung. Überlegen Sie sich, welche Funktionen sich ändern bzw. nicht mehr notwendig sind. Beurteilen Sie die Idee der Geschäftsführung aufgrund der errechneten Zahlen.

98. Der VMW GmbH liegen die Angebote von zwei Call Centern vor. Beide übernehmen die Arbeit des 1st Level Support. Die lmn-Kosten der VMW GmbH reduzieren sich durch den Wegfall des 1st Level Supports auf 7.570,00 EUR. Das erste Call Center rechnet die Beratungsminute für 0,15 EUR ab, das zweite Unternehmen rechnet pauschal jedes Gespräch mit 1,50 EUR ab. Beurteilen Sie beide Angebote bezüglich der Wirtschaftlichkeit für die VMW GmbH.

99. Gäbe es eventuell noch einen anderen Verbesserungsvorschlag, basierend auf dem bestehenden Ursprungsprozess? Gehen Sie dabei der Ursache des Prozessauslösers auf den Grund.

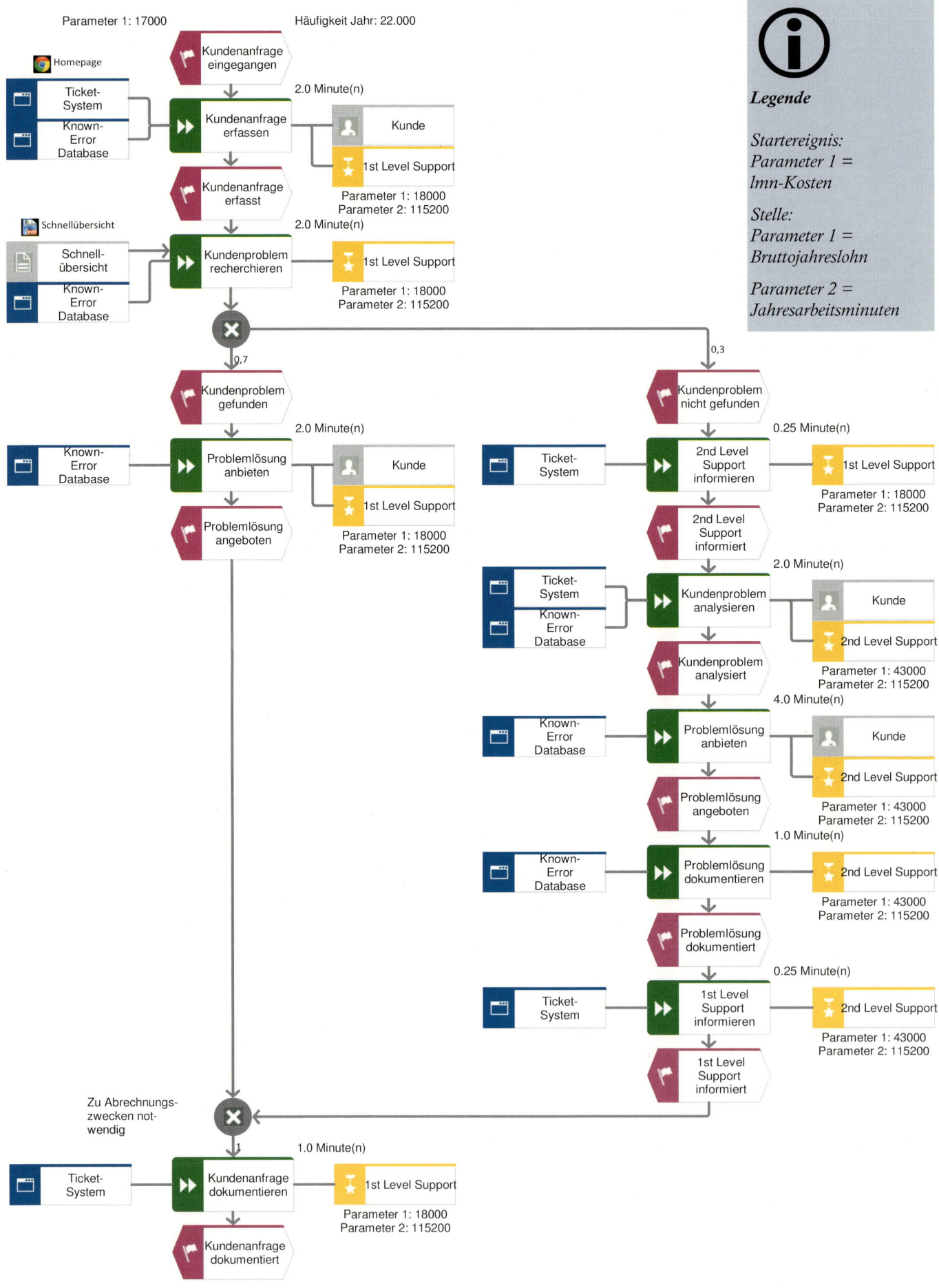

Parameter 1: 17000   Häufigkeit Jahr: 22.000

Homepage

Ticket-System
Known-Error Database

Kundenanfrage eingegangen

2.0 Minute(n)

Kundenanfrage erfassen

Kunde
1st Level Support

Kundenanfrage erfasst

Parameter 1: 18000
Parameter 2: 115200

Schnellübersicht

Schnell-übersicht
Known-Error Database

2.0 Minute(n)

Kundenproblem recherchieren

1st Level Support

Parameter 1: 18000
Parameter 2: 115200

0,7

Kundenproblem gefunden

Known-Error Database

2.0 Minute(n)

Problemlösung anbieten

Kunde
1st Level Support

Problemlösung angeboten

Parameter 1: 18000
Parameter 2: 115200

0,3

Kundenproblem nicht gefunden

Ticket-System

0.25 Minute(n)

2nd Level Support informieren

1st Level Support

Parameter 1: 18000
Parameter 2: 115200

2nd Level Support informiert

Ticket-System
Known-Error Database

2.0 Minute(n)

Kundenproblem analysieren

Kunde
2nd Level Support

Kundenproblem analysiert

Parameter 1: 43000
Parameter 2: 115200

Known-Error Database

4.0 Minute(n)

Problemlösung anbieten

Kunde
2nd Level Support

Problemlösung angeboten

Parameter 1: 43000
Parameter 2: 115200

Known-Error Database

1.0 Minute(n)

Problemlösung dokumentieren

2nd Level Support

Problemlösung dokumentiert

Parameter 1: 43000
Parameter 2: 115200

Ticket-System

0.25 Minute(n)

1st Level Support informieren

2nd Level Support

Parameter 1: 43000
Parameter 2: 115200

1st Level Support informiert

Zu Abrechnungs-zwecken not-wendig

1

Ticket-System

1.0 Minute(n)

Kundenanfrage dokumentieren

1st Level Support

Parameter 1: 18000
Parameter 2: 115200

Kundenanfrage dokumentiert

Legende

Startereignis:
Parameter 1 =
lmn-Kosten

Stelle:
Parameter 1 =
Bruttojahreslohn

Parameter 2 =
Jahresarbeitsminuten

1.7.3   Erweiterte Prozessmodellierung für den ARIS Architect

Die Modellierungssoftware ARIS Architect bietet weit mehr als lediglich die Darstellung von Modellen in einer geeigneten Notation. Damit unterscheidet sie sich maßgeblich von Powerpoint, Visio, Dia oder OpenOffice. Nachfolgende Aufgaben nutzen das Potenzial der Software aus. Das **Handbuch ARIS Software** beginnt in diesem Lehrwerk auf S. 91.

100. *Verknüpfen Sie sämtliche erstellten EPKs mit dem Wertschöpfungskettendiagramm.*

101. *Verknüpfen Sie sämtliche erstellten EPKs untereinander über die entsprechenden Prozessschnittstellen.*

102. *Ergänzen Sie das Prozessmodell „Auftrag bearbeiten" um die ausgewiesenen Attribute Bemerkung / Beispiel, mittlere Bearbeitungszeit und Kantengewichtungen.*

103. *Führen Sie mit ARIS eine Prozesskostenrechnung für den Teilprozess „Auftrag bearbeiten" durch. Beachten Sie, dass der Report „PKR light" nur funktioniert, wenn der Prozess mit einem Ereignis anfängt. Daher ist vor dem automatischen Berechnungsdurchlauf am Anfang des Teilprozesses die Prozessschnittstelle zu entfernen.*
Der Sachbearbeiter Verkauf arbeitet mit einer rechnerischen Zahl von 46 Arbeitswochen im Jahr 35 Stunden die Woche. Der Verdienst liegt im Jahr bei 32.500 EUR. Der Prozess wird 34.500 Mal im Jahr ausgeführt. Es fallen 6.700,00 EUR lmn-Kosten an.
a) Wie lange dauert die Durchlaufzeit einer Ausführung?
b) Wie viele Mitarbeiter werden benötigt, um alle Aufträge im Jahr zu bearbeiten?
c) Was kostet die Durchführung der Bearbeitung eines einzelnen Teilprozesses?

104. *Verknüpfen Sie im Prozessmodell „Auftrag bearbeiten" das Anwendungssystem „ERP-System" mit der Domain www.v-mw.de. Als Linktext soll „ERP Online" ausgewiesen werden.*

105. *Erstellen Sie ein Dokument „Auftragsbestätigung" und binden Sie es in das Prozessmodell „Auftrag bearbeiten" an entsprechender Stelle ein.*

106. *Erstellen Sie eine Stellenbeschreibung für die Stelle „Sachbearbeiter Fachlagerist" über alle Prozesse. Zudem ist noch eine Stellenbeschreibung über den Prozess „Wareneingang erfassen" mit allen beteiligten Organisationseinheiten inkl. verknüpfter Teilprozesse der Warenannahme gewünscht.*

107. *Erstellen Sie eine schrittweise Ad-hoc-Analyse, die Aufschluss darüber gibt, an welchen Teilprozessen der Sachbearbeiter Verkauf beteiligt ist.*

108. *Erstellen Sie eine schrittweise Ad-hoc-Analyse, die Aufschluss darüber gibt, an welchen Teilprozessen das ERP-System zum Einsatz kommt, und wer damit arbeitet.*

109. *Führen Sie eine automatische Ad-hoc-Analyse durch, die Ihnen die gleiche Aufgabenstellung wie in der Aufgabe zuvor beantwortet. Start = ERP System (Anwendungssystemtyp), Ziel = Stelle (OT_POS). An dieser Stelle ist wichtig, dass Sie zuvor sorgsam im ARIS Architect gearbeitet haben. Sollte es bei der Auswertung Probleme geben, prüfen Sie, ob Sie stets mit der gleichen Stelle gearbeitet haben (Ausprägungskopien). Prüfen Sie ebenfalls, ob Sie beim ERP-System den Objekttyp „Anwendungssystemtyp" verwendet haben.*

110. *Erstellen Sie eine Matrix, die die Prozesse bis zum Versand eines Auftrags (Angebot erstellen und Auftrag bearbeiten) berücksichtigt. Aus der Matrix soll hervorgehen, welche Dokumente, Anwendungssystemtypen und Stellen an den Prozessen beteiligt sind.*

111. *Analysieren Sie, welche Organisationseinheiten an dem Teilprozess „Wareneingang erfassen" inklusive der verknüpften Teilprozesse der Warenannahme beteiligt sind. Diskutieren Sie das Ergebnis.*

112. *Erstellen Sie ein Prozesshandbuch über alle Kernprozesse der VMW GmbH.*

2 Handbuch: Unternehmensorganisation

Bevor es an die Modellierung von Geschäftsprozessen geht, sollten einige Grundbegriffe der Betriebswirtschaftslehre (BWL), des Unternehmensaufbaus und der Unternehmensorganisation bekannt sein.

2.1 Konstrukt „Unternehmung"

Zunächst einmal beschäftigt sich das Thema der Betriebswirtschaft mit sämtlichen Fragestellungen rund um den Betrieb. Dabei wird zur Darstellung des Konstrukts von den Grundfunktionen Beschaffung, Produktion[1] und Absatz ausgegangen.

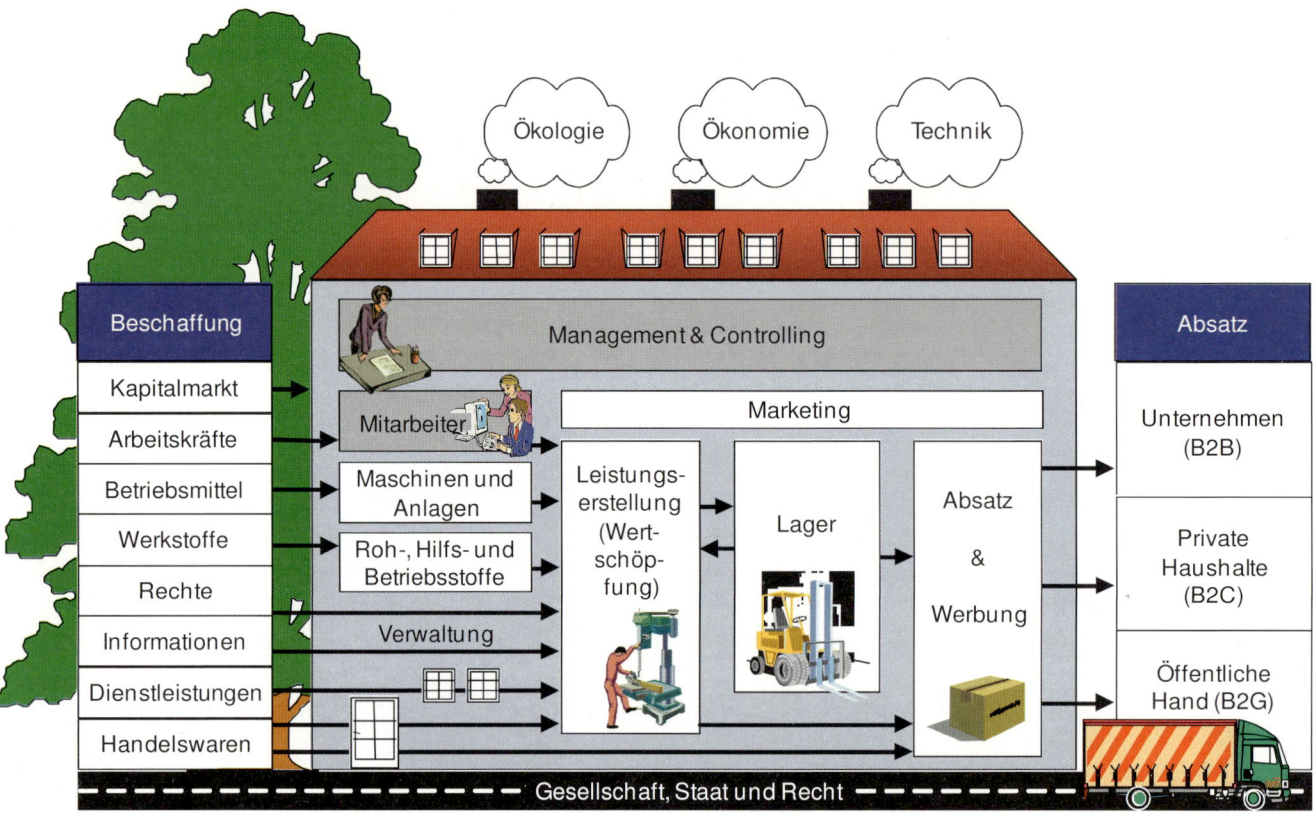

Die Vielzahl der Einsatzfaktoren in der Abbildung zeigt, dass die erfolgreiche Leitung eines Unternehmens sich nicht von allein vollziehen kann, sondern eine gewisse Planung zugrunde liegen muss.

Unter Planen wird das gedankliche Durchspielen von möglichen, zukünftigen Handlungen und Entscheidungen verstanden.

Ein Unternehmen zu führen bedeutet, die betriebswirtschaftlichen Elementarfaktoren ausführende Arbeit, Betriebsmittel, Werkstoffe[2] so zu kombinieren, dass ein wettbewerbsfähiges Produkt auf dem Markt angeboten werden kann. Die dazu notwendige Planung und Organisation werden als dispositiver Faktor bezeichnet und bilden mit den Elementarfaktoren die betriebswirtschaftlichen Produktionsfaktoren. Der dispositive Faktor kann beispielsweise eine Terminplanung, einen Unternehmensaufbau oder auch eine Erfolgsplanung beinhalten. Im Folgenden wird der dispositive Faktor Organisationsplanung genauer betrachtet.

Grundannahme zur Organisation ist, dass die Gesamtaufgabe (Prozess) teilbar ist und sich fortlaufend wiederholt. In dieser Annahme unterscheidet sich der Prozess vom Projekt, das durch seine einmalige und zeitbegrenzte Durchführung

---

[1]   Dieser Begriff umfasst nach heutiger Sichtweise auch die Erstellung von Dienstleistungen.

[2]   In vielen Lehrwerken zählen das Geldvermögen, die Informationen sowie die Rechte mit zu den Elementarfaktoren.

gekennzeichnet ist. Unterstützt und gesteuert wird die Durchführung häufig durch entsprechende Unternehmenssoftware.

Der Begriff Unternehmenssoftware wird üblicherweise auch als **Enterprise Ressource Planning (ERP) System** bezeichnet. Dabei handelt es sich um Softwaresysteme, die ganzheitlich mehrere Anwendungen zur Abarbeitung von Prozessen bereitstellen und dabei auf eine gemeinsame Datenbasis zugreifen.

Viele Jahre lang war der Einsatz von ERP-System vorwiegend den Großunternehmen (GU) vorbehalten. Mittlerweile nutzen aber auch viele klein- und mittelständische Unternehmen (KMU) diese. Die gängigsten Vertreter der ERP-Systeme sind **SAP** ERP, **Microsoft** mit MS Dynamics NAV/AX, **Infor** ERP sowie die **Oracle** E-Business Suite.

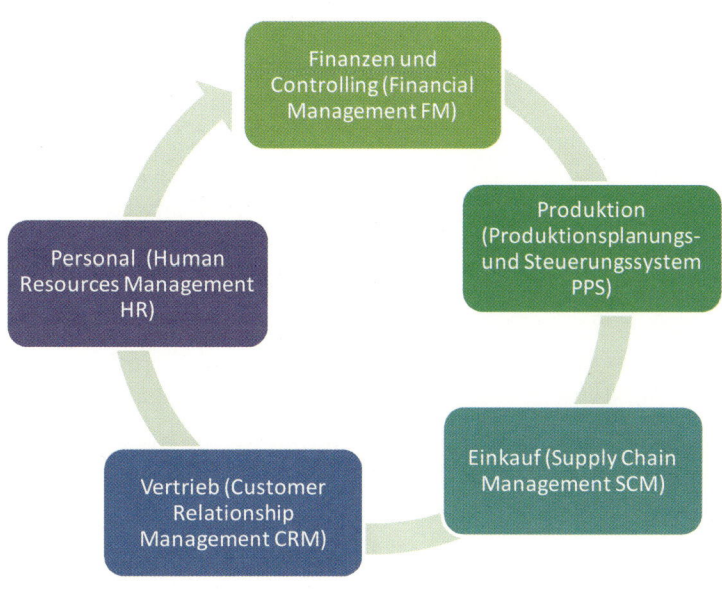

Zu den **Elementarbereichen** der ERP-Systeme werden die Bereiche Personal, Finanzen, Einkauf, Produktion und Vertrieb gezählt.

Damit branchen- und unternehmensspezifische Besonderheiten im ERP-System berücksichtigt werden, bieten viele Systeme spezielle Branchenmodule an.

Die Aufgabe des ERP-System ist es, innerbetriebliche Prozesse optimal zu unterstützen. Die Prozessfähigkeit im Bestellprozess von unterschiedlichen Unternehmen (Supply Chain Management) zu ermöglichen, steht nur sekundär im Fokus der ERP-System-Nutzung.

Je nachdem, welches System in der Unternehmung eingesetzt wird, sind die Konzepte zur Integration der Prozesse völlig unterschiedlich. Das bedeutet, dass Unternehmen aufgefordert sind, bestehende Abläufe im erheblichen Umfang an die Standardprozesse des ERP-Herstellers anzugleichen bzw. im anderen Fall das ERP-System auf die Standardprozesse des Unternehmens zu optimieren (engl. customizing).

2.2   Grad der Organisationsplanung

Zur Bewältigung der betrieblichen Aufgaben werden Regeln aufgestellt, an denen sich die Mitarbeiter einer Unternehmung orientieren können. Diese reichen von vorläufigen Regelungen, die für einen bestimmten Zeitraum aufgrund neuer Gegebenheiten gelten (Improvisation), über einmalig gültige Regelungen (Disposition) bis hin zu dauerhaften Regelungen (Organisation).

Auf Grundlage des oben genannten Organisationsbegriffs wird zwischen Ablauf- und Aufbauorganisation unterschieden, die nachfolgend genauer betrachtet werden.

2.3   Ablauforganisation

Die Ablauforganisation befasst sich mit der Gestaltung von aufeinander aufbauenden Arbeitsabläufen. Heute wird häufig der Begriff Workflow- oder auch Prozessmanagement in Verbindung mit Ablauforganisation erwähnt.

Ziel ist, die Arbeitsabläufe hinsichtlich zeitlicher, räumlicher und funktionaler Aspekte zu organisieren.

Ein außerordentlich großes Problem für IT-Abteilungen ist der Datenwildwuchs, der neben der Datenbasis des ERP-Systems entsteht.

So stellt es für viele Mitarbeiter zum Beispiel kein Problem dar, nebenher eine neue Tabelle mit Lieferantendaten und den damit gemachten Erfahrungen in einer Tabellenkalkulation zu erstellen.

Lieferantendaten, die dann in der Tabellenkalkulation geändert werden, bleiben im ERP-System unverändert, was weitreichende Folgen haben kann. Redundante und inkonsistente (nicht in direkter Verbindung stehende) Datenbestände sind das unerwünschte Ergebnis.

6 Harms - ISBN 978-3-8120-1040-5

2.4 Aufbauorganisation

Die Aufbauorganisation beschäftigt sich mit der strukturierten Einteilung der anfallenden Arbeiten in einer Unternehmung in sogenannte Organisationseinheiten.

Um zu einer geeigneten Aufbauorganisation zu gelangen, muss zunächst der gesamte Arbeitsablauf analysiert werden. Dazu werden aus der Gesamtaufgabe kleinere Teilaufgaben definiert.

Durch die nachgelagerte Zusammenfassung gleichartiger Teilaufgaben zu Aufgaben- komplexen (Aufgabensynthese) werden Stellen gebildet.

Eine ausführende Stelle bezeichnet die kleinste organisatorische Einheit eines Unternehmens. Die Stellenbeschreibung weist dem Stelleninhaber einen eindeutig definierten Aufgabenbereich, klare Zuständigkeiten und Kompetenzbereiche aus.

Die Stellen werden zur leichteren Verwaltung in Abteilungen zusammengefasst, die je nach Bündelung der Stellen unterschiedlich ausgerichtet sein können.

Die Abteilungen werden im Allgemeinen von einer Stelle geleitet, die als Instanz bezeichnet wird. Der Stelleninhaber einer Instanz hat grundsätzlich erweiterte Weisungs- und Entscheidungsbefugnisse. Die Anzahl der unterstellten Abteilungen oder Stellen wird als Leitungsspanne bezeichnet.

Umgangssprachlich wird die Stelle auch als Arbeitsplatz bezeichnet, obwohl die Bezeichnung eigentlich den physikalischen Ort der Stellenausführung meint (z. B. Verwaltungs- gebäude, 1 Stock, Zimmer 118).

Anweisungen höherer Instanzen sind nicht zwangsläufig als direktive Anordnungen oder sogar als „Befehle" zu verstehen. Vielmehr entscheiden vorgesetzte Ebenen bei Fragen, die eine Fachabteilung ggf. nicht allein entscheiden mag oder kann.

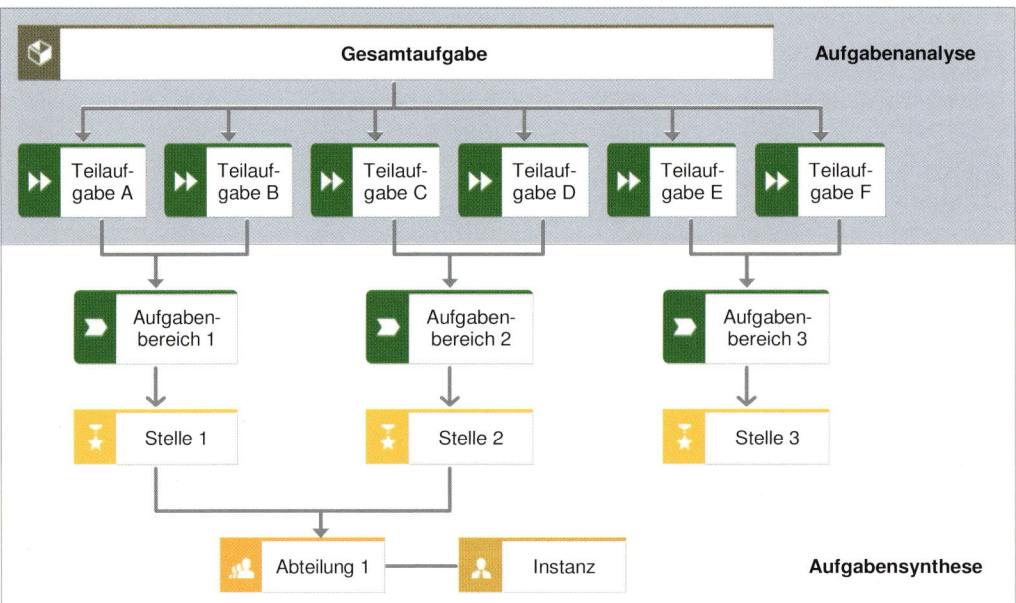

Das Ergebnis der Aufgabensynthese sind Stellenbeschreibungen sowie eine Auflistung der Stellen als Stellenplan. Grafisch aufgearbeitet entsteht ein Organigramm. Die Art, wie Stellen und Abteilungen geschnitten sind, verdeutlichen die nächsten Systeme.

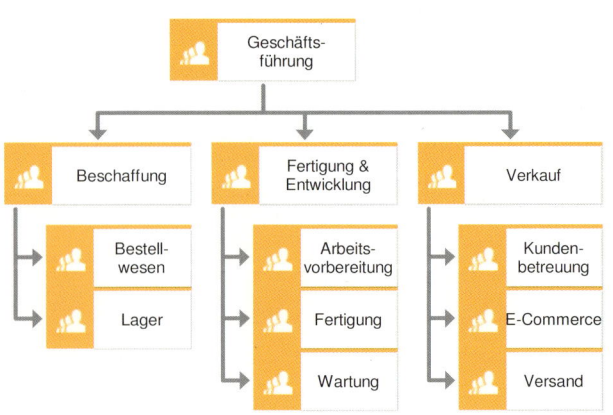

2.4.1 Ein-Liniensystem

Das Liniensystem ist ein klar strukturiertes System, bei dem jede untergeordnete Stelle bzw. Abteilung eine vorgesetzte Instanz hat. Diese ist weisungsbefugt. Anweisungen werden dementsprechend von oben nach unten weitergegeben. Berichte, Anfragen und Vorschläge von unterstellten Organisationseinheiten werden über diese Instanz weitergeleitet. Der „Dienstweg" gleichrangiger Ebenen führt stets über die übergeordnete Ebene.

2.4.2   Stab-Liniensystem

Das Stab-Liniensystem basiert auf der Idee des Ein-Liniensystems, das um sogenannte Stabsstellen erweitert wird. Eine Stabsstelle ist eine Stelle ohne direkte Weisungsbefugnis, die aber eine wichtige Beratungsfunktion übernimmt. Sie unterstützt Instanzen und ist in der Regel bei der Geschäftführung angesiedelt. Typische Vertreter der Stabsstellen bzw. Stabsabteilungen sind die EDV und die Rechtsabteilung.

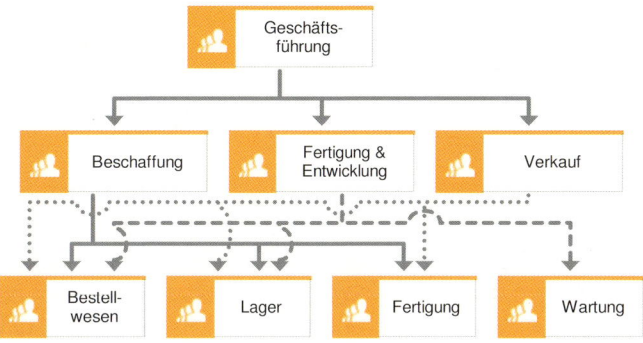

2.4.3   Mehrliniensystem

Eine Stelle bzw. Abteilung kann Anweisungen von einer oder mehreren weisungsbefugten Abteilungen erhalten. Jede Instanz ist Experte in einem definierten Fachgebiet und bringt sich somit in unterschiedlichen Abteilungen ein. Das Prinzip des Mehrliniensystems wird häufig nur auf der oberen Führungsebene angewendet.

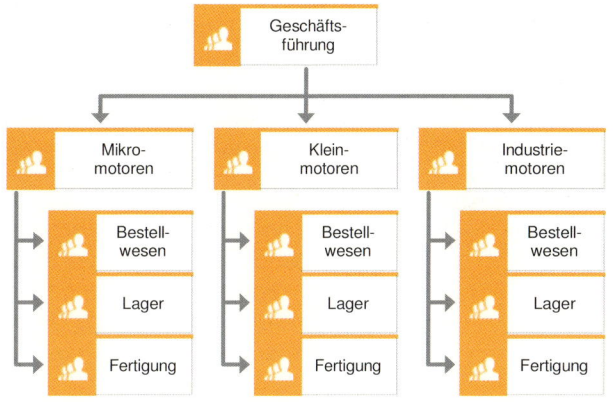

2.4.4   Spartensystem

Das Spartensystem ist auf der zweiten Stufe der Instanzentiefe (Anzahl der Hierarchiestufen) eine produktorientierte Organisationsform, wobei auf der dritten Stufe durch die Zuordnung von Funktionsbereichen zu den jeweiligen Sparten eine divisionale Organisationsstruktur entsteht.

Das Matrixsystem basiert auf dem Mehrliniensystem. Durch eine tabellarische Anordnung der Instanzen wird das Fachwissen der Produktexperten (im Beispiel Mikro-, Klein- und Industriemotoren) einerseits und das der Funktionsexperten (im Beispiel Beschaffung, Fertigung & Entwicklung und Verkauf) andererseits berücksichtigt.

2.4.5   Matrixsystem

Das Matrixsystem basiert auf dem Mehrliniensystem. Durch eine tabellarische Anordnung der Instanzen wird das Fachwissen der Produktexperten (im Beispiel Mikro-, Klein- und Industriemotoren) einerseits und das der Funktionsexperten (im Beispiel Beschaffung, Fertigung & Entwicklung und Verkauf) andererseits berücksichtigt.

	Verrichtungsorientierung		
Geschäfts-führung	Beschaffung	Fertigung & Entwicklung	Verkauf
Mikro-motoren			
Klein-motoren			
Industrie-motoren			

2.5   Prozessorientierte Organisation

Eine rein funktionsorientierte Aufbauorganisation steht größtenteils im Widerspruch zu den Abläufen (Prozessen), die in der Regel quer zu den Abteilungen laufen. Das Ergebnis des Ablaufs durch viele Funktionsbereiche in Verbindung mit dem isolierten Funktionsdenken sind viele Schnittstellen, Doppelarbeiten, ausgeprägtes Ressortdenken und komplexe Strukturen.

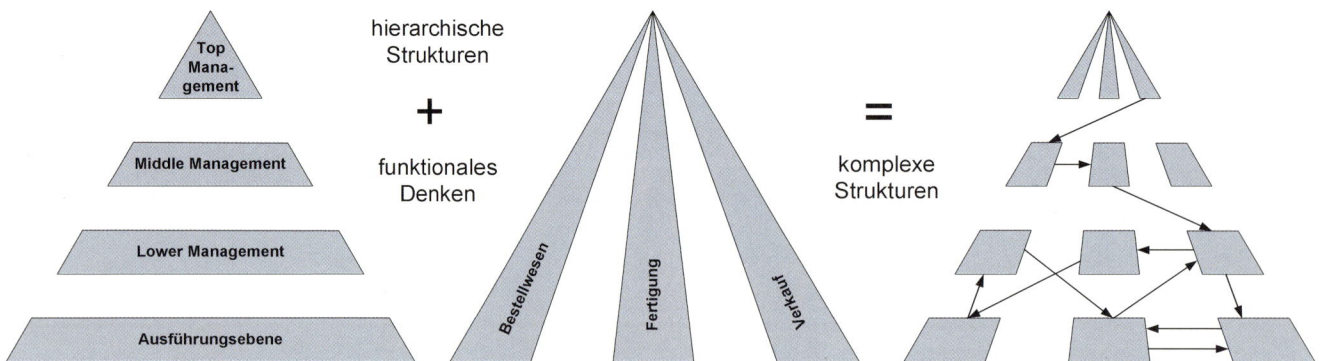

Wie sieht nun die Aufbauorganisation einer Unternehmung aus, die die Vorteile einer Prozessorientierung erkannt hat? Gemäß der bereits vorgestellten Aufgabenanalyse und Synthese müsste eine Aufbauorganisation entstehen, die nicht die Bündelung gleichartiger Tätigkeiten sondern die Zusammenfassung der bei der Prozessausführung benötigten Aufgaben zum Ziel hat.

Als Ergebnis wäre eine kundenorientierte Struktur vorzufinden, bei denen die Prozessverantwortlichen und nicht die Abteilungsleiter die Ergebnisse des Handelns zu verantworten hätten. Mit dem Prozessgedanken würde eine wesentlich flachere Hierarchie einhergehen, bei der selbstgesteuerte Teams mit erweiterten Handlungsbefugnissen den Prozess bearbeiten. Die Aufgabenbereiche der so entstandenen Organisationseinheiten müssten sich an der vorgangsintegrierten Bearbeitung orientieren.

Die angedachte, rein prozessorientierte Aufbauorganisation werden Sie in Unternehmen kaum vorfinden. Zu sehr haben sich Unternehmen an die Funktionsorientierung gewöhnt, zu riskant, ggf. sozial unverträglich und kostspielig wäre eine vollständige Umstellung. Zudem bietet die Funktionsorientierung nicht zu unterschätzende Vorteile.

Die Geschäftsprozessorientierung wird sich daher eher auf die optimale kunden- orientierte Gestaltung der Abläufe innerhalb einer Funktionsorientierung beschränken.

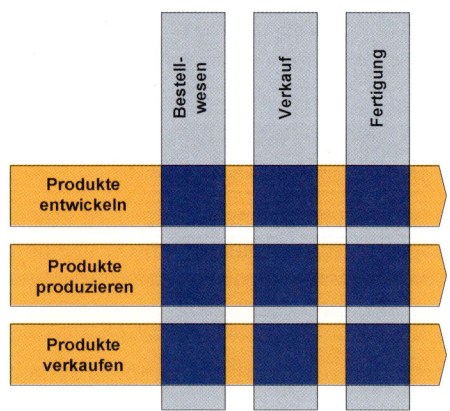

Ein Weisungs- und Entscheidungssystem, das beide Ansätze verfolgt, könnte die prozessverantwortliche Matrixorganisation sein. Dort werden sorgsame Entschei- dungen aus Sicht der tradierten Funktions- orientierung und der gewünschten Prozessorientierung getroffen werden.

In Richtung der Kundenorientierung finden darüber hinaus Betreuungsteams Anwendung. In der Umsetzung „One Face to Customer" werden Kunden fortlaufend von dem gleichen Mitarbeiter, mindestens aber durch den vollständigen Prozess begleitet.

Mehr Informationen zu Betreuungsteams hält das **Handbuch Geschäftsprozessorientierung** für Sie bereit.

3 Handbuch: Geschäftsprozessorientierung

3.1 Kundenzufriedenheit

Seit Langem weiß man, dass die Zufriedenheit von Kunden ein ausschlaggebender Faktor für den langfristigen Erfolg von Unternehmungen ist. Umfangreiche regelmäßig durchgeführte Messungen (Marktforschung) belegen, ob die Erwartungen eines Kunden übertroffen (Begeisterung), erfüllt (Zufriedenheit) oder nicht erfüllt werden (Unzufriedenheit). Untersuchungen haben gezeigt, dass lediglich begeisterte Kunden eine hohe Kundenloyalität aufweisen und letztendlich zu Stammkunden werden können.

Darüber hinaus hat sich gezeigt, dass sowohl unzufriedene als auch begeisterte Kunden Multiplikatoren sind und anderen von ihren Erfahrungen berichten:

- Kunden erzählen von negativen Erfahrungen etwa 9 bis 15 anderen Menschen.

- Sehr zufriedene Kunden bestellen 3 x häufiger nach als zufriedene Kunden.

- Zufriedene Kunden sind die besten Werbeträger.

- ¾ der Kunden, die zu einem anderen Unternehmen wechseln, nennen mangelnde Servicequalität als Grund.[3]

Die Qualität, also die Güte aller wahrgenommener Eigenschaften einer gekauften Leistung gliedert sich in unterschiedliche Bereiche:

- **Prozessqualität:** Die Güte eines Prozessablaufs.

- **Ergebnisqualität:** Die Güte, die am Ende eines Prozesses dem Kunden geliefert wird.

- **Potenzialqualität:** Die Güte, die maßgeblich durch Mitarbeiter und technische Einrichtungen beeinflusst wird.

- **Reputationsqualität:** Das Maß an Güte, das dem Unternehmen durch hören/sagen vorauseilt.

Die Zufriedenheit mit gebotenen Qualitäten bestimmt sich grundlegend aus verschiedenen Ansprüchen. Professor Noriaki Kano der Universität Tokyo entwickelte das nach ihm benannte **Kano-Modell.** Dieses differenziert die Kundenerwartungen und unterscheidet in drei grundlegende Bereiche:

1. **Basiserwartungen:** Hierzu werden Kriterien wie Sauberkeit der Lokalitäten, Freundlichkeit der Mitarbeiter oder ein ansprechendes Verkaufsumfeld gezählt. Diese Anforderungen müssen vom Kunden nicht ausdrücklich verlangt werden, sondern sie werden als „normal" vorausgesetzt. Während ein Nichterfüllen dieser Erwartungen schnell zu einer Unzufriedenheit führt, bewirkt eine Erfüllung eher selten eine gesteigerte Kundenzufriedenheit. Beispiele: Erreichbarkeit des Kundenbetreuers durch den Kunden, Bedienungsanleitung für einen Elektromotor.

2. **Leistungsanforderungen:** Diese Anforderungen werden vom Kunden explizit verlangt. Da verwundert es nicht, dass eine Nichterfüllung zwangsläufig zur Unzufriedenheit führt. Werden die Leistungsanforderungen erhöht befriedigt, kann das zu einer gesteigerten Zufriedenheit führen. Beispiele: Preis, Kundenservice, Liefertreue, Leistung eines Elektromotors.

3. **Begeisterungsanforderungen:** Zu diesen Anforderungen werden Leistungen gezählt, die die Wünsche des Kunden übertreffen. Da dem Kunden diese

---

[3] Vgl. Ederer, Seiwert. S. 84.

ABC-Kundenanalyse bezeichnet eine Einteilung nach Kundenbindung im Industriebereich.

A-Kunden bringen den höchsten Umsatz- oder Gewinnanteil.

B-Kunden erbringen einen hohen Anteil am regulären Tagesgeschäft.

C-Kunden sind Laufkundschaft mit wenig Beitrag zum Gesamtumsatz.

Möglichkeiten vor einem Kauf nicht bekannt waren, führt eine Nichterfüllung auch zu keiner Unzufriedenheit. Im Gegenzug dazu führt das Erlebnis dieser Leistung zu einer deutlich gesteigerten Zufriedenheit. Die Anforderungen sind es, die ein Unternehmen von anderen Unternehmen unterscheiden können (**Unique Selling Proposition** - USP).

Beispiele: Rückrufservice, kostenlose Lieferung, kostenlose Webinare (Online Seminare im Web), Montagevideos statt gedruckte Montageanleitungen.

Die Einteilung, um welchen Erwartungsbereich es sich handelt, kann von Kunde zu Kunde variieren. So haben A-Kunden ggf. andere Ansprüche als Beispielsweise C-Kunden.

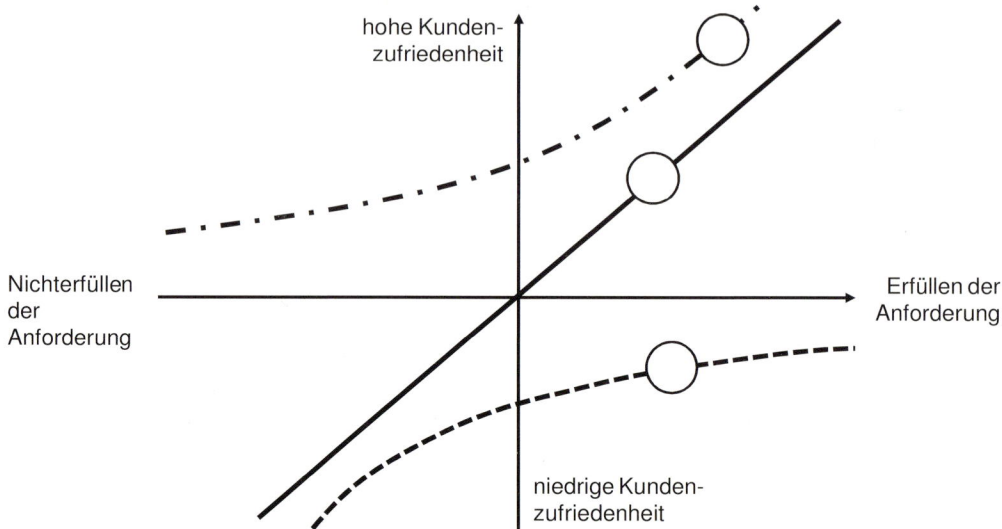

Sie haben festgestellt, wie wichtig die mit der Kundenorientierung verbundene Zufriedenheit für ein Unternehmen ist. Nachfolgende Grafik gibt Ihnen einen Überblick, mit welchen Dienstleistern die Kunden gegenwärtig zufrieden sind, und bei welchen sie Verbesserungspotenzial sehen:[4]

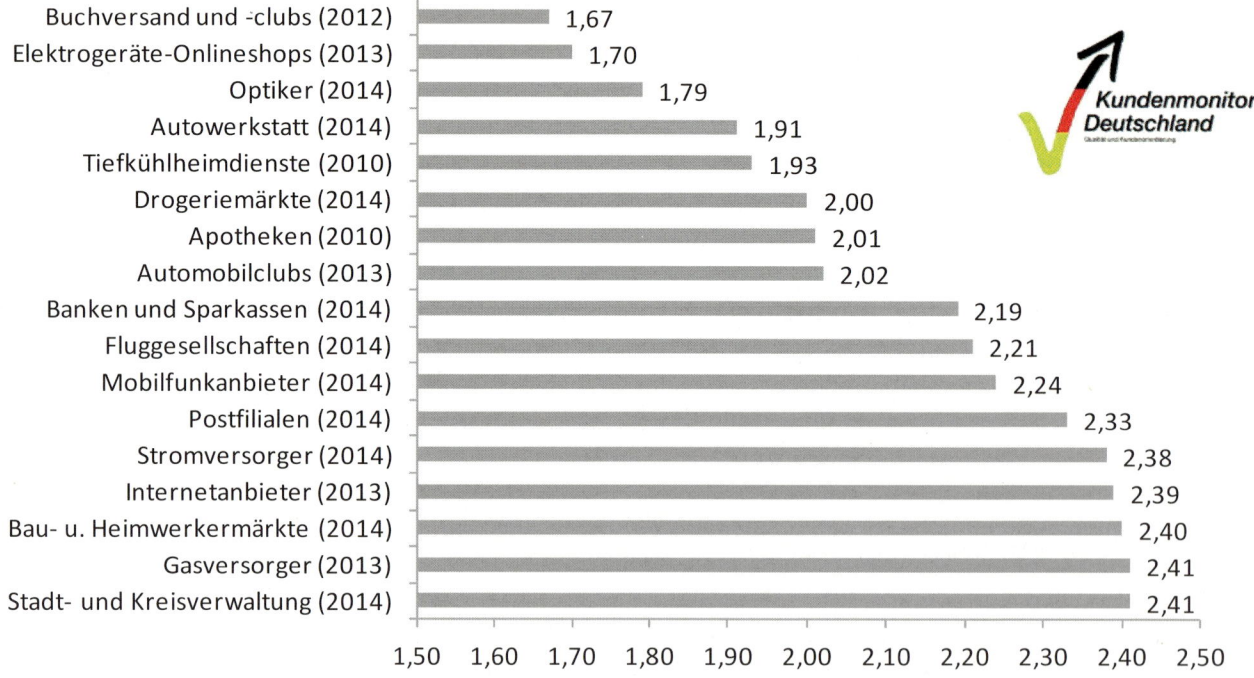

---

4   Kundenmonitor Deutschland; http://www.servicebarometer.com/kundenmonitor; 12.04.2015.

Die Befragung weist den Mittelwert der Globalzufriedenheit von „vollkommen zufrieden" (=1) bis „unzufrieden" (=5) aus. Die Jahreszahl bezeichnet das Erhebungsjahr. Gesamtbasis der Studie sind jährlich etwa 32.000 Befragte ab einem Alter von 16 Jahren.

3.2   Qualitätsmanagementsysteme

Kunden wissen Güter und Dienstleistungen genau zu bewerten. Um die Anforderungen der Kunden in gleichbleibenden Maße zu erfüllen, arbeiten viele Unternehmen mit einem Qualitätsmanagementsystem.

Der Begriff **Qualität** setzt sich aus der Annahme einer direkten Beeinflussung der **Zufriedenheit** durch erbrachte **Leistungen** zusammen. Daher ist eine fortlaufende Kontrolle erbrachter Leistungen notwendig, um das Ziel eines dauerhaft gleichbleibenden oder gesteigerten Qualitätsniveaus zu sichern.

Doch was bedeutet Qualität? Der Qualitätsbegriff beschränkt sich auf die Definition von vorab festgelegten Eignungen und Erfordernissen von Produkten, worunter Prozesse, Dienstleistungen und Fabrikate gezählt werden. So beschreibt die ISO 9000:2005 (die ISO Norm 9000 in der Version ab dem Jahr 2005) Qualität wie folgt:

Grad,	in dem ein Satz inhärenter Merkmale	Anforderungen erfüllt.
Messbares Ergebnis über das Vorhandensein einer Eigenschaft, z. B. schlecht, gut, exzellent	Eine Sammlung von dauerhaft zugewiesenen Eigenschaften, z. B. Isolierungen von Kabelummantelungen	Vorab festgelegt Mindeststandards, z. B. Isolier- und Mantelmischungen für Kabel und isolierte Leitungen – DIN VDE 0207

Um angestrebte Produktqualitäten zu sichern, überprüfen Unternehmen ihre Produkte. Dabei kann sich die Überprüfung auf jedes Produkt (**Vollprüfung**) oder nur auf Teile (**Stichproben**) aus der laufenden Produktion beziehen. Je nach Reichweite eines entdeckten Fehlers werden diese klassifiziert:

- **Kritischer Fehler:** Ein Defekt, der weitreichende Auswirkungen auf die anwendende Person haben kann. Beispiel: Ein Elektromotor führt am Außengehäuse elektrische Spannung.

- **Hauptfehler:** Ein Defekt, der das Produkt unbrauchbar machen kann. Beispiel: Die Kontaktstelle für das stromführende Kabel ist abgebrochen.

- **Nebenfehler:** Ein Defekt, der keinen Einfluss auf die Brauchbarkeit des Produkts hat. Beispiel: Kratzer auf dem Metallgehäuse eines Motors.

Fehler der beschriebenen Art verursachen dem Unternehmen Kosten. Diese entstehen durch die Nachbesserung von Produkten sowie durch Schadenersatzansprüche Geschädigter. Darüber hinaus wirken sich Fehler auf Nachkäufe und den Ruf eines Unternehmens (Reputation) aus. Auch die Vermeidung dieser Fehler verursacht den Unternehmen Kosten, zum Beispiel bei der Durchführung von Prüfverfahren.

Die Festlegung von Qualitätszielen und die Überwachung der Zielerreichung wird über ein **Qualitätsmanagementsystem** (QM-System) erreicht. Die Einführung eines QM-Systems setzt sich aus mehreren Bestandteilen zusammen:

- **Planung von Qualitätsanforderungen:** Dazu werden Schwachstellen analysiert, die eigenen mit Produkten anderer Hersteller verglichen und Anforderungen aus Mitarbeiter- und Kundenbefragungen spezifiziert.

- **Qualitätsmanagementbeschreibung:** Die Dokumentation des Qualitätsmanagements beinhaltet das Erfassen der Ziele, der Prozesse, der Arbeitsabläufe und des QM-Systems und mündet in einem QM-Handbuch.

- **Qualitätsmanagement:** Regelkreis zur systematischen Planung, Erprobung, Anpassung und Überwachung von QM-Maßnahmen, der Kontrolle und Verbesserung der Qualität und der Dokumentation der Maßnahmen und Regeln.

- **Prüfung (Audit):** Planvolle Untersuchung der QM-Maßnahmen und des QM-Systems. Diese Überprüfung findet häufig durch externe Auditoren statt und soll das Vertrauen außenstehender Anspruchsgruppen (Stakeholder wie Kunden, Mitarbeiter, Kapitalgeber und Gesellschafter) fördern.

Das Normenwerk ISO 9000, wobei dieses als Normengruppe für die ISO 9001 (Minimalanforderungen an die Qualitätssicherung) und ISO 9004 (Leitfaden zur ganzheitlichen Qualitätsverbesserung) zu verstehen ist, greift dieses QM-System auf.

Die freiwillige ISO-9000-Zertifizierung bescheinigt, dass zertifizierte Unternehmen nach einem kunden- und **prozessorientierten** Qualitätsmanagementsystem handeln. Mit der Zertifizierung weist ein Unternehmen zudem nach, dass es kontinuierlich die Zufriedenheit von Mitarbeitern und Kunden evaluiert, Maßnahmen zur Qualitätssteigerung durchführt und Kundenaufträge stets gleichartig bearbeitet.

Mit der angestrebten gleichartigen Bearbeitung von Prozessen ist die Annahme eines gleichbleibenden Ergebnisses verbunden. Damit die Mitarbeiter den einheitlichen Weg der Bearbeitung von Prozessen kennen, werden diese modellhaft erfasst (**Geschäftsprozessmodellierung**) und in einem QM-Handbuch in Form von Verfahrensanweisungen für Abteilungen und **Arbeitsanweisungen** für Arbeitsplätze hinterlegt. Insbesondere Abnehmer aus dem Bereich der Großindustrie verlangen einen Nachweis dieser Art von kleinen und mittleren Zuliefererunternehmen (KMU).

Um Verbesserungsmaßnahmen zu implementieren, wird häufig der vierstufige PDCA-Zyklus (Plan – Do – Check – Act) des amerikanischen Wissenschaftlers William Edward Deming angewendet, der eine fortlaufende Verbesserung zum Ziel hat:

- **Plan:** Verbesserungsziel festlegen, Kennzahlen zur Erfolgsüberprüfung festlegen und erheben, Probleme analysieren, Ideen zur Lösungsfindung entwickeln und bewerten, Maßnahmen festlegen.

- **Do:** Maßnahmen im kleinen Umfeld umsetzen (testen).

- **Check:** Erfolg der Maßnahmen anhand von Kennzahlen (Soll-Ist-Vergleich) überprüfen und bewerten.

- **Act:** Maßnahmen bei Erfolg in den Produktiveinsatz überführen bzw. bei Misserfolg in eine neue Planungsphase wechseln.

Zur Bewertung von Verbesserungsmaßnahmen werden diese auf die Effektivität und Effizienz untersucht. Während der Begriff Effektivität den Weg, ein Ziel zu erreichen, beschreibt, drückt die Effizienz den besten Weg dorthin aus.

Beispiel: Nach der Prüfung und der eventuellen Einrichtung eines Wiederverkäuferkontos wird der Kunde über das Ergebnis der Prüfung informiert. Diese Information könnte so aussehen, dass der Kundenbetreuer einen Brief mit der Schreibmaschine aufsetzt und mit der Post versendet. Der Ablauf wäre effektiv, da der Kunde am Ende des Teilprozesses über die Entscheidung seines Antrags informiert wäre. Würde der Kundenbetreuer das Schreiben automatisiert aus der Unternehmenssoftware erstellen lassen und per Mail versenden, wäre der Teilprozess ebenfalls effektiv, zudem aber auch noch effizient (schneller, weniger fehleranfällig und kostengünstiger).

Kritik am Modell der internationalen Normenreihe ISO 9000 begründet sich aus den zum Teil hohen Kosten des Untersuchungsverfahrens (Audit) durch externe Zertifizierungsstellen. Darüber hinaus besagt die Zertifizierung zwar, dass Prozesse einheitlich erfasst und abgebildet sind, jedoch findet von dem Prüfer (Auditor) des Unternehmens keine Bewertung der Prozessqualität (Güte) statt.

Aufgrund dieser mangelnden Qualitätsüberprüfung von Prozessen haben sich weitere Qualitätsmanagementansätze wie das **Total Quality Management** (TQM) entwickelt. Anders als die ISO 9000 ff. handelt es sich beim TQM-Ansatz nicht nur um ein System zur Qualitätssicherung, sondern um einen vollständigen Führungsansatz. Dieser Ansatz setzt eine deutliche Akzentuierung auf die Mitarbeiter, die Tag für Tag den Prozess ausführen und damit fortlaufend bewerten können. Darüber hinaus wird die Steigerung der produzierten Qualität und Zufriedenheit der Kunden explizit als Managementziel definiert.

TQM geht von zahlreichen Kausalketten aus. So besteht die Annahme, dass gute Produkte auf guten Prozessen basieren, die von zufriedenen Mitarbeitern ausgeführt und verbessert werden. Die Mitarbeiterzufriedenheit resultiert neben dem positiven Gefühl, gute Produkte anzubieten, aus der Erfahrung mit zufriedenen Kunden, die wiederum durch gute Produkte hervorgerufen wird.

Die stetige Optimierung der Geschäftsprozesse auf Grundlage der **Mitarbeitervorschläge** sichert die Qualität der Produkte, reduziert die Kosten, und erhöht die Identifikation der Mitarbeiter mit den hergestellten Produkten und motiviert zu fortlaufenden Verbesserungen.

TQM im Überblick:

T
Geschäftsprozessorientierung statt Funktionsorientierung
Auftragnehmer und Auftraggeber sind Partner
Mitarbeiter als wichtige Quelle von Verbesserungen
Einbeziehung der Lieferanten und der Gesellschaft

Q
Ergebnisqualität
Potenzialqualität
Prozessqualität

M
Qualität als Führungsprinzip
Mitarbeiterbeteiligung als Motivationsfaktor
Qualitätsverantwortung von Mitarbeitern

Um die Mitarbeiter in die Optimierung von Prozessen und Produkten einzubeziehen, findet der Ansatz des **Kontinuierlichen Verbesserungsprozesses (KVP)** oder das japanische **Kaizen** Anwendung. Ziel dieser Maßnahmen ist es, das Wissen derjenigen zu nutzen, die tagtäglich Prozesse ausführen.

7 Harms - ISBN 978-3-8120-1040-5

3.3 Kundenorientierung

Nun, da Sie wissen, welche Auswirkung die richtige Kundenbetreuung während des Prozesses im Hinblick auf die Kundenzufriedenheit hat, kann ein Artikel der Süddeutschen Zeitung einen guten Einblick geben, wie deutsche Unternehmen überwiegend organisiert sind, und welche Überlegungen es bzgl. einer Umgestaltung gibt.

Das Prinzip der arbeitsteiligen Produktion wurde maßgeblich von John Taylor in der Automobilproduktion entwickelt.

SZ-SERIE: Wird es künftig noch Fachabteilungen geben?
DIENSTLEISTER AN DER ANMELDETHEKE[5]

In der guten alten Zeit gab es noch Abteilungen mit genau abgegrenzten Zuständigkeiten. Jeder Angestellte hatte seinen eigenen kleinen Bereich, in dem er Experte war. Über diesen Tellerrand blickte er selten hinaus – wozu auch, es war nicht nötig. Doch heute leben wir in Zeiten des Reengineerings: Arbeit wird immer öfter ganz neu und anders organisiert, nach Prinzipien wie „Kundenorientierung" oder „Prozessorientierung" ausgerichtet. Das bedeutet fachübergreifendes Denken – und in der Praxis das Ende der strengen Arbeitsteilung und die Vernetzung von einstmals unabhängig arbeitenden Bereichen.

Was das im Alltag heißt, erleben zurzeit gerade diejenigen, denen man solche innovativen Organisationsformen zu allerletzt zugetraut hätte: Die deutschen Arbeitsämter. Ganzheitliche Dienstleistung für „Kunden" (nicht mehr „Antragsteller") will man in Zukunft erbringen. Kurzerhand löste man in den Pilot-Ämtern die bisherigen Abteilungen, von „Arbeitsvermittlung" über „Berufsberatung" und „Leistungsabteilung" auf. Statt dessen wurden für die verschiedenen Kundengruppen eigenverantwortlich arbeitende Mitarbeiterteams aus Spezialisten gebildet. Der Grund dafür drängt sich jedem auf, der schon einmal zu Besuch in der Verwaltung war: „Ein Kunde, der beispielsweise arbeitslos geworden ist, hat mehrere Anliegen", erklärt Hans Dieter Munker, Referent Organisation bei der Bundesanstalt für Arbeit. „Er möchte eine Stelle vermittelt bekommen, er braucht Leistungen und er interessiert sich möglicherweise für eine Weiterbildung. Bisher musste er sich dafür an mehrere Stellen im Arbeitsamt wenden, jedesmal warten, immer wieder neu sein Anliegen vorbringen und seine Daten aufnehmen lassen." Die jetzige Struktur bringe es mit sich, „dass diese Anliegen, die ja alle ein und dasselbe Problem betreffen, von einer Stelle, einem Team bearbeitet werden. Dessen Mitglieder sitzen auch räumlich nahe beieinander und greifen auf eine einheitliche Datenbasis zu." Nun erwartet den Arbeitslosen eine Anmeldungs-Theke, an der er viele allgemeine Fragen gleich klären kann. Gibt es spezielle Probleme, wird das zuständige Teammitglied benachrichtigt, dass ein Kunde auf ihn wartet.

Seit Anfang 2001 arbeiten bereits 69 deutsche Arbeitsämter in der neuen Organisationsform, auch die anderen sollen zügig umgestellt werden. Doch die alten Denkstrukturen sind schwer abzustreifen. „Die Umstellung war eine ganz schöne Strapaze und sehr, sehr schwierig für das Amt. Da gab es eine Menge Unsicherheiten", berichtet Thomas F., im Arbeitsamt Regensburg eins der Teammitglieder, das für Arbeitsvermittlung zuständig ist. Aber er weiß die neuen Freiheiten auch zu schätzen: „Früher durfte ich über meinen Bereich hinaus keine Auskünfte geben, das war ganz streng geregelt. Heute, nach den Schulungen, kann ich den Leuten auch Leistungs- und Rechtsauskünfte geben. Wenn es tiefer geht, frage ich den darauf spezialisierten Kollegen um Rat."

Nicht nur in den Ämtern ist die Umwälzung in vollem Gange – in vielen Unternehmen ist sie ebenfalls zu spüren. „Bei einer großen deutschen Bank gibt es Kundenberater, die zehn oder zwanzig Jahre lang immer Wertpapiere verkauft haben", berichtet Bernhard Zimolong, Professor für Arbeits- und Organisationspsychologie an der Ruhr-Uni Bochum. „Heute müssen sich diese Spezialisten darauf einstellen, dass sie zum Beispiel auch ein Vorsorgekonzept erarbeiten oder das Immobilienmanagement der Klienten optimieren müssen. Für jemanden, der jahrelang Spezialist für einen eng umgrenzten Bereich war, ist das natürlich ein ziemlicher Schock."

Wird der Trend sich fortsetzen? Eine Studie der Uni Witten-Herdecke ergab, dass Prozessorientierung in Unternehmen zwar als wichtiges Thema gilt, dass aber 41 Prozent der Firmen mit der Umsetzung unzufrieden sind. Bernhard Zimolong ist dennoch davon überzeugt, dass sich alle auf die neuen Strukturen einstellen müssen: „Gerade in Deutschland müssen die Unternehmen sehr viel stärker auf Dienstleistungen setzen. Daher kommt man um eine Prozessorientierung gar nicht herum." Sylvia Englert

Anhand der festgehaltenen Merkmale der **Kunden- und Geschäftsprozessorientierung** lässt sich ein Mitarbeiterbild herleiten, das besondere Anforderungen stellt. Demzufolge sollten Mitarbeiter aufgeschlossen, selbstbewusst, verantwortungsbewusst, teamfähig, kommunikativ und planerisch sein.

---

[5]   Süddeutsche Zeitung, Bildung und Beruf, V1/19, 2001-09-08.

3.4 Auf dem Weg zur Geschäftsprozessorientierung

Wie Sie im vorherigen Kapitel sehen konnten, kommen Unternehmen um den Faktor Kunde nicht herum, ebenso wenig wie um ein geschäftsprozessorientiertes Denken. Doch wie ist nun der Weg zu dieser Organisation?

Benchmarking: Das Benchmarking wird oftmals auch als kontinuierliche Vergleichsanalyse definiert. Der Begriff „Best Practice" bezeichnet den Vergleichsbesten, an dem man sich orientieren möchte. Geschäfts-, Produkt- oder Prozessbenchmarking kann unternehmensintern oder auch -extern durchgeführt werden. Ziel ist es, von besseren Unternehmen zu lernen und sich selbst dadurch zu verbessern.

Workflow-Analyse: Diese Untersuchung bezeichnet die Nachverfolgung von vorwiegend elektronischen Dokumenten innerhalb einer Unternehmung während der Bearbeitung eines Prozesses. Auf Grundlage dieses Wissens können wertvolle Erkenntnisse zur Optimierung von Abläufen gewonnen werden.

Referenzanalyse: Bei der Referenzanalyse werden die eigenen Prozesse nicht wie beim Benchmarking mit anderen Unternehmen oder Abteilungen verglichen, sondern mit idealtypischen Musterprozessen. Solche Prozesse gibt es beispielsweise für SAP ERP-Systeme oder auch für das ARIS-System.

Schwachstellenanalyse: Ausgehend von dem Wissen über Schwachstellen werden Prozesse optimiert. Oftmals haben kleine Schwachstellen große Auswirkungen und sind häufig mit geringem Aufwand zu beheben („Quick Win").

Kundenorientierungsanalyse: Auf Basis von Kundenmeinungen werden Möglichkeiten erarbeitet, um den Prozess kundengerechter zu gestalten.

Vorgangskettenanalyse: Die Vorgangskettenanalyse umfasst die Darstellung und Bewertung von Prozessmodellen (Wertschöpfungskettendiagramm, ereignisgesteuerte Prozesskette, Vorgangskettendiagramm o. a.). Diese Art der Analyse impliziert eine „allwissende" Draufsicht auf ein Unternehmen, mit der das Erkennen von kritischen Prozessbereichen einhergeht.

Wurde Verbesserungspotenzial festgestellt, muss ein Weg gefunden werden, diese in der Unternehmung zu operationalisieren. Im Wesentlichen gibt es zwei Ansätze dafür.

- Zum einen können Prozesse allmählich und behutsam über einen längeren Zeitraum umgestaltet werden. Bei dieser **Geschäftsprozessverbesserung** (manchmal auch Prozessglättung genannt) spielt das Potential an Verbesserungsmaßnahmen der Mitarbeiter eine entscheidende Rolle. Schlagwort dazu sind der kontinuierliche Verbesserungsprozess (KVP) sowie das japanische Kaizen.

- Der radikalere Weg ist das **Business-Process-Reengineering (BPR)**. Dabei werden die Prozesse einer Unternehmung vollständig neu gestaltet und umgesetzt. Das BPR steht in einem relativ schlechten Ruf, da rund zwei Drittel der Umstrukturierungen scheitern. Die Gründe dafür sind u. a. Widerstand aus den eigenen Reihen im Management und schlechte Begleitung des Leitbildwandels während der Umstrukturierung (hierzu finden Sie im Internet mehr unter dem Begriff „Change-Management").

Beide Begriffe können im weitesten Sinne als „**Geschäftsprozessoptimierung**" verstanden werden (siehe auch Kapitel 5). Projekte dieser Art stehen oftmals als Synonym für „Jobkiller", was durch das Verhalten angeschlagener Unternehmen zu erklären ist. Diese setzen die Optimierung oftmals als Signal nach außen ein, um eine Veränderung zum Besseren zu dokumentieren. Fakt ist jedoch, dass derartige Veränderungen Geld, Zeit und Know-How kosten. Alles Dinge, die Unternehmen in Krisensituationen nicht haben!

Zur Beurteilung des Erfolgs durchgeführter Maßnahmen gibt der Vergleich von Leistungsparametern (Key Performance Indicator – KPI) wertvolle Hinweise. Diese KPI lassen sich gemäß Erhebungsbezug u. a. einteilen in:

- Finanzen: Kosten, Umsatz, Rentabilität, Cashflow u. a.

- Kunden: Kundenzufriedenheit, Reklamationen, Kundenzahlen, Wiederkaufsrate, Termintreue, Absatz, Kundenloyalität u. a.

- Prozess: Durchlaufzeiten, Prozessschnittstellen, Kundenmitwirkung, System- und Medienbrüche, Fehlerquote u. a.

- Mitarbeiter: Mitarbeiterzufriedenheit, Absentismus, Mitarbeiterwechsel u. a.

- Technik: Systemausfallzeiten, Meantime Between Failure (MTBF), Wartungshäufigkeit u. a.

Beschäftigt man sich näher mit der Optimierung von Geschäftsprozessen, ist es zunächst wichtig, die unternehmenseigenen Prozesse zu identifizieren, also zu bestimmen und zu kategorisieren.[6]

Die erste grobe Einteilung, die vorgenommen werden kann, bezeichnet die Auswirkung des Prozessergebnisses auf den Unternehmenserfolg:

- Primäre Geschäftsprozesse

    o werden auch Kern-, Leistungs- oder Primärprozesse genannt

    o erzeugen Werte (Wertschöpfung)

    o erbringen die Hauptleistung einer Unternehmung.

- Sekundäre Geschäftsprozesse

    o werden auch unterstützende, Support- oder Sekundärprozesse genannt

    o unterstützen die Kernprozesse.

Für die Primärprozesse ist der Kunde in der Regel bereit, Geld zu bezahlen, während die Abarbeitung von Sekundärprozessen für den Kunden eher von nachrangigem Interesse ist.

Der Begriff Wertschöpfung findet nicht nur bei der Definition von primären Geschäftsprozessen Verwendung, sondern auch beim Wertschöpfungs- kettendiagramm (vgl. Kapitel 4.2).

Während die zuvor genannte Einteilung von Prozessen vorwiegend die Wertschöpfung berücksichtigt, geht die nachfolgende Einteilung weiter. Im Folgenden wird der Nutzen für die Unternehmung und den Kunden berücksichtigt.[7]

- **Wertschöpfungsintensive Kernprozesse:** Dieser Prozesstyp zeichnet sich durch eine hohe Wertschöpfung aus, jedoch steht der Kunde in keinem engen Verhältnis zu diesem Prozess. Daher wird er auch „kundenferner Kernprozess" genannt.

- **Kundennahe Kernprozesse:** Sie sind durch eine hohe Wertschöpfung und einen direkten Kontakt mit dem Kunden gekennzeichnet.

- **Verwaltungsprozesse:** Diese Prozesse zählen zu den Sekundärprozessen und ermöglichen den reibungslosen Betrieb. Ihr Wertschöpfungsanteil ist gering, ebenso der Nutzen für Kunden.

- **Serviceprozesse:** Diese Prozesse sind für Kunden von großer Bedeutung und wirken sich auf die Reputation des Unternehmens aus. Im Gegensatz zu den kundennahen Kernprozessen tragen diese Prozesse wenig zur direkten Wertschöpfung bei, sichern aber eine hohe Kundenzufriedenheit.

---

[6] In der Prozesskostenrechnung werden leistungsmengeninduzierte und leistungsmengenneutrale (Teil-) Prozesse unterschieden, auf die in Kapitel 5.1 weiter eingegangen wird.

[7] Der Industriebereich unterteilt Aktivitäten in Material-/Leistungsprozesse, Dienstleistungsprozesse und Informationsprozesse. Da in den meisten Prozessen alle genannten Aktivitäten vorkommen, ist der Nutzen dieser Einteilung eher gering und wird an dieser Stelle nicht weiter vertieft.

Geschäftsprozesse zu erstellen, zu verbessern und anzupassen ist kein Vorgang, der mal eben so nebenbei passiert. Wer gewissenhaft seine Prozesse auf dem Laufenden halten möchte, braucht ein passendes Rollenkonzept und pflegt die Prozesse kontinuierlich.

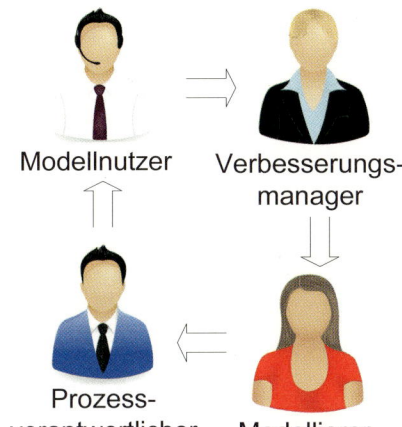

- **Modellnutzer:** Der Modellnutzer (oder auch **Prozessanwender, engl. Process Executer**) benutzt vorhandene Prozessbeschreibungen zur Einarbeitung in Prozesse und zum Auffrischen der eigenen Kenntnisse. Als Anwender der Prozessbeschreibungen ist der Modellnutzer wichtiger Lieferant für das interne Verbesserungswesen. Auf Basis dieser Ideen, die in DV-unterstützten Modellierungswerkzeugen direkt in das System eingegeben werden können, wird der Verbesserungsmanager aktiv.

- **Verbesserungsmanager (Change Manager):** Die Aufgaben eines Verbesserungsmanagers sind das Sammeln, Priorisieren und Organisieren von Verbesserungsvorschlägen und das Definieren geeigneter Verbesserungsmaßnahmen.

- **Modellierer (Process Designer):** Der Modellierer setzt die vom Verbesserungsmanager entwickelten Maßnahmen um und passt somit die Modelle stetig an.

- **Prozessverantwortlicher (Process Owner):** Der Prozessverantwortliche weist die Modellnutzer in die Modellveränderungen ein, kontrolliert und überwacht die Umsetzung der Maßnahmen und trägt letztendlich die Verantwortung für die reale Ausführung.

Das umfangreiche Vorhaben, Prozesse eines Unternehmens strukturiert zu erfassen, ist äußerst aufwendig. Mehrere Personen werden über einen längeren Zeitraum bei der Erfassung gebunden, externe Beratungsleistungen werden in Anspruch genommen und die Überführung von veränderten Prozessabläufen muss sorgsam initiiert und begleitet werden (Change-Management). Ein **Projektablauf** könnte wie folgt aussehen:

- Ziele festlegen

- Team bilden und schulen

- Darstellungsmethoden und Werkzeuge festlegen

- Rahmenbedingungen festlegen (Konventionenhandbuch)

- Initiierungsworkshop durchführen (zu erfassende Prozesse identifizieren und festlegen)

- Strukturierte Interviews in der Gruppe „Modellnutzer" und „Prozessverantwortliche" und ggf. eine Dokumentenanalyse durchführen

- Prozessmodelle erstellen

- Prozessmodelle der Gruppe „Prozessverantwortliche" vorstellen, Meinungen der Modellnutzer einholen

- Prozessmodelle aktualisieren

- Prozessmodelle veröffentlichen

- Neue Prozessabläufe überführen

- Erfolg der neuen Prozessabläufe überwachen.

4 Handbuch: Geschäftsprozessmodellierung

4.1 ARIS-Haus

Die ganzheitliche Darstellung sämtlicher benötigter Informationen innerhalb von Transaktionsketten wurde von Prof. Scheer[8] als betriebswirtschaftlicher Prozess bezeichnet. Zur vollständigen Abbildung einer Unternehmung ist eine Vielzahl von speziellen Modellen notwendig.

Alle dargestellten Informationen werden in dem ARIS-Haus (Architektur integrierter Informationssysteme) in unterschiedlichen Beschreibungssichten zusammengeführt.

Organisationssicht: Beschreibung der Aufbauorganisation (z. B. Organigramm).

Datensicht: Beschreibung der benötigten oder generierten Daten (z. B. Entity Relationship Model).

Funktionssicht: Beschreibung von Tätigkeiten (z. B. Funktionsbaum).

Leistungssicht: Darstellung aller erstellten Leistungen (z. B. Leistungsbaum).

Prozess- bzw. Steuerungssicht: Beschreibung von Geschäftsprozessen durch Integration aller bisher dargestellten Sichten (z. B. Grobdarstellung als Wertschöpfungskettendiagramm, detaillierte Darstellung als ereignisgesteuerte Prozesskette).

4.2 Grobe Geschäftsprozessbeschreibung – Wertschöpfungskettendiagramm

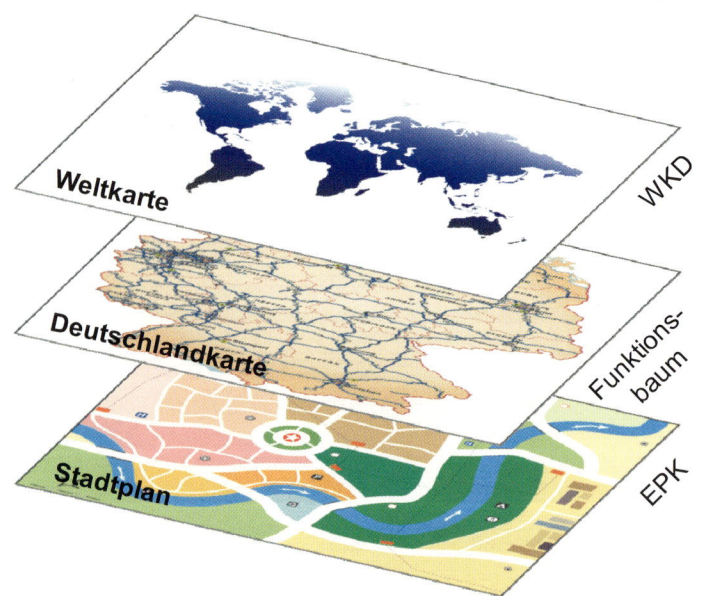

Die grobe Geschäftsprozessbeschreibung lässt sich mit einem Wertschöpfungskettendiagramm (WKD) darstellen. Der Name Wertschöpfungskettendiagramm täuscht oftmals darüber hinweg, dass viele eingesetzte Wertschöpfungskettenglieder bei näherer Betrachtung überhaupt nicht wertschöpfend sind.

Doch was ist Wertschöpfung? Unter Wertschöpfung wird in der Betriebswirtschaftslehre die Differenz zwischen den Verkaufserlösen und den Vorleistungen verstanden.

---

[8] Prof. Dr. Dr. h .c. mult. August-Wilhelm Scheer, (*1941) war bis 2005 der Direktor des Instituts für Wirtschaftsinformatik an der Universität des Saarlandes.

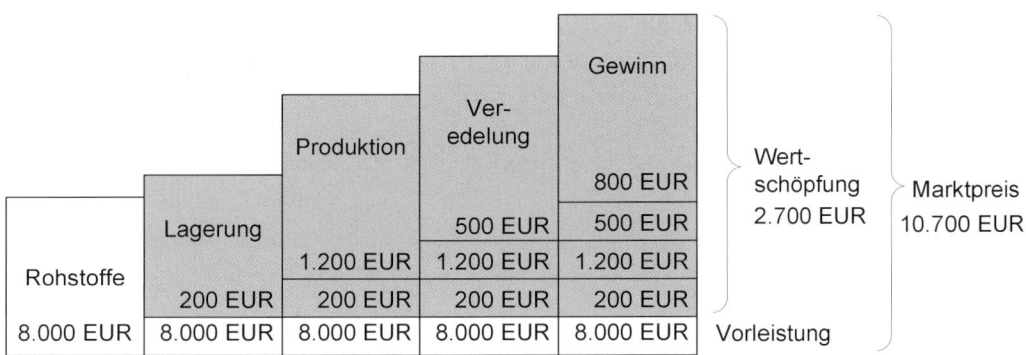

In der Abbildung wird deutlich, dass die Wertschöpfung das Ergebnis aus der Differenz der Umsatzerlöse und der bezogenen Vorleistungen ist. Wertschöpfung ist also die zahlenmäßig ausgedrückte Schaffung von Werten innerhalb der Unternehmung, für die der Kunde bereit ist, Geld zu zahlen.

Zurück zur Darstellung des Diagramms. Die Notation für ein WKD besteht aus einem sehr überschaubaren Zeichenvorrat, der wie folgt eingesetzt werden kann.

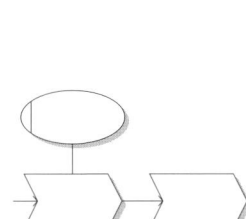 aufeinander folgende Hauptprozesse

einem Haupt-prozess unter-geordneter Teilprozess

mit einem Hauptprozess verbundene Organisations-einheit

parallel verlaufende Hauptprozesse

Mit dem Modelltyp Wertschöpfungsketten-diagramm kann die sogenannte Prozessland-schaft oder auch Prozesslandkarte erstellt werden, die einen guten Überblick über den Gesamtprozess gibt.

Oftmals stellt die Prozesslandkarte aber auch eine Kombination der Modelltypen Wertschöpfungsketten-diagramm und Funktionsbaum dar.

Beispiel für eine Wertschöpfungskette: Produktentwicklung

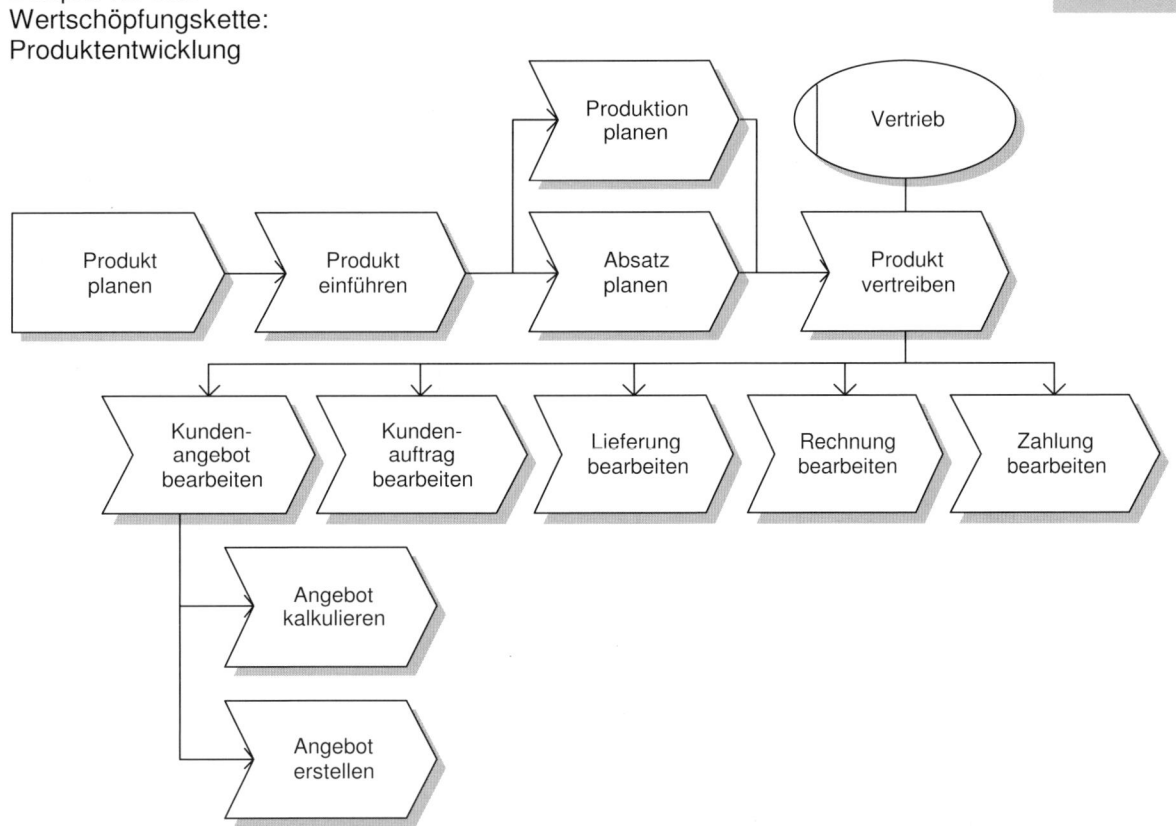

4.3   Funktionsbaum

Der Funktionsbaum ist das Bindeglied zwischen dem groben Wertschöpfungsketten-diagramm und der detailreichen ereignisgesteuerten Prozesskette, die im nächsten Kapitel genauer beschrieben wird. Ein Funktionsbaum beschreibt den Prozess grundlegend, wobei auf Besonderheiten wie Ressourcen und Organisationseinheiten verzichtet wird.

Der Funktionsbaum entspringt der Graphentheorie und wird den Bäumen zugeordnet. Diese haben eine Wurzel und verästeln sich über Knoten nach unten (gerichtete Graphen) in sogenannte Blätter.

Ein Funktionsbaum ermöglicht über diese Notation somit die Zerlegung von Funktionen in Unterfunktionen.

Dabei lässt das Diagramm dem Modellierer in Bezug auf die Verdichtung viele Freiheiten. Es obliegt dem Modellierer, wann eine Funktion elementar ist, also nicht weiter unterteilt wird.

Des Weiteren kann eine Verdichtung nach Objekten, Prozessen oder Verrichtungen stattfinden (wobei die Bündelung nach Prozessen wohl die am häufigsten anzutreffende darstellt):

- **Verdichtung nach Objekten:** Das Verrichtungsobjekt ist bei allen Teilfunktionen identisch, lediglich die Aktivitäten auf diesen Objekten unterscheiden sich. Die Reihenfolge der Aktionen ist nicht aufeinander abgestimmt.

- **Verdichtung nach Prozessen:** Sowohl das Verrichtungsobjekt als auch die Aktivität sind in den Teilfunktionen veränderlich. Beide spezifizieren die übergeordnete Wurzel aus der Prozesssicht. Daher gibt es eine Reihenfolge der Aktivitätsausführungen.

- **Verdichtung nach Verrichtungen:** Die Aktivität ist prinzipiell bei allen Teilfunktionen gleich, lediglich das Objekt unterscheidet sich. Die Reihenfolge der Aktionen ist lose, also ohne eine bestimmte Anordnung, bestimmt.

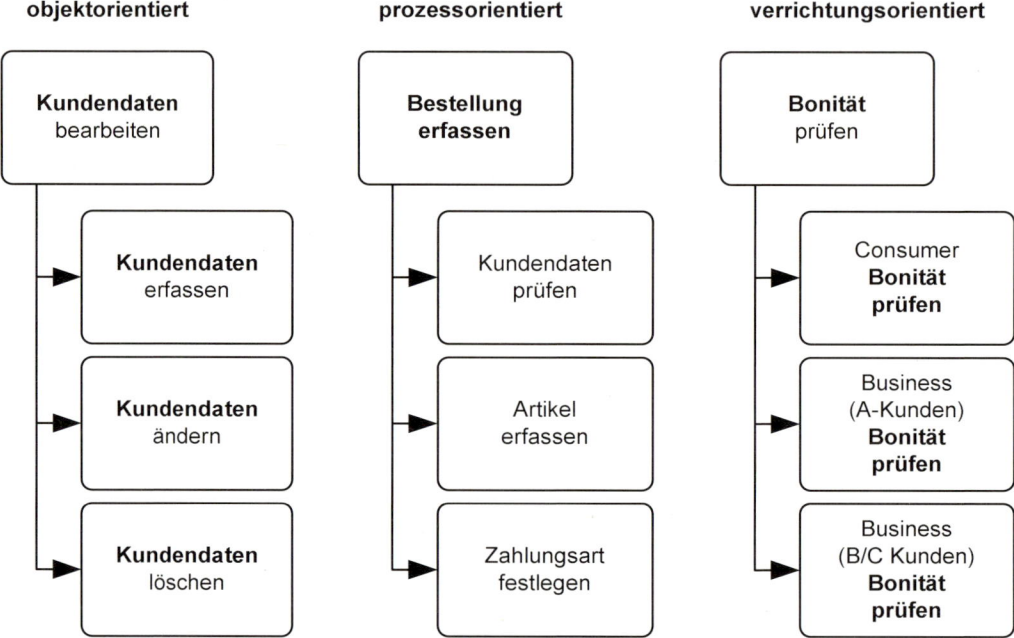

Nach ähnlichem Vorbild sind ebenfalls die Strukturpläne im Projektmanagement bzw. Produktbäume der Leistungssicht aufgebaut.

4.4 Detaillierte Prozessbeschreibung – ereignisgesteuerte Prozesskette

In Kapitel 4.1 konnten Sie einen Einblick gewinnen, welche Sichten bei dem ARIS Konzept abgebildet werden. Diese Sichten greift die ereignisgesteuerte Prozesskette (EPK, engl. Event Driven Process Chain)[9] auf.

Im Wesentlichen geht es bei der EPK um die Darstellung folgender Frage:

**„Wer macht was, mit welchen Hilfsmitteln
und mit welchem Ergebnis (Erfolg)?"**

Anhand dieser Frage kann der gesamte Ablauf zwischen einem Prozessauslöser und dem Prozessende erfasst und dokumentiert werden.

Beim Modellieren, also dem Erstellen von Abläufen, wird unterschieden zwischen der

- empirischen oder auch induktiven Methode, bei der ein vorhandener Prozess lediglich von der Realität in ein Modell überführt werden muss (vom Ist- zum Soll-Prozess) und der

- konzeptionellen oder auch deduktiven Methode, bei der ein neuer Prozess ohne Berücksichtigung vorhandener Arbeitsschritte entwickelt wird (vom Soll- zum Ist-Prozess).

Zum Beschreiben dieser Abfolge von Tätigkeiten wird auf symbolische Darstellungen zurückgegriffen, die im folgenden Kapitel näher vorgestellt werden.

4.4.1 Symbolvorrat

Um einen Prozess Schritt-für-Schritt von Grund auf abzuarbeiten, wird folgender Symbolvorrat benötigt:[10]

Darstellung	Sicht	Erklärung/Beispiel
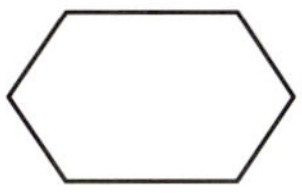 (Sechseck)	Daten-sicht	**Ereignis:** Zustände oder Auslöser, die zu einem Prozess führen bzw. Ergebnis eines Prozesses sind, Beispiel: Formular ausgefüllt.
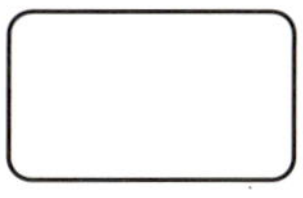 (abgerundetes Rechteck)	Funktions-sicht	**Funktion:** Tätigkeit, die während eines Prozesses ausgeführt wird, Beispiel: Formular ausfüllen.
 (Rechteck)	Ressour-censicht	**Ressourcen:** Objekte, die zur Ausführung von Funktionen benötigt werden. Beispiel: Abrechnungsformular. Sofern Sie DV-unterstützt modellieren, kann dieses Symbol zugunsten eines besseren Verständnisses mit stilisierten Gegenständen ergänzt werden.
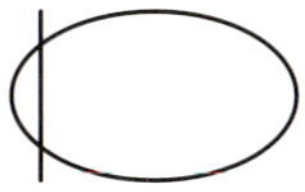 (Ellipse mit Strich)	Organisa-tionssicht	**Organisationseinheiten:** interne oder externe Person, Stelle oder Abteilung, die an der Ausführung einer Funktion beteiligt ist, Beispiel: Sachbearbeiter, Kunde.
 (Pfeil)	Steuerungs-sicht	**Kanten:** Kontrollfluss, der die Richtung, in die der Prozess abgearbeitet wird (gerichteter Graph) festlegt.

---

[9]   Eine Unterscheidung zwischen ereignisgesteuerter und **erweiterter** ereignisgesteuerter Prozesskette (eEPK) wurde 2007 von Scheer aufgegeben.

[10]   Bei DV-unterstützten Modellierungswerkzeugen gibt es einen wesentlich größeren Vorrat an Symbolen für Ressourcen und Organisationseinheiten. Daher kann die Darstellung der Ressourcen und Organisationseinheiten nachfolgender Prozessmodelle von dem Grundsymbolvorrat abweichen.

8 Harms - ISBN 978-3-8120-1040-5

Damit sich ein Prozess bei Entscheidungen, Bewilligungen, Prüfungen o. Ä. verzweigen kann, benötigt man eine Art Weiche. Diese wird bei der Geschäftsprozessmodellierung auch Konnektor oder Operator genannt.

Darstellung	Bezeichnung	Erklärung/Beispiel
⊗	XOR – Disjunktion	Beim ausschließlichen ODER nach einer Prüfung kann nur das Ergebnis „Prüfung in Ordnung" oder „Prüfung nicht in Ordnung" eintreten. Eine Rechnung wurde beispielsweise bezahlt oder ist noch offen.
Ⓥ	ODER – Adjunktion	Beim ODER kann als Ergebnis eines Kundengesprächs herauskommen, dass ein Kunde eine Ware beanstanden, eine neue Bestellung aufgeben oder gegebenenfalls auch beides möchte.
Ⓐ	UND – Konjunktion	Beim UND gibt es keine Entscheidungen, sondern lediglich eine Prozessteilung bzw. Zusammenführung. Nachdem der Kunde seine Bestellung aufgegeben hat, wird ihm die Ware zugeschickt und eine Rechnung für ihn erstellt.

4.4.2 Kantenverbindungen (Informationsfluss)

Der Informationsfluss zeigt in Form von Kantenverbindungen, ob eine Ressource das Ergebnis einer Handlung ist, ob die Ressource zur Ausführung einer Handlung benötigt wird oder ob ein Dialog mit einem Anwendungssystem stattfindet.

Darstellung	Erklärung/Beispiel
Lieferschein → ▢	Eine Kante, die von einer Ressource zu einer Funktion weist, bestimmt eine notwendige Ressource (Input).
Lieferschein ← ▢	Eine Kante, die von einer Funktion zu einer Ressource weist, bestimmt eine erzeugte Ressource (Output).
ERP System — ▢	Eine Kante, die ungerichtet eine Funktion mit einer Ressource verbindet, verdeutlicht einen Dialog (Ein- und Ausgabe) mit einem IT-System.

4.4.3 Grammatik

Bei der Modellierung von Prozessen mit einer EPK gibt es einige grundsätzliche Regeln zum Einsatz der Symbole **(Grammatik)**, die anhand der beispielhaften EPK nachzuvollziehen sind:

- Jede EPK fängt mit einem Ereignis an und hört mit einem Ereignis auf.
- Ein Ereignis aktiviert jeweils eine Funktion. Eine Funktion führt automatisch zu einem neuen Ereignis/Ergebnis/Zustand.
- Ereignisse und Funktionen können nur jeweils eine Eingangs- und Ausgangslinie haben.
- Entscheidungen werden über Konnektoren realisiert.
- Kantenrichtungen beschreiben die Verwendung von Ressourcen als In- oder Output.

Bei der Darstellung der Organisationseinheiten wird bei der Modellierung genau zwischen Person, Stelle und Abteilung unterschieden.

Person: namentliche Nennung einer Person; wird verwendet, wenn ausschließlich die genannte Person die Funktion ausführen darf, Beispiel: Geheimnisträger.

Stelle: kleinste Organisationseinheit im Unternehmen.

Abteilung: Zusammenfassung mehrerer Stellen.

Standort: Zusammenfassung mehrerer Abteilungen beispielsweise zu einem Werk.

externe Person: Person, die dem Unternehmen nicht angehört und demnach zwar für die Dokumentation eine wichtige Rolle, in der Prozesskostenrechnung aber eine untergeordnete Rolle spielt, Beispiel: Kunde.

Ebenfalls zur Grammatik gehört die korrekte Beschreibung von Objekten. Beachten Sie bitte, dass die Beschreibungen so kurz wie möglich, aber so eindeutig wie nötig sein sollten.

Darstellung	Bezeichnung	Namenskonvention
⬜	Funktionen	1. Informationsobjekt (Substantiv) 2. Verrichtung (Verb im Infinitiv) Beispiel: Rechnung erstellen.
⬡	Ereignisse	1. Informationsobjekt (Substantiv) 2. Verrichtung (Verb im Partizip Perfekt) Beispiel: Rechnung erstellt.

4.4.4   Wiederholungen von Objekten

Auch wenn es Ihnen zunächst eigenartig vorkommt, wird jedes verwendete Objekt bei jedem Gebrauch wiederholt. Bitte nicht ein einzelnes Objekt, hier das Kundenfax, mit zwei Funktionen verbinden. Jede Funktion bekommt grundsätzlich ihr eigenes Objekt mit einer definierten Kantenrichtung.

Ein weiterer Grund für das erneute Vorhalten der Objekte bei DV-unterstützten Modellierungssystemen (Redundanzen) ist die Auswertungsfunktion. Diese kann nur korrekte Ergebnisse ausgeben, wenn jede Funktion ein separates Objekt (Ressource oder Organisationseinheit) hat.

Der wesentlichste Grund liegt jedoch in einer verbesserten Lesefähigkeit dieser Modelle. Durch eigenständige Zuordnungen der Objekte über Kanten gibt es wenige Verkreuzungen, was das Modell übersichtlich und aufgeräumt erscheinen lässt.[11]

4.4.5   Konnektoren

Wie in Kapitel 4.4.1 schon kurz angerissen, gibt es unterschiedliche Arten von Konnektoren.

Wird eine Prozesskette in einzelne Teilprozesse aufgespalten, so handelt es sich um eine Ausgangsverknüpfung (trennender Konnektor). Laufen mehrere Teilprozesse an einer Stelle zusammen, so liegt eine Eingangsverknüpfung (zusammenführender Konnektor) vor.

Ausgangsverknüpfung	Eingangsverknüpfung

Da es drei Konnektor-Arten gibt, verbunden mit der Möglichkeit, diese vor bzw. hinter einem Ereignis oder einer Funktion einzusetzen, sind 12 unterschiedliche Variationen denkbar.

---

[11] Das mehrfache Vorhalten von Objekten hat übrigens nicht zwangsläufig etwas mit einer Mehrfachspeicherung der Objekte in einer Datenbank zu tun (vgl. dazu Kapitel 8.6 der ARIS Schritt-für-Schritt-Anleitung).

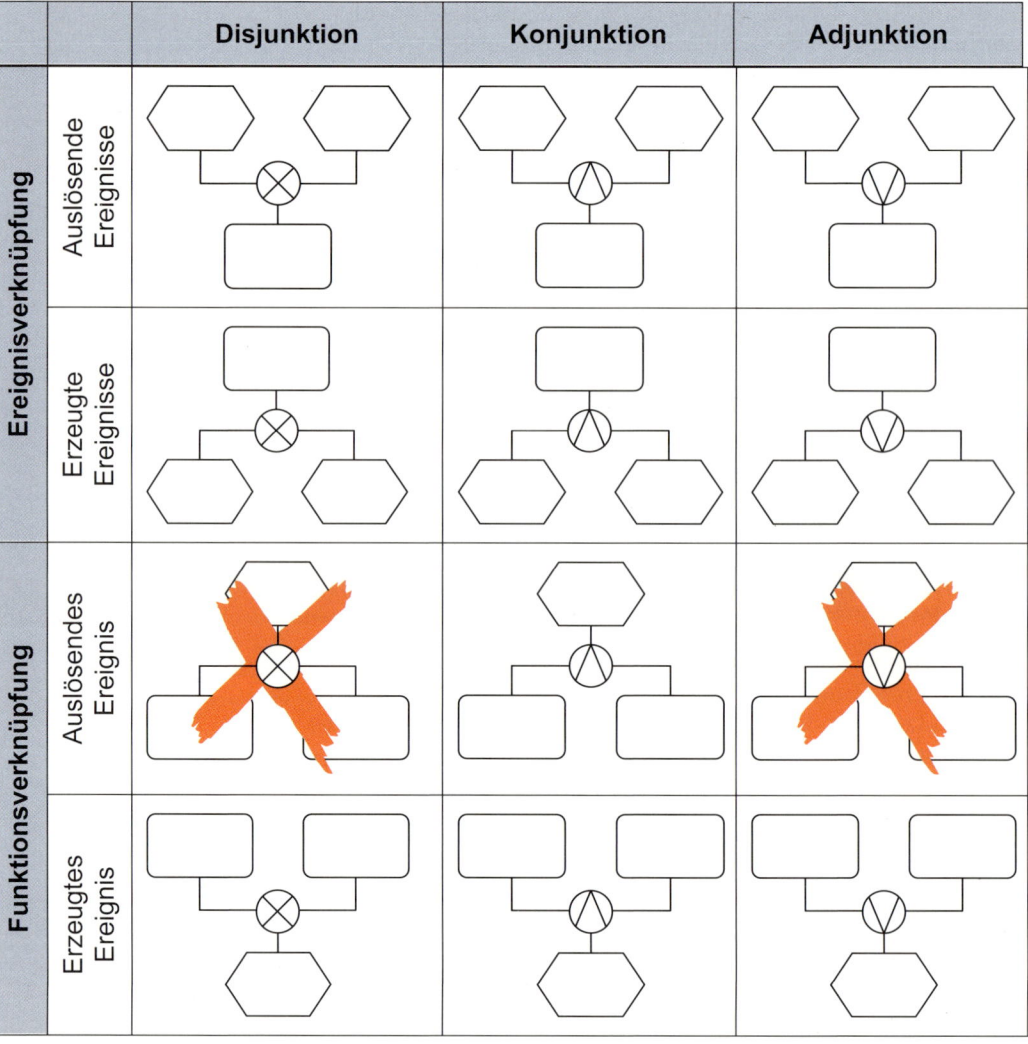

		Disjunktion	Konjunktion	Adjunktion
Ereignisverknüpfung	Auslösende Ereignisse			
	Erzeugte Ereignisse			
Funktionsverknüpfung	Auslösendes Ereignis			
	Erzeugtes Ereignis			

Als Ergebnis von Ausgangsverknüpfungen sollen die Ereignisse nach Konnektoren (Ereignis-verknüpfungen) immer so beschrieben werden, dass die Ereignisse auch alleinstehend einen Sinn ergeben.

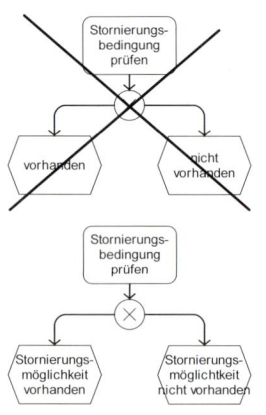

Der vorangegangenen Abbildung können Sie entnehmen, dass der Einsatz der Konnektoren XOR bzw. ODER hinter einem Ereignis nicht erlaubt ist. Diese Konstellation ist verboten, da im Gegensatz zu einer Funktion, bei der ein Mensch Entscheidungen trifft, hinter einem Ereignis kein ausführender Mensch steht. Daher darf nach einem Ereignis kein Konnektor mit Entscheidungscharakter stehen. Anders verhält es sich mit einem UND-Konnektor, da hier nicht entschieden werden muss, sondern der Prozess grundsätzlich getrennt wird.

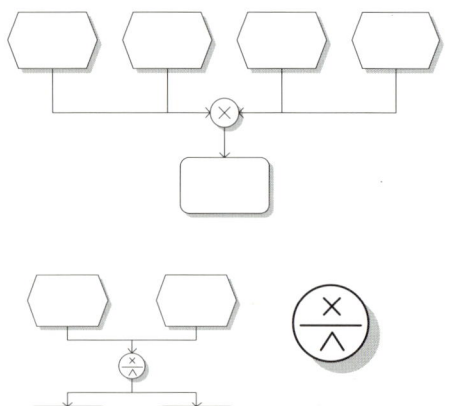

Die Anzahl von Funktionen und Ereignissen vor bzw. hinter einem Konnektor ist nicht begrenzt. So kann eine Funktion auch durch mehrere unterschiedliche Ereignisse initiiert werden.

Ein Konnektor kann entweder eine Ausgangsverknüpfung oder eine Eingangsverknüpfung sein, niemals beides. In den seltenen Fällen, in denen ein Prozess zusammengeführt wird (Eingangsverknüpfung) und sich gleich wieder teilt (Ausgangsverknüpfung), gibt es zwei Möglichkeiten der Realisation:

Spezieller Konnektor mit unterschiedlicher Eingangs- und Ausgangskante. Dieser Konnektortyp ist bei DV-unterstützten Modellierungswerkzeugen durch gewollte Einschränkungen oftmals nicht verfügbar, weil er nur äußerst selten Verwendung findet.

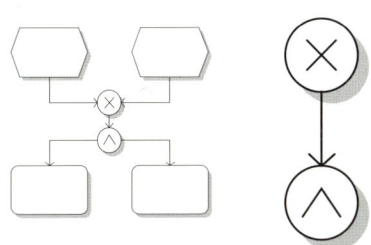

Der gängigere Weg, diesen Ausnahmefall zu modellieren, ist die Verwendung von zwei hintereinander angeordneten Konnektoren.

Noch ein kleiner Tipp: Prozesse, die geteilt werden (Ausgangsverknüpfung), werden häufig wieder zusammengeführt (Eingangsverknüpfung). In der überwiegenden Anzahl der Fälle entspricht der Ausgangskonnektor dem Eingangskonnektor, d. h., dass der Prozess mit dem gleichen Konnektor zusammengeführt wird, von dem er zuvor verzweigt wurde.

4.4.6 Prozessschnittstellen

Prozessmodelle können bei detaillierter Beschreibung sehr lang werden. Aus diesem Grund gibt es die Möglichkeit, Prozesse zu verknüpfen und somit Teilprozesse auszulagern. Der Sprung von einem Teilprozess zum anderen wird über Prozessschnittstellen (auch Prozesswegweiser genannt) realisiert.

Ein weiterer Grund für Prozessschnittstellen sind Teilprozesse, die in einer anderen Unternehmung abgearbeitet werden. In der Regel sind uns diese ausgelagerten Prozesse nicht bekannt. Daher verlässt man den originären Prozess und kehrt nach Abarbeitung wieder zu diesem mit einem Ergebnis (Ereignis) zurück.

Wird beispielsweise eine Sendung beschädigt beim Kunden angeliefert und anschließend reklamiert, erfolgt die Reklamation und Schadensabwicklung über die Transportversicherung des Versenders. Die Daten werden dorthin transferiert und der Versender bekommt eine Ablehnung oder Zusage der Kostenübernahme als Ergebnis zurückgeliefert. Wie der Vorgang bei der Versicherung bearbeitet wurde, bleibt im Verborgenen (Black Box).

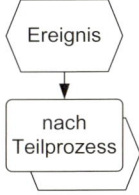

Variante 1 ohne Rückführung

Der Ursprungsprozess wird verlassen. Die komplette restliche Weiterbearbeitung findet in einem Teilprozess statt. Es erfolgt keine Rückführung zum Ursprungsprozess.

Variante 2 mit Rückführung

Der Ursprungsprozess wird verlassen. Ein Teil des Ursprungsprozesses wird in einem Teilprozess weiterbearbeitet. Mit dem Endereignis des Teilprozesses wird der Ursprungsprozess fortgesetzt. Die Namenskonvention besagt, dass das Sprungziel (Teilprozess) eindeutig mit „von" und „nach" beschrieben sein sollte.

Variante 3 mit Auslagerung

Diese Form der Prozessauslagerung entspricht der Variante zwei, ist aber weniger detailliert. Während bei der zweiten Variante der Rückführungspunkt nach Abarbeitung des Teilprozesses an einer beliebigen Stelle des Ursprungsprozesses liegen kann, wird bei dieser Variante davon ausgegangen, dass die Rückführung exakt an derselben Prozessschnittstelle liegt.

Unterprozess: Der Unterprozess bezeichnet eine Hinterlegung zu einem Modell höheren Detaillierungsgrades. Der Unterprozess findet zum Beispiel dort Anwendung, wo eine Funktion in einem Wertschöpfungskettendiagramm mit einer EPK hinterlegt wird.

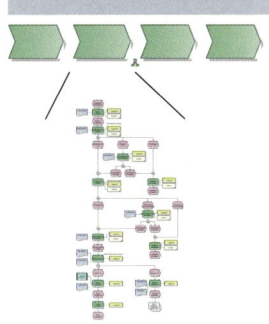

Beispiel für einen Unterprozess

Beachten Sie bitte ebenfalls die Hinweise zum Verknüpfen von Prozessen im ARIS-Teil auf Seite 105.

4.4.7 Kleines Konventionenhandbuch

Ein Konventionenhandbuch regelt einen einheitlichen Sprachgebrauch für alle Modellierer eines größeren Projekts. Diese Vereinheitlichung erleichtert zum einen das Modellieren und zum anderen das spätere Lesen und Einarbeiten in Prozesse.

Nach diesen Vorgaben sollte modelliert werden:

Der Begriff Konvention bedeutet so viel wie Abkommen oder Übereinkunft. Darüber hinaus hat das Wort Konvention noch die Bedeutung von Regelung des Umgangs.

- Ein Prozess wird von oben nach unten modelliert.
- Abstände von Objekten sollen gleich groß sein.
- Ein Anpassen der Objektgröße an die Schrift macht die Prozesse unleserlich, daher dürfen Texte über die eigentliche Symboldarstellung hinausragen.
- Der längste Pfad wird mittig dargestellt.
- Ressourcen werden standardmäßig links, Organisationseinheiten rechts dargestellt.[12]

Der Vorrat an beschreibenden Verben ist in der Regel sehr beschränkt. Die folgende Auflistung gibt Ihnen einen guten Überblick über geeignete Verben, die ggf. durch eigene Tätigkeitsbeschreibungen ergänzt werden können. Ausrufezeichen deuten an, dass es sich um Schlüsselwörter handelt, nach denen der Einsatz von Konnektoren sehr wahrscheinlich ist.

Verrichtung	!	Synonym	Erklärung (Beispiele)
abgeben		zusenden, überreichen	Antrag abgeben
ablegen		abheften, weghängen, verstauen	Brief ablegen
ablehnen		zurückweisen	Antrag ablehnen
abstimmen		absprechen, reden, sprechen, koordinieren	Probefahrt abstimmen
aktualisieren		ändern, anpassen, pflegen	Datensatz aktualisieren
ändern		anpassen, berichtigen, korrigieren, nachbessern, überarbeiten, verbessern	Angebot ändern
anbringen		ankleben, montieren, etikettieren	Banderole anbringen
anfordern		anfragen, bestellen, ordern, anschreiben	Unterlagen anfordern
archivieren		ablegen, dokumentieren	Rechnung archivieren
aufbereiten		zusammenfassen, erstellen, auflisten	Statistik aufbereiten
aufsuchen		besuchen	Infotresen aufsuchen
ausgeben		anzeigen, drucken	Antragsdaten ausgeben, Ware ausgeben
ausfüllen		vervollständigen, erstellen	Antrag ausfüllen
auswerten		anwenden, analysieren, berechnen	Umsatzzahlen auswerten
beantragen		anfordern	Kredit beantragen
bearbeiten (ab-)		lesen, ausfüllen	Checkliste bearbeiten
beauftragen		anweisen	Fuhrunternehmer beauftragen
begründen		erklären, dokumentieren	Ablehnung begründen
beifügen		anheften, beilegen	Formular beifügen
bekannt geben		aufrufen, informieren	Boarding bekannt geben
beraten		betreuen	Kunden beraten
beschaffen		einkaufen, kaufen, besorgen, ordern	Ersatzware beschaffen
bestätigen		rückmelden	Buchung bestätigen
beurteilen	!	bewerten, untersuchen	Sachverhalt beurteilen
buchen (ver-)		ausbuchen, einbuchen, umbuchen, verbuchen	Reise buchen, Betrag buchen
dokumentieren		aufschreiben, ankreuzen	Schaden dokumentieren
durchführen		anwenden, ausführen	Berechnung durchführen
einreichen		abgeben	Antrag einreichen
entfernen		herausnehmen, löschen, vernichten	Datensatz entfernen

---

[12] Es gibt dazu keine eindeutigen Vorgaben, wie eine ISO/DIN-Norm. Wesentlich ist, dass Sie Ressourcen und Organisationseinheiten im Regelfall nicht auf eine Seite platzieren, sondern sortenrein an beide Seiten, dadurch bleiben die Modelle gut strukturiert und einfach lesbar.

erfassen		aufnehmen, anlegen, registrieren, zählen, dokumentieren, eingeben, eintragen, setzen, einrichten	Antrag erfassen
ergänzen		hinzufügen, vervollständigen, ausfüllen	Unterlagen ergänzen
erinnern		Mahnen	Zahlung erinnern
ermitteln		fragen, herausfinden, klären, erfragen, suchen	Adresse ermitteln
erstellen		anfertigen, aufbauen, bilden, erzeugen, fertigen, schreiben, tätigen, verfassen, vornehmen, aufstellen, ausstellen, erarbeiten, programmieren	Begrüßungsschreiben erstellen
fertig stellen		Abschließen	Auftrag fertig stellen
festlegen		vereinbaren, vorgeben, bestimmen	Termin festlegen
genehmigen	!	bewilligen, gewähren	Antrag genehmigen
generieren		überführen, erstellen	Angebotsbestätigung generieren
informieren		benachrichtigen, hinweisen, melden, mitteilen, einweisen	Kunden informieren
installieren		Einspielen	Software installieren
instruieren		einweisen, vorführen, schulen, unterrichten	Praktikanten instruieren
kontrollieren	!	Prüfen	Ausgangsrechnung kontrollieren
kontaktieren		anrufen, mailen, anschreiben, rufen	Bundespolizei kontaktieren
korrigieren		ändern, berichtigen, verbessern	Bestellstatus ändern
kopieren		Vervielfältigen	Personalausweis kopieren
löschen		Austragen	Datei löschen
mitteilen		erzählen, überbringen, melden	Anwesenheit mitteilen
nehmen (an-)		entgegennehmen, quittieren	Post annehmen, Formular nehmen
planen		einplanen, entwickeln, einteilen, projektieren, organisieren	Termin planen
prüfen (über-)	!	abgleichen, abstimmen, durchsehen, einsehen, klären, kontrollieren, sichten, überprüfen	Vollständigkeit prüfen
quittieren		unterzeichnen, gegenzeichnen, annehmen	Empfang quittieren
rechnen (ab, be-, ver-)		addieren, aufsummieren, kalkulieren, schätzen, überschlagen, umrechnen, errechnen, bezahlen, kassieren	Beitrag berechnen
reservieren		vorbelegen, vorbestellen	Sitzungssaal reservieren
scannen		einscannen, nachscannen, einlesen	Dokumente scannen
senden (ver-)		verschicken	Post versenden, E-Mail senden
sortieren		aussortieren, einsortieren, heraussortieren, ordnen, vorsortieren, zuordnen	Post sortieren
stornieren		kündigen, rückgängig machen, wandeln	Mitgliedschaft stornieren
suchen	!	auffinden, orientieren	Akte suchen
stellen (bereit-)		Vorbereiten	Ware bereitstellen
teilnehmen		Besuchen	Einweisung teilnehmen
trennen		Separieren	Dokumente trennen
übergeben		aushändigen, ausgeben	Formular übergeben
überwachen	!	Sicherstellen	Boarding überwachen
vergeben		zuordnen, zuweisen	Kunden-ID vergeben
vergleichen	!	Überprüfen	Papiere vergleichen
verhandeln		aushandeln, verkaufen	Preis verhandeln
verteilen		ausfahren, verschicken, mailen	Post verteilen
verwalten		organisieren, führen	Material verwalten
vorbereiten		planen, organisieren, herrichten	Warenauslieferung vorbereiten
wählen	!	auswählen, entscheiden	Speisen wählen
weiterleiten		bringen, transportieren, übermitteln, weitergeben, zurückgeben	Antrag weiterleiten
zahlen		abführen, anweisen, auszahlen, bezahlen	Gehälter zahlen
zählen		Summieren	Passagiere zählen
zusammenstellen		sortieren, ordnen, verpacken	Unterlagen zusammenstellen

In vielen Bereichen werden Informationen zwecks Autorisierung oder Weiterbearbeitung von Organisationseinheit zu Organisationseinheit weitergeleitet.

Diese zeitaufwendige Weiterleitung sollte in einer detaillierten Prozessbeschreibung unbedingt in Form von Liege- und Transportzeiten dokumentiert werden.

Beschreiben Sie dazu in einer Funktion das Weiterleitungsziel, zum Beispiel „Antrag an Prüfungsstelle weiterleiten". Die Organisationseinheit, die die Weiterleitung initiiert, wird in der EPK ausgewiesen.

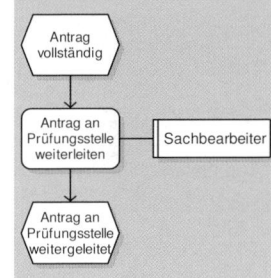

4.4.8 Die häufigsten Fehler

Modellieren bedarf eines gewissen Maßes an Übung. Gerade in der Anfangsphase fällt das Modellieren oftmals schwer. Überprüfen Sie bitte Ihre Ergebnisse anhand dieser kleinen Checkliste. Damit können Sie Ihren Prozess auf die häufigsten Fehler überprüfen.

Um das Ergebnis einer Kontrolle zu dokumentieren, werden in der Praxis oftmals die Abkürzungen i. O. und n. i. O. eingesetzt. Diese stehen für „in Ordnung" und „nicht in Ordnung".

- Es fehlen einige oder alle Ressourcen bzw. Organisationseinheiten.
- Organisationseinheiten werden nur nach jedem Wechsel angezeigt. Bitte jeder Funktion mindestens eine Organisationseinheit zuweisen.
- Prozessschritte werden übersprungen.
- Kantenverbindungen fehlen bzw. die Kantenrichtung von und nach Ressourcen ist nicht zielführend eingesetzt.
- Mehrere Prozessschritte werden zu großzügig zusammengefasst.
- Mehrere Kanten enden in derselben Funktion bzw. in demselben Ereignis. Hier muss ein Konnektor eingesetzt werden.
- Symbolik der Ereignisse und Funktionen wird vertauscht.
- Ereignis folgt auf Ereignis, Funktion folgt auf Funktion.
- Bei DV-unterstützter Darstellung werden Objektgrößen verändert, d. h., dass die Breite einer Funktion ggf. an den Text angepasst wird. Die EPK wirkt unruhig und ist schwer zu lesen.
- Das Diagramm beginnt und endet nicht mit einem Ereignis (ggf. in Verbindung mit einer Prozessschnittstelle).

4.5 Vorgangskettendiagramm

Das Vorgangskettendiagramm (VKD) ist nahezu identisch mit dem EPK. Der wesentliche Unterschied besteht in der Anordnung der Objekte, was die Zuordnung und Lesbarkeit erhöht, die Erstellung aber deutlich kompliziert. Ein Grund, weshalb dieses Diagramm wenig Akzeptanz in der Wirtschaft findet.

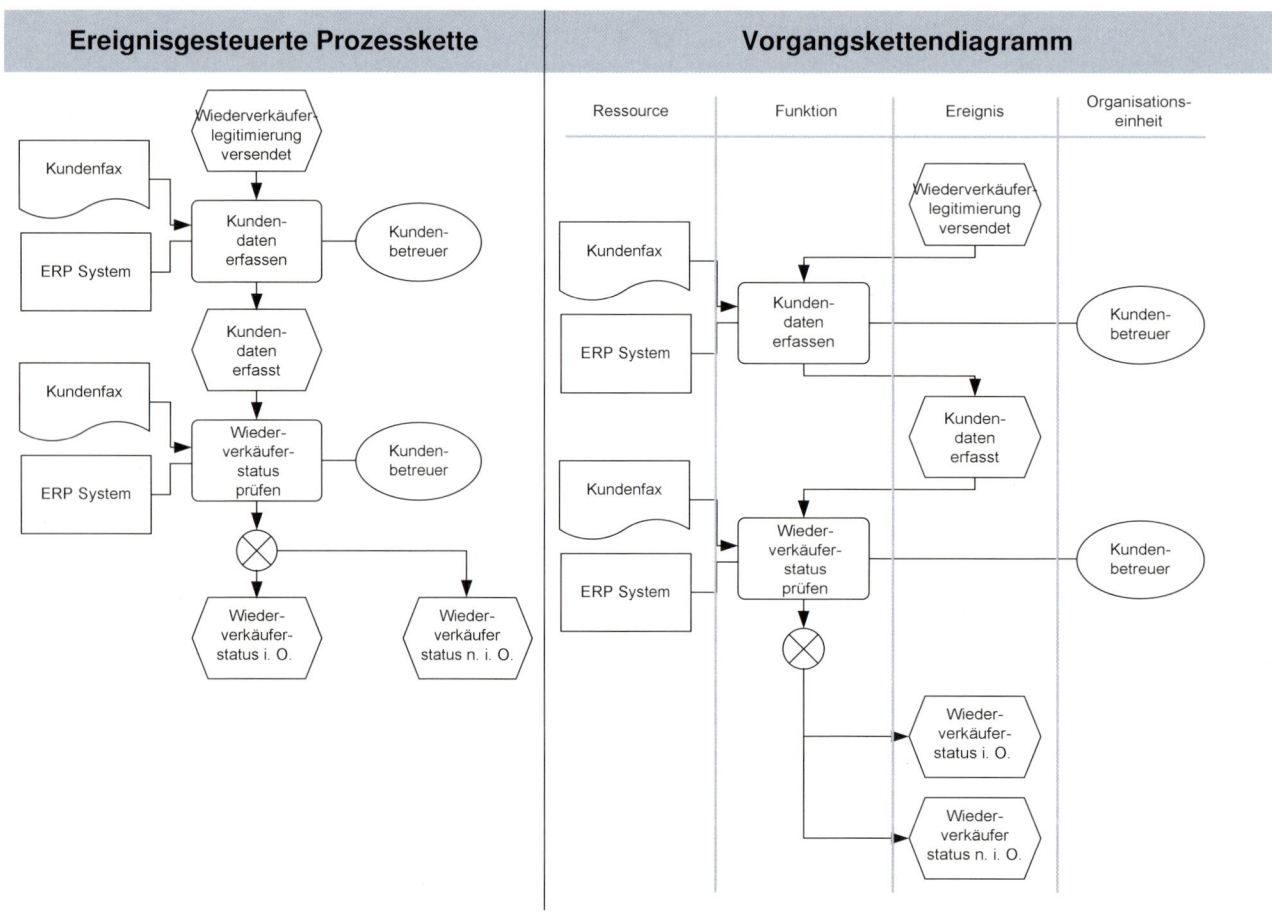

4.6 Flussdiagramm

Der vereinfachte Programmablaufplan (PAP) wird auch als Flussdiagramm (engl. Flowchart) bezeichnet. Im Prinzip stellt dieser Diagrammtyp grafisch einen Algorithmus dar, den eine Software umsetzen soll. Diese sehr simple und in weiten Kreisen bekannte Darstellung wird ebenfalls oft zurate gezogen, wenn es um die Darstellung von ablauforganisatorischen Besonderheiten geht (z. B. in einem QM-Handbuch).

Darstellung	Erklärung/Beispiel
	Start/Stopp: Dieses Symbol kennzeichnet Anfang und Ende des Ablaufplans. Dieses Symbol wird auch Kontrollpunkt genannt.
	Operation: Bei Operationen (Tätigkeit) finden Berechnungen durch das System statt.
	Eingabe/Ausgabe: Dieses Symbol steht als Synonym für die Ein- und Ausgabe zwischen Mensch – Computer – Mensch.
	Verzweigung: An dieser Stelle finden wichtige Fallentscheidungen statt. Das Ergebnis der Entscheidung wird über die ausgehenden Kanten (Attribut Kantenrolle) dokumentiert und ausgegeben. Dieses Element realisiert darüber hinaus Schleifenkonstrukte (Wiederholungen).
	Unterprogramm: Bei komplexen Algorithmen werden Teile des PAP in ein Unterprogramm ausgegliedert.

Die exemplarische Abbildung verdeutlicht die Initiierung einer Warenbeschaffung.

Regelwerk:

- Das Flussdiagramm beginnt und endet mit einem definierten Kontrollpunkt.

- Alle Aktionen, wie Berechnungen oder Zuweisungen werden als Operationen dargestellt (zum Beispiel: Warenbestand = Warenbestand alt – Warenabgang).

- Verzweigungen realisieren unterschiedliche Wege der Fortführung, wobei das Verzweigungskriterium direkt in oder an der Raute notiert wird (zum Beispiel: „Ware verfügbar?"). Eine Raute hat in der Regel maximal zwei Ausgänge, die mit „ja" oder „nein" bewertet werden können und somit den weiteren Entscheidungsweg bestimmen. Über Verzweigungen können ebenfalls Schleifen realisiert werden.

- Für die Interaktivität in Form von Ein- und Ausgaben steht ein eigenes Symbol zur Verfügung (zum Beispiel: Eingabe: Warenabgang buchen).[13]

---

[13] Der Symbolvorrat hat sich gemäß der DIN 66001 seit Einführung im Jahre 1966 stark minimiert.

9 Harms - ISBN 978-3-8120-1040-5

4.7 Arbeitsablaufdiagramm

Das Arbeitsablaufdiagramm ist tabellarisch angeordnet und bildet gemäß des ARIS-Hauses die Funktions- und Organisationssicht ab.

Darstellung	Erklärung/Beispiel
○	**Funktion bzw. Tätigkeit:** Beschreibung der auszuführenden Bearbeitung.
⇒	**Transport bzw. Weiterleitung:** Darstellung des Transports vom Sender zum Empfänger.
□	**Prüfung bzw. Kontrolle:** Ausführung einer Prüfung. Der davon abhängige weitere Bearbeitungsweg kann in diesem Diagramm nicht dargestellt werden.
D	**Verzögerung bzw. Wartezeit:** Sofern eine Prozessabfolge unterbrochen wird, kommt dieses Symbol zum Einsatz.
▽	**Lagerung bzw. Ablage:** Wird ein Ausführungsobjekt eingelagert oder abgelegt, wird das im Prozessablauf mit diesem Symbol kenntlich gemacht.

Lfd. Nr.	Tätigkeit/Funktion	Sachbearbeiter	Fachkraft Büromanagement	Abteilungsleiter Beschaffung	Sachbearbeiter Beschaffung	Minuten	Wegstrecke in Meter	Anzahl
1	Anforderungsschein ausfüllen	○				4		40
2	Anforderungsschein weiterleiten	⇒				9	250	
3	Wartezeit bis zu Bearbeitung		D			350		
4	Anforderungsschein weiterleiten		⇒			5	75	
5	Wartezeit bis zu Bearbeitung		D			470		
6	Anforderung prüfen			□		3		
7	Anforderung weiterleiten			⇒		7	140	
8	Anforderungen sammeln				D	1400		
9	Bestellung aufgeben				○	6		
10	Artikel prüfen				□	2		
11	Artikel einlagern				▽	3		
12	Artikel verteilen				○	15	190	

5   Handbuch: Geschäftsprozessoptimierung

Bei der Geschäftsprozessoptimierung werden, wie bereits eingangs des Workshops erwähnt, unterschiedlichste Ziele verfolgt.

Insbesondere im Sinne der Kundenzufriedenheit ist es bemerkenswert, dass ein bereits laufender Prozess oftmals immer wieder durch den Kunden „angestoßen" werden muss, dieser dabei von Abteilung zu Abteilung läuft und fortlaufend sein Anliegen vorbringen muss. Folgender Prozess soll Ihnen einige Verbesserungsvorschläge etwas näher bringen:

Ausgangssituation:
Dargestellt ist ein arbeitsteiliger Prozess. Dieser beschreibt, wie ein Industriebetrieb einem Kunden ein Wiederverkäuferkonto einrichtet.

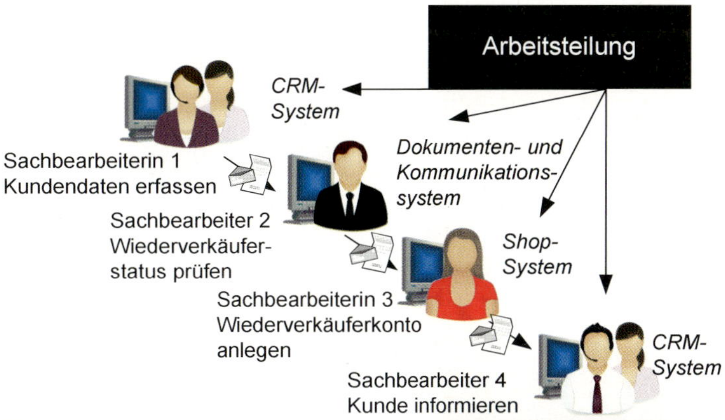

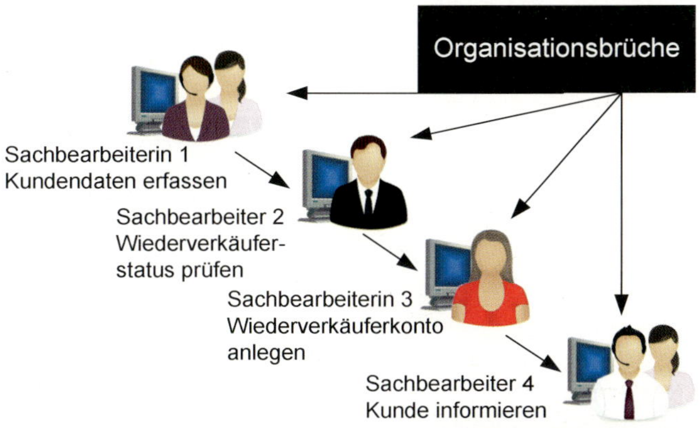

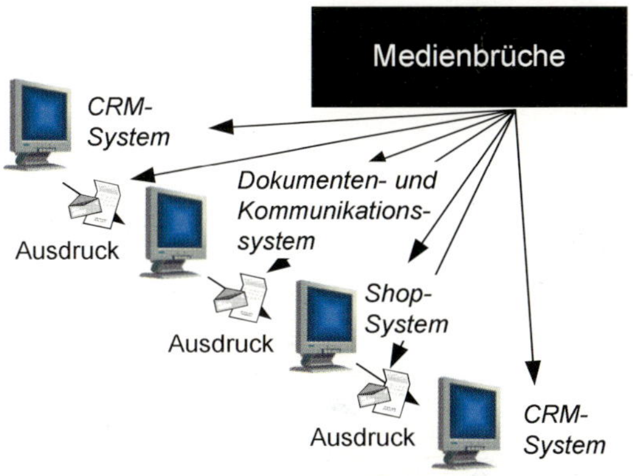

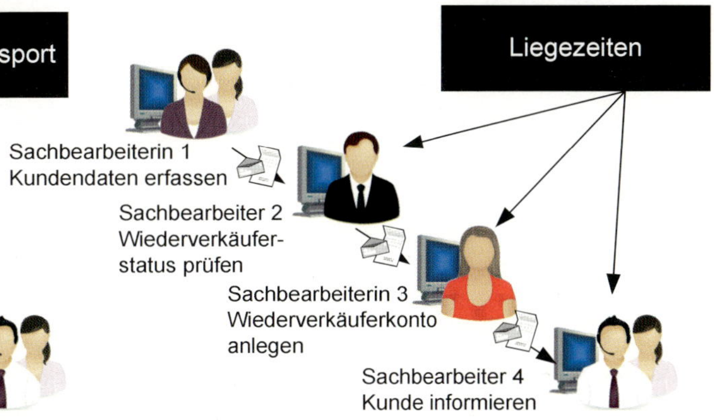

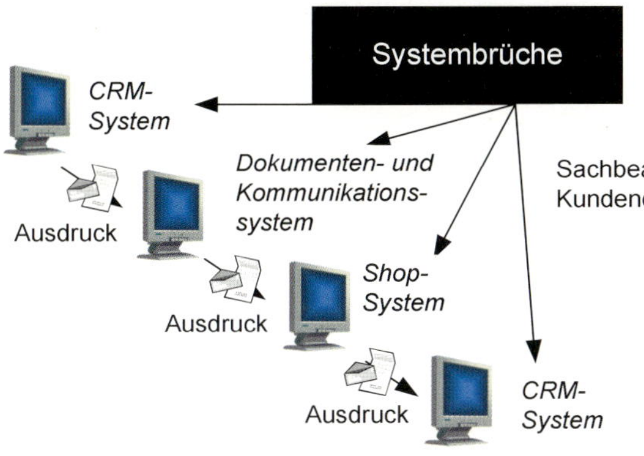

Arbeitsteilung

CRM-System
Dokumenten- und Kommunikationssystem
Shop-System
CRM-System

Sachbearbeiterin 1 Kundendaten erfassen
Sachbearbeiter 2 Wiederverkäuferstatus prüfen
Sachbearbeiterin 3 Wiederverkäuferkonto anlegen
Sachbearbeiter 4 Kunde informieren

Organisationsbrüche

Sachbearbeiterin 1 Kundendaten erfassen
Sachbearbeiter 2 Wiederverkäuferstatus prüfen
Sachbearbeiterin 3 Wiederverkäuferkonto anlegen
Sachbearbeiter 4 Kunde informieren

Medienbrüche

CRM-System
Ausdruck
Dokumenten- und Kommunikationssystem
Shop-System
Ausdruck
Ausdruck
CRM-System

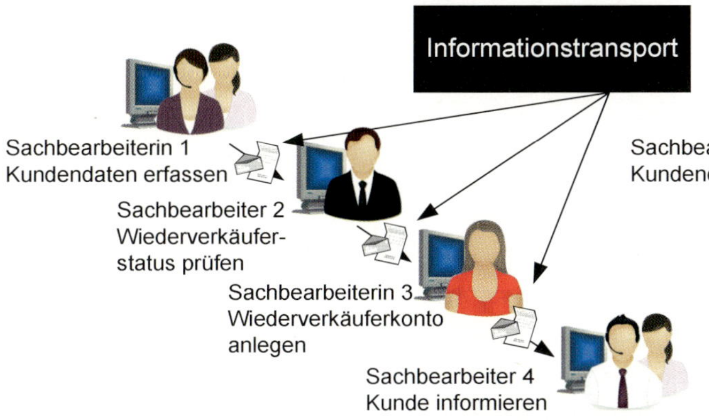

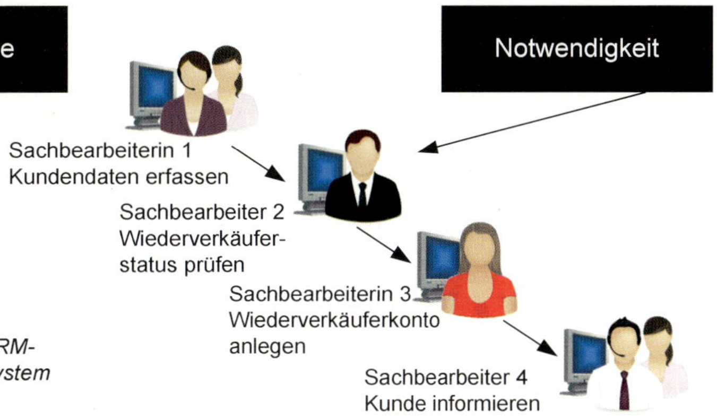

Informationstransport

Sachbearbeiterin 1 Kundendaten erfassen
Sachbearbeiter 2 Wiederverkäuferstatus prüfen
Sachbearbeiterin 3 Wiederverkäuferkonto anlegen
Sachbearbeiter 4 Kunde informieren

Liegezeiten

Sachbearbeiterin 1 Kundendaten erfassen
Sachbearbeiter 2 Wiederverkäuferstatus prüfen
Sachbearbeiterin 3 Wiederverkäuferkonto anlegen
Sachbearbeiter 4 Kunde informieren

Systembrüche

CRM-System
Ausdruck
Dokumenten- und Kommunikationssystem
Ausdruck
Shop-System
Ausdruck
CRM-System

Notwendigkeit

Sachbearbeiterin 1 Kundendaten erfassen
Sachbearbeiter 2 Wiederverkäuferstatus prüfen
Sachbearbeiterin 3 Wiederverkäuferkonto anlegen
Sachbearbeiter 4 Kunde informieren

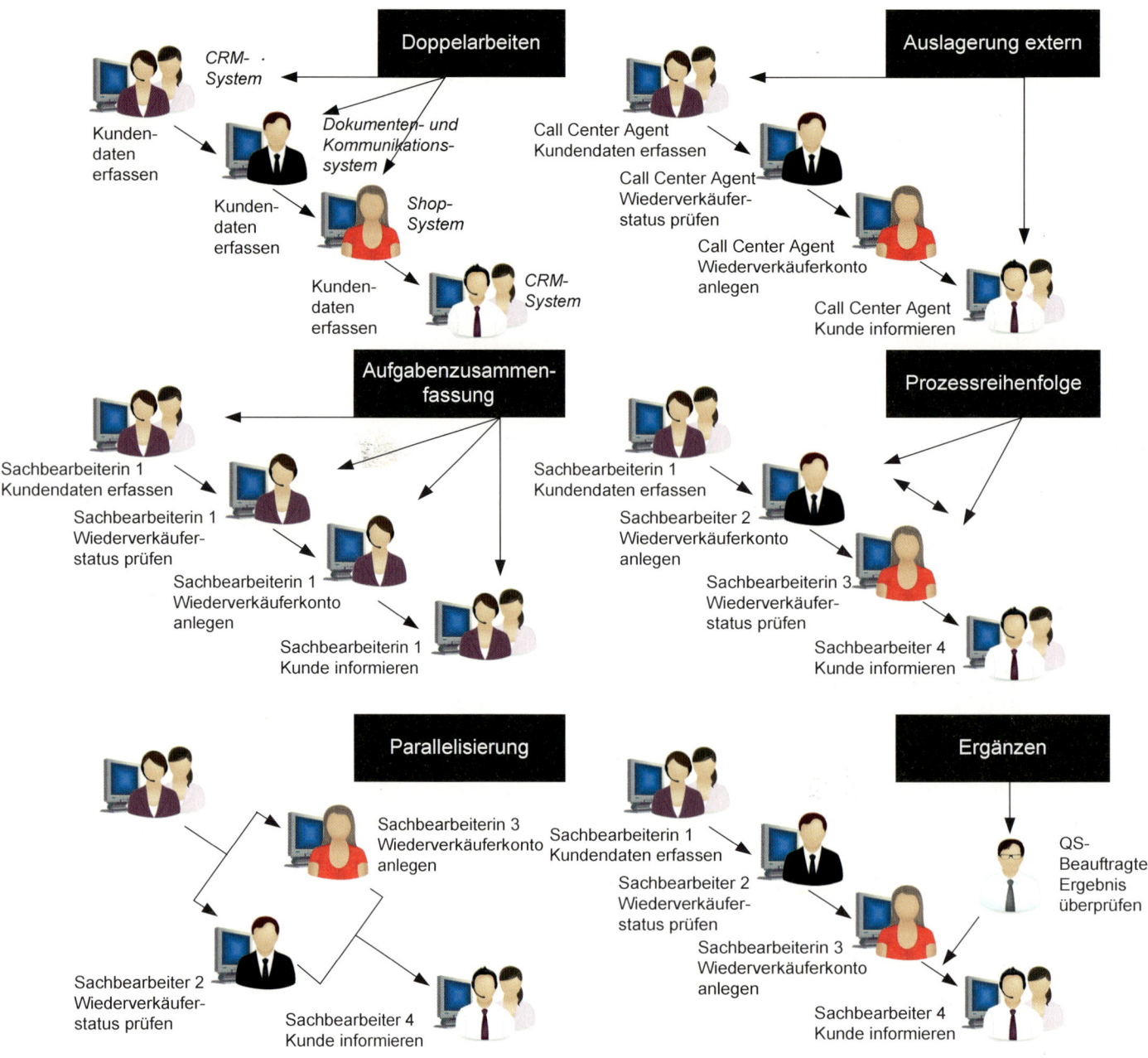

Schematische Darstellung von Prozessverbesserungen

Demnach stellen die Grafiken folgende Verbesserungsansätze dar:

- Arbeitsschritte in eine sinnvolle Reihenfolge bringen
- unnötige Vorgänge finden und eliminieren
- unnötige Rücksprünge finden und eliminieren
- zeitgleiche Bearbeitung mehrerer Arbeitsschritte (Parallelisierung)
- gleichartige Arbeitsschritte zusammenfassen (Arbeitsgebiet einzelner Organisationseinheiten erweitern)
- Computernetzwerke und Kontrollsysteme integrieren und nutzen
- Kundenschnittstellen minimieren
- händische Arbeiten automatisieren
- Workflow unterstützen (Ziel: kein Papiertransport)
- Vordruckwesen vereinfachen
- Liege- und Wartezeiten dezimieren
  (zunächst die Prozesse mit den höchsten Zeiten herausfinden)
- involvierte Organisationseinheiten reduzieren
- involvierte Organisationseinheiten räumlich dichter zusammenlegen

- Kernkompetenzen (Core Competences) finden und auf Sinnhaftigkeit überprüfen
- Mitarbeiter empowern (Kompetenzen erweitern)
- Prüfverfahren reduzieren (Grundsatz: Personen, die Prüfverfahren ausführen dürfen nicht mehr kosten, als sie im Endeffekt einsparen).

Neben diesen Optimierungsansätzen in den Prozessabläufen spielt die Gestaltung von Prozessen auf der Ebene der strategischen Ausrichtung eine bedeutsame Rolle. Insbesondere der Begriff Mehrwert entscheidet oft über Erfolg oder Misserfolg im Kampf um die Gunst des Kunden.

Damit Prozesse anhand der vorgestellten Kriterien überprüft werden können, ist die kleinschrittige Erfassung der Abläufe Voraussetzung. Zur Ist-Aufnahme von Prozessen bieten sich folgende Methoden an:

- **Workshop:** Zur Erfassung der grundlegenden Prozesse (Prozesslandkarte) wird häufig ein Initiierungsworkshop mit Prozessverantwortlichen und Prozessanwendern aller Ebenen durchgeführt.

- **Dokumentenanalyse:** Bei dieser Methode werden vorhandene Dokumentationen oder verwendete Formulare analysiert und in eine Prozessbeschreibung überführt.

- **Fragebogenanalyse:** Bei dieser Selbstauskunft beteiligter Organisationseinheiten über durchgeführte Tätigkeiten stehen sehr kurze Abläufe mit geringer Komplexität im Vordergrund. Eine spezielle Form dieser Analyse ist der **Arbeitsbericht** (Selbstaufschreibung durch den Prozessanwender), die aber häufig nicht hinreichend zielführend ist.

- **Beoachtung:** Modellierer beobachten bei dieser Methode die Prozessanwender und notieren die Abläufe. Diese Methode ist insbesondere bei den Beobachteten durch den Überwachungscharakter sehr unbeliebt.

- **Interviewtechnik:** Eine strukturierte Befragung mit den an der Ausführung Beteiligten verschafft dem geschulten Interviewer einen weitreichenden Einblick in die Abläufe. Diese sehr häufig angewendete Methode ermöglicht Nachfragen noch an Ort und Stelle. Oftmals werden durch Randbemerkungen bereits erste Schwachstellen, im besten Fall schon erste Optimierungsansätze, von den Beteiligten benannt. Die Dokumentation in einer gemäß der fünf Sichten des ARIS-Hauses aufgebauten Erfassungstabelle, schafft die besten Voraussetzungen zur Modellierung von grafischen Modellen:

Datum der Erhebung	Name des QS Verantwortlichen
Name des Erhebers	Name des Prozessverantwortlichen

VMW

Prozessname	□ Kernprozess □ Führungsprozess	□ Unterstützungsprozess □ Unklare Zuordnung

Vor-gangs-nr.	Beteiligte Organisationseinheiten	Auslöser, Teilschritt, Ergebnis	Dauer in Min	Benötigter Input (Vorgaben, Dokumente ...)	Generierter Output (Dokumente, Leistungen ...)	Bemerkung (zum Beispiel Schnittstelle von und nach Teilprozess, Change Management ...)
.						

5.1   Prozesskostenrechnung

Die traditionelle Vollkostenrechnung teilt die anfallenden Gemeinkosten auf die einzelnen Produkte auf. Dabei zeigt sich i. d. R., dass das Verfahren in stark dienstleistungsorientierten Unternehmungen schwieriger anzuwenden ist als beispielsweise in produzierenden Industrieunternehmen.

Ein Merkmal eines Hauptprozesses bei der Prozesskostenrechnung ist, dass die Teilprozesse im Wesentlichen die gleichen Kostentreiber haben.

Dabei wird in der Vollkostenrechnung unterschiedlichen Produkten ein Anteil der Gemeinkosten aufgrund eines z. B. festgelegten Verteilungsschlüssels zugewiesen. Der Nachteil dieser Zuteilung auf die unterschiedlichen Produkte ist aber, dass die Gemeinkosten bei größeren Stückzahlen eher zu hoch und bei kleineren Stückzahlen eher zu niedrig angesetzt werden.[14]

Bei der Prozesskostenrechnung hingegen wird das Ziel verfolgt, die entstandenen Gemeinkosten des Prozesses verursachungsgerecht auf die einzelnen Produkte bzw. Produktgruppen zu verteilen. Dies können sowohl Kosten sein, die durch die Herstellung eines Produktes anfallen, als auch Kosten, die durch die Betreuung von Kunden entstehen.

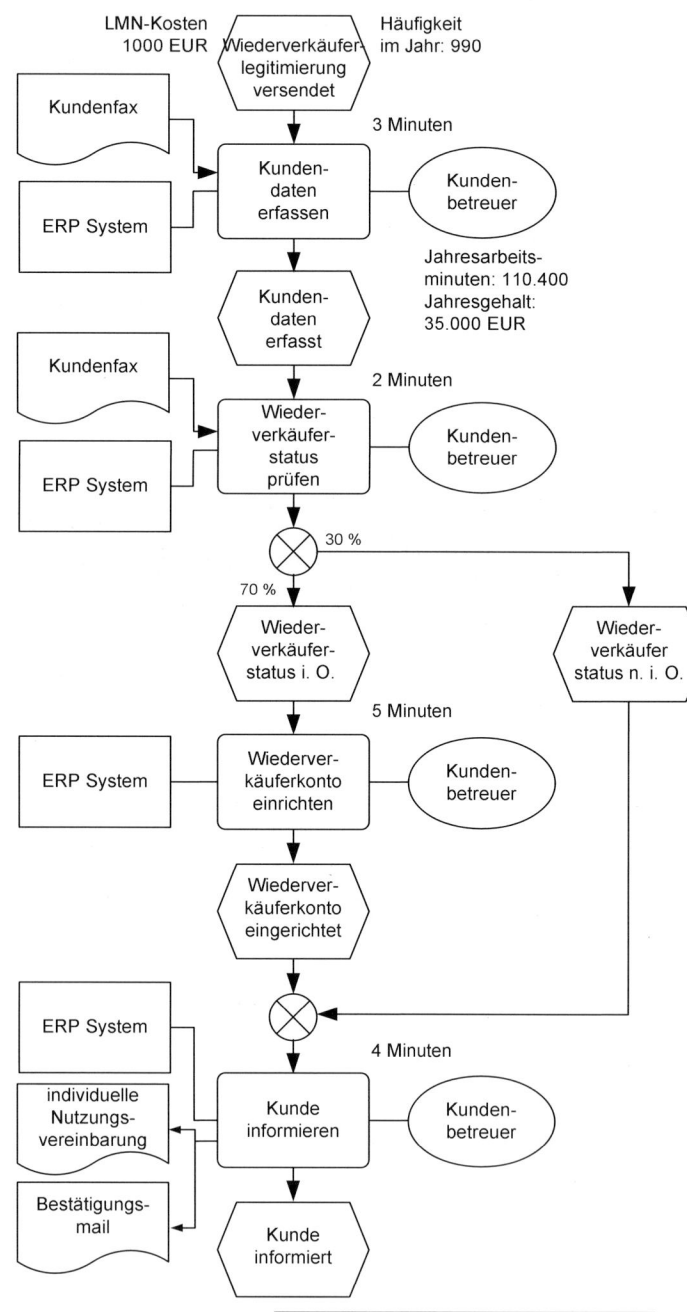

Die Prozesskostenrechnung berücksichtigt die immer wiederkehrenden Standardabläufe, wobei zwischen Aktivitäten (Funktionen), Teilprozessen und Hauptprozessen unterschieden wird. Ein weiteres wichtiges Merkmal von Prozessen ist die Einteilung der Kosten in leistungsmengeninduzierte (lmi), die abhängig von der Anzahl der Prozessdurchführungen sind, und leistungsmengenneutrale (lmn), z. B. Verwaltungskosten, die unabhängig von der Anzahl der Prozessdurchführungen sind.

Die Prozesskostenanalyse läuft exemplarisch in mehreren Schritten ab.

1. **Prozesse identifizieren und modellieren:** Dazu ist es zunächst notwendig, die Prozessdauer und die damit verbundenen Kosten der einzelnen Aktivitäten zu erfassen. Die Aktivität „Kundendaten erfassen" des Prozesses „Wiederverkäuferkonto einrichten" benötigt beispielsweise im Durchschnitt pro Aufnahme 3 Minuten.

2. **Kostentreiber identifizieren:** Kostentreiber (Cost Driver) sind Einheiten, die auf die Anzahl der durchgeführten leistungsmengeninduzierten Prozesse Einfluss nehmen. Sie stellen den größten Anteil der Prozesskosten dar. Beispiel:
    ▷ Funktion: „Reisestornierung erfassen"
    ▷ Kostentreiber: Anzahl der Stornierungsaufträge
    ▷ Prozessmenge: 990 Prozesse p. a.

3. **Kostenzuordnung:** Im nächsten Schritt werden die entstandenen Kosten den jeweiligen Prozessen zugeordnet:

Die Sachbearbeiterinnen und Sachbearbeiter zur Kundenbetreuung erhalten ein Jahreseinkommen von jeweils 35.000,00 EUR.

---

[14]   vgl. Stevens, F., et. al., S. 1491.

Eine Person arbeitet dafür im Jahr an 230 Tagen jeweils 8 Stunden. Auf Grundlage des Zeitbedarfs der Aktivitäten und der Kostentreiber lassen sich die Personenjahre[15] sowie die damit verbunden die lmi-Prozesskosten[16] berechnen. In unserem Beispiel ergibt sich für die Aktivität „Kundendaten erfassen" bei einem Jahreseinkommen von 35.000,00 EUR und einem errechneten Zeitraum von 0,027 Personenjahren, lmi-Prozesskosten von 945,00 EUR.

4. **Umlagesatz errechnen:** Leistungsmengenneutrale Prozesse haben im Gegensatz zu den leistungsmengeninduzierten Prozessen keine Kostentreiber und werden beispielsweise über ein Umlageverfahren auf die leistungsmengeninduzierten Prozesse verursachungsgerecht verteilt. Dabei werden die leistungsmengenneutralen Kosten über einen prozentualen Umlagesatz[17] verteilt. Für den gesamten Prozess fallen leistungsmengenunabhängige Kosten (lmn) z. B. für Verbrauchsmaterial, Miete und Strom in Höhe von 1.000,00 EUR an. In Relation zu der Basis der summierten lmi-Kosten von 3.920,00 EUR entspricht dies einem Umlagesatz von 25,51 %.

Daraus ergibt sich eine Umlage der lmn-Kosten zu den lmi-Kosten[18] für die Aktivität „Kundendaten erfassen" von 241,07 EUR und Gesamtprozesskosten der Aktivität[19] von 1.186,07 EUR.

5. **Betrachtung des gesamten Prozesses:** Als letztes werden die Gesamtprozesskosten (lmn und lmi) summiert. Die Gesamtkosten für den Prozess „Wiederverkäuferrabatt prüfen" belaufen sich auf 4.920 EUR[20]. Die Kosten pro Prozessdurchführung betragen in unserem Beispiel 4,97 EUR.[21]

Zusammenfassend ist ein Vorteil der Prozesskostenrechnung neben einer verursachungsgerechten Verrechnung der Gemeinkosten auf die einzelnen Kostenträger, vor allem in der Aussage, wie teuer die Durchführung eines Prozesses über alle Abteilungen hinweg ist, zu sehen. Darüber hinaus sind genauere Aussagen zu den Kosten eines Produkts möglich. Sie stellt eine wertvolle Hilfe zum Controlling dar, die aber die traditionelle Voll- und Teilkostenrechnung nicht ersetzen, sondern lediglich ergänzen kann.

Prozesslebensdauer:

- *Prozess: Allgemeine, verbindliche Darstellung als Modell.*

- *Prozessinstanz: Ausführung eines Prozesses (Durchlauf).*

- *Token: Jeweiliger Zustand (Ereignis) innerhalb einer Prozessinstanz; Bildet den Kontrollfluss ab.*

- *Durchlaufzeit: Zeit vom Start- bis zum Endereignis eines Prozesses.*

- *Zykluszeit: Summe aller Zeiten der Funktionen eines Prozesses.*

Aktivität	Prozessmenge	Zeit in Min	Zeitbedarf ges.	Personenjahre	Prozesskosten (lmi)	Prozesskosten (lmn)	Prozesskosten (lmn und lmi)
Kundendaten erfassen	990	3	2970	0,027	945,00 €	241,07 €	1.186,07 €
Wiederverkäuferstatus prüfen	990	2	1980	0,018	630,00 €	160,71 €	790,71 €
Wiederverkäuferkonto einrichten	693	5	3465	0,031	1.085,00 €	276,79 €	1.361,79 €
Kunde informieren	990	4	3960	0,036	1.260,00 €	321,43 €	1.581,43 €
Gesamt	**3.663**				**3.920,00 €**		**4.920,00 €**
lmn-Kosten					**1.000,00 €**	**25,51%**	Umlagesatz

---

[15] Personenjahre = Minuten pro Aktivität x Prozessmenge / 60 Minuten / Anzahl der Stunden pro Arbeitstag / Anzahl der Arbeitstage pro Jahr.

[16] Prozesskosten (lmi) = Personenjahre x Jahreseinkommen.

[17] Umlagesatz = leistungsmengenneutrale Kosten / Summe der leistungsmengeninduzierten Prozesskosten (lmi) x 100.

[18] Prozesskosten (lmn) = Prozesskosten (lmi) x Umlagesatz.

[19] Gesamtprozesskosten = Prozesskosten (lmi) + Prozesskosten (lmn).

[20] Durch Runden der Einzelergebnisse ergibt sich in den Endbeträgen eine Differenz.

[21] Kosten pro Prozessdurchführung (oft auch als **Prozesskostensatz** bezeichnet) = Gesamtprozesskosten / Kostentreiber.

6 Exkurs: Prozessmodellierung für die IT-Fachabteilung

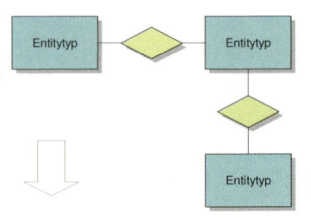

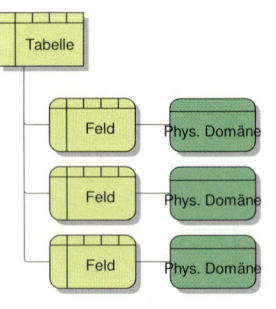

Das Konzept von Prof. Scheer sieht vor, dass jede Beschreibungssicht des ARIS-Hauses Grundlage unterschiedlicher Konzepte ist, die in der Wirtschaftsinformatik in der Implementierung von IT-Systemen münden.

Demnach wird grundlegend für jede Sicht ein Fachkonzept entwickelt, das die formale Beschreibung einer wirtschaftlichen Fragestellung widerspiegelt. Dabei kommen IT-ferne Beschreibungsmodelle wie EPK, WKD, ERM oder Organigramm zum Einsatz, die schwerpunktmäßig in diesem Workshop erläutert werden.

Auf Grundlage des Fachkonzepts wird das DV-Konzept entwickelt, wobei hier IT-nahe Modelle verwendet werden. Abschließend werden aus dem DV-Konzept technische IT-Systeme in Form von Quellcode, Protokollen oder Datenbanken entwickelt.

Um das Vorgehensmodell des ARIS-Konzepts ein wenig greifbarerer zu machen, soll als Beispiel die Erstellung einer Datenbank dienen. Zunächst einmal werden im Fachkonzept die wesentlichen abzubildenden Informationen als Modell erarbeitet. Ein entsprechender Modelltyp wäre das Entity Relationship Model (ERM), das notwendige Objekte und deren Beziehungen zueinander beschreibt.

```
CREATE TABLE xyz
(
xzy_Id int,
Attr1 varchar(255),
Attr2 varchar(255),
Attr3 varchar(255),
)
```

Im zweiten Schritt wird das ERM in ein DV-näheres Beschreibungsmodell umgewandelt. Der entsprechende Modelltyp wäre das Tabellendiagramm, das die spezifizierten Merkmale (Felder und Datentypen) definiert.

Im dritten Schritt folgt die Implementierung über eine geeignete Sprache, zum Beispiel SQL.

6.1 Begriffe der Informatik

Wie Sie in vorherigen Kapiteln sehen konnten, liegt die Wurzel der Prozessmodellierung (auch **Sprache** genannt) mit den damit verbundenen ursprünglichen Zielen in der Wirtschaftsinformatik. Allein diese Tatsache macht es notwendig, sich einige Begriffe der Informatik etwas genauer anzusehen.

Prof. Dr. Dr. h .c. mult. August-Wilhelm Scheer, (*1941) gründete 1984 die IDS Scheer AG. Die Unternehmung ist ein internationales Software- und Beratungsunternehmen. Bis 2005 war Scheer der Direktor des Instituts für Wirtschaftsinformatik an der Universität des Saarlandes.

Der Begriff **Notation** beschreibt ganz allgemein die Form, Sachverhalte oder Modelle einer Fachdisziplin über symbolische Zeichen zu dokumentieren.

Grundsätzlich gibt es bei jeder Notation einen festgelegten **Zeichenvorrat**. Einige Beispiele dafür sind:

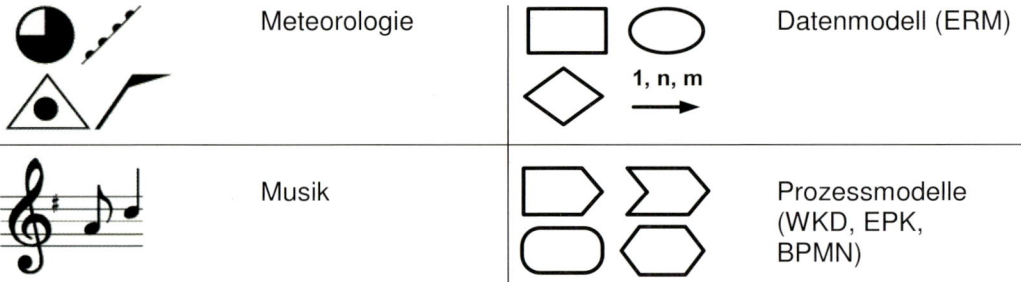

Dieser Zeichenvorrat wird gemäß definierter Regeln und Vorschriften (**Grammatik**) verwendet. Alle daraus resultierenden Aneinanderreihungen von Zeichen bilden die **Syntax** einer Sprache.

Die inhaltliche Bedeutung der Beschreibung, also die eigentliche Aussage des Modells, wird als **Semantik** bezeichnet.

Prozessbeschreibungen sind im informatorischen Sinne i. d. R. gerichtete **Graphen**, d. h., dass die Flussrichtung der Abarbeitung vorgegeben ist.[22]

Ein **Algorithmus** beschreibt eine eindeutige Handlungsvorschrift, die von einer Eingabe zu einer Ausgabe führt und dabei eine Klasse von Problemen löst.

Der Informatik-Duden greift diesen Algorithmus auf, indem er den **Prozess** wie folgt definiert: „Vorgang einer algorithmisch ablaufenden Informationsbearbeitung"[23]. Dabei beschreibt ein Prozess immer eine Klasse von Problemen, also immer wiederkehrende Arbeitsaufgaben, während ein Projekt eine einmalige Vorgehensweise bestimmt.

Diese Definition eines Prozesses greift auch die DIN V 19233[24] auf, in der es heißt, dass „ein Prozess die Gesamtheit von [...] Vorgängen in einem System"[25] ist. Ergänzend findet sich in der gleichen DIN-Vorschrift die Definition eines Prozessmodells: „Abbildung eines Prozesses in ein [...] System, das den Prozess [..] hinreichend genau beschreibt"[26].

---

113. Definieren Sie den wirtschaftswissenschaftlichen Begriff „Prozess".

6.2 Modellieren kommt von Modell

Die menschliche Fähigkeit, Systeme unstrukturiert und ganzheitlich zu erfassen, ist sehr begrenzt. Daher ist allen Prozessdefinitionen eines gemein – sie stellen die komplexe abgegrenzte Realität (System) abstrahiert und formalisiert in Modellen dar. Modelle sollten eine für den Erkenntnisprozess bedeutsame Reduktion aufweisen, damit der Nutzer das System in der Ganzheitlichkeit wahrnehmen kann. Diese Reduktion erfolgt immer auf der Grundlage der Modellziele (Durchlaufzeiten, Kosten, IT-Systementwicklungen, physikalische Eigenschaften etc.).

Vielen ist das Spiel »Anno 1701« bekannt, auch eine Art von Modell, das je nach Nutzerverhalten unterschiedliche Verläufe annehmen kann.

Produktionskette aus Anno 1701[27]

Das Spiel stellt das abgegrenzte System „Wirtschaft und Gesellschaft der frühen Jahre" dar. Dabei werden Einzelsubjekte zu Komponenten (Mühle, Markthaus etc.) zusammengefasst. Die Realität mit ihren zahlreichen Objekten wird auf wesentliche Merkmale reduziert und somit fassbar gemacht. Logisch zusammenhängende Komponenten und deren Wechselwirkungen (Methoden) werden beschrieben.

Die Merkmale (in der Modelltheorie als Attribute bezeichnet) der einzelnen Systemkomponenten können verschiedene Ausprägungen (Werte) annehmen (z. B. Mühle hat Getreide).

---

*Ein **Prozess** beschreibt eine Klasse von Abläufen, zum Beispiel „Kunde informieren".*

*Eine **Prozessinstanz** beschreibt einen konkreten Ablauf, zum Beispiel „Frau Anna Log informieren".*

Der Programmablaufplan beschreibt die Abarbeitung eines Algorithmus. Damit von einem Algorithmus gesprochen werden kann, müssen sechs Eigenschaften erfüllt sein:

1. Determiniert: Gleiche Eingaben führen zu gleichen Ergebnissen.

2. Determinismus: Jeder nachfolgende Handlungsschritt ist deklariert.

3. Statisch finit: Die Beschreibung (z. B. als Quellcode) ist endlich.

4. Dynamisch finit: Zu jedem Zeitpunkt ist der Speicherplatz beschränkt.

5. Terminiertheit: Ein Algorithmus hält irgendwann gesteuert an.

6. Effektivität: Jede Operation führt zu einem kontrollierten Ergebnis.

---

[22] Neben der Tatsache, dass eine EPK ein gerichteter Graph ist, erfüllt die ausschließliche Verwendung von Funktionen und Ereignissen innerhalb einer EPK die Bedingungen eines bipartiten Graphen. In der Graphentheorie bedeutet, dass die Knoten in zwei disjunkte Teilmengen aufgeteilt werden können (Funktionen und Ereignisse), wobei keine Kanten innerhalb der beiden Teilmengen verlaufen dürfen, also beispielsweise keine Funktion mit einer Funktion verbunden werden darf.

[23] Claus, Schwill, S. 561.

[24] Die DIN V 19233 hat 1998 die häufig beschriebene DIN 66201-1 (Prozessrechensysteme) abgelöst.

[25] Deutsche Kommission Elektrotechnik Elektronik Informationstechnik im DIN und VDE, DE19016777.

[26] Deutsche Kommission Elektrotechnik Elektronik Informationstechnik im DIN und VDE, DE19016777.

[27] www.anno1701.com; 07.05.2007.

10 Harms - ISBN 978-3-8120-1040-5

Das genannte Spiel ist aber mehr als ein starres Modell. Durch das direkte Beeinflussen bedingender Größen nimmt das Ergebnis am Ende des Spiels immer neue Formen an. Dieses Abändern und Durchspielen von Eingabeparametern wird auch als Simulation bezeichnet und stellt einen wichtigen Bereich der Geschäftsprozessoptimierung dar.

> 114. *In dem Spiel kommen u. a. folgende Systemgrößen vor: Förster, Metzger, Jäger. Welche Kausalkette lässt sich daraus herleiten?*
>
> 115. *Erklären Sie kurz die Begriffe System, Modell, Attribut und Wert anhand eines ausgewählten Beispiels (z. B. Straßenverkehr oder Organismus).*
>
> 116. *Finden Sie einige Attribute eines wirtschaftlichen Geschäftsprozesses, die über eine Modellsimulation berechnet werden können.*

Modelle verfolgen ganz unterschiedliche Ziele:

- *Beschreibung von Sachverhalten*

- *Erklären von Zusammenhängen*

- *Prognose von zukünftigen Systemverhalten*

- *Entscheidungen ermöglichen*

- *Simulationen von Daten- und Mengengerüsten.*

6.3 Modellierung der Datensicht

Nachdem Sie nun in der Lage sind, die Organisations- und Steuerungssicht abzubilden, bleibt noch der ergänzende Blick auf die Datensicht.

Um das Konstrukt Datenbank zunächst grundlegend zu beleuchten, bietet sich die Analogie eines Karteikastens an. Dabei ist ein Schrank mit Karteikästen mit einer Datenbank vergleichbar. In diesem Schrank stehen unterschiedliche Karteikästen (Tabellen), die viele Karteikarten (Datensätze/Zeilen) enthalten. Auf diesen Karten sind einzelne Felder mit Informationen dokumentiert (Datenfelder).

> 117. *Welche Vorteile bietet die Verwendung eines Karteikastens?*
>
> 118. *Welche Operationen können mit dem Karteikasten in Bezug auf die Karteikarten durchgeführt werden?*

Dieser Vergleich dient lediglich als erster Einstiegspunkt und muss nun Definitionen der Wirtschaftsinformatik standhalten.

Ein Datenbanksystem (DBS) besteht nicht nur aus einer Datenbank, in welcher der eigentliche Datenbestand gespeichert ist, sondern darüber hinaus aus einem Datenbankmanagement-System (DBMS), welches den Datenbestand verwaltet und kontrolliert.

Abfragen werden in diesem DBMS über Transaktionen (TA) realisiert. Transaktionen sind kleine, unteilbare Abarbeitungsfolgen, die vollständig abgearbeitet werden. Der Transaktionsmanager (TM) regelt die parallele Verarbeitung, ohne dass sich die Transaktionen gegenseitig beeinflussen. Der Transaktionsmanager greift über den Datenmanager (DM) auf die Datenbasis (DB) zu.

Mit DBMS können die Abfragen Suchen, Sortieren, Filtern und die strukturierte Ausgabe realisiert werden. Darüber hinaus muss sichergestellt sein, dass das Hinzufügen, Ändern und Löschen von Informationen möglich ist.

Der Aufbau der Datenbank wird über den Datenkatalog (Data Dictionary – DD) realisiert, welcher den Aufbau der Datenbank beschreibt (Tabellenname, Spaltenüberschriften). Somit sind die Daten von der eigentlichen Datenbeschreibung getrennt.

Das DBMS regelt, wer auf welche Daten zugreifen darf (Rechtesystem). Dieses „View-Konzept" ist ein wesentliches Merkmal eines DBMS. Darüber hinaus ist es eine unabdingbare Forderung u. a. des Bundesdatenschutzgesetzes.

Das DBMS wird über Befehle der Datenbeschreibungssprache (Data Definition Language – DDL) und der Datenbearbeitungssprache (Data Manipulation Language – DML) angesprochen.

Karteikästen in der Dt. Nationalbibliothek

Der größte Anbieter im Bereich der kommerziellen Datenbankmanagementsysteme neben MS SQL und DB2 ist die Firma Oracle aus Kalifornien, die ebenfalls das nichtkommerzielle MySQL anbietet. Diese meist plattformunabhängigen und sehr leistungsfähigen Datenbankmanagementsysteme basieren auf der Datenbanksprache Structured Query Language (SQL).

Bereits seit 1978 bestehen Vorgaben gemäß der Architektur eines Datenbanksystems. Entwickelt wurde es von der Arbeitsgruppe ANSI-SPARC und beinhaltet ein internes, konzeptionelles und ein externes Schema.

Das **interne Schema** (interne Sicht) ist für den Anwender in der Regel nicht sichtbar. Es umfasst die physikalische Datenorganisation bzw. Speicherung von Daten sowie interne Verfahren zur Steigerung der Performanz wie Indizes. Ein Index ist eine abgetrennte Struktur, die eine effiziente Suche in einer begrenzten Anzahl von Spalten ermöglicht.

Das **konzeptionelle Schema** (logische Sicht) zielt auf die effektive und widerspruchsfreie Organisation der Daten durch Aufteilung dieser auf unterschiedliche Tabellen ab (vgl. Kapitel 6.3.3).

Das **externe Schema** (Benutzersicht) ist als ausführende Ebene zu betrachten, die dem Nutzer die zur Arbeit notwendigen Daten aus dem Datenbanksystem bereitstellt und sich ändern, löschen und hinzufügen lässt).

ANSI:
American National
Standards Institute

SPARC:
Standards Planning and
Requirements Committee

119. *Welche Aktionen können Sie mit Datenbankmanagementsystemen auf einer Datenbasis ausführen?*

120. *Welche Vor- und Nachteile bietet die Abgrenzung der unterschiedlichen Sichten?*

121. *In diesem Handbuch geht es vordergründig um die Entwicklung von Datenbanken. Welches Schema ist mit Hinblick darauf von besonderer Bedeutung?*

Beispiel für eine SQL-
Datenbankabfrage:

*SELECT * FROM*
personal WHERE (name
BETWEEN 'A' AND
'D');

Ausgegeben werden alle
Nachnamen aus der
Tabelle Personal, die mit
A, B, C oder D anfangen.

Die verwendeten Daten einer Datenbank können jeweils zwei Grunddatenarten zugeordnet werden.

- **Stammdaten:** Diese Daten werden in der Regel einmal angelegt und haben danach selten einen Aktualisierungsbedarf. Dieses trifft beispielsweise auf die Kontaktdaten eines Kunden zu.
- **Bewegungsdaten:** Diese Daten werden häufig aktualisiert. Sie sind eng mit dem Geschäftsprozess, der als Ergebnis meist eine Bestandsveränderung aufweist, verbunden. Als Beispiel wäre die Summe des bereits getätigten Umsatzes im laufenden Geschäftsjahr zu nennen.

Neben der klassischen Einteilung in Stamm- und Bewegungsdaten lassen sich Daten in Rechen- und Ordnungsdaten einteilen:

Die Einzahl von Daten
wird Datum genannt.

- **Rechendaten:** Rechendaten sind Informationen, die zur Berechnung benötigt bzw. errechnet werden.[28] Exemplarisch hierfür steht der Rechnungsbetrag einer Bestellung (Rechnungsbetrag = Grundpreis zzgl. Umsatzsteuer).
- **Ordnungsdaten:** Diese Informationen ermöglichen die genaue Identifizierung eines Datensatzes (Schlüssel). Dazu zählen beispielsweise die Kundennummer oder eine Rechnungsnummer.

6.3.1 Relationales Datenbankmodell

Datenbankmodelle beschreiben die Struktur der Datenspeicherung, das heißt, in welcher Art und Weise die zu speichernden Daten in Verbindung zueinander stehen und wie Operationen auf den Datenbestand angewendet werden können.

Tupel ist ein Begriff der
Mathematik und
beschreibt eine endliche
Folge von Objekten.

---

[28] Oftmals werden berechnete Daten nicht in die Datenbank geschrieben, da sie relativ leicht zu rekonstruieren sind. Eine Speicherung findet daher meist zu Dokumentationszwecken statt.

In den Anfangszeiten der Informationsverarbeitung wurden Daten entweder sequentiell[29], hierarchisch (in Form von Baumstrukturen[30]) oder in Form eines Netzwerkes[31] gespeichert. Diese Formen sind heute kaum noch zu finden. Das gegenwärtig am häufigsten verwendete Modell zur Modellierung von Datenbeständen ist das relationale Datenmodell, welches Grundlage der folgenden Kapitel ist. Über diese Einteilung hinaus findet der Begriff „verteilte Datenbanken" Verwendung, der weniger ein Datenbankmodell, sondern vielmehr die physikalische Teilung der Datenbank auf verschiedene Standorte bezeichnet.

Das Wort Konsistenz hat einen lateinischen Ursprung (con sistere) und bedeutet zusammen- halten bzw. Geschlossen- heit. In der Datenbank- theorie ist der Begriff gleichbedeutend mit „Widerspruchsfreiheit".

Das relationale Datenmodell wurde in den 70er Jahren vom Mathematiker und Datenbanktheoretiker Edgar Frank Codd entwickelt. Im Mittelpunkt seines weltweit anerkannten Modells steht die Relation (Datentabelle), bei der es sich um zweidimensionale Tabellen handelt. Zweidimensional bedeutet, dass sie aus Tupeln (Zeilen) und Attributen (Spalten[32]) besteht. Beides zusammen wird als Relationenschema bezeichnet. Die Menge aller Relationsschemata wird als Datenbankschema oder Intension einer Datenbank bezeichnet.

Folgende Beispieltabelle, die einen Teil der Artikelliste eines Industriebetriebs wiedergibt, verdeutlicht die zuvor genannten Begrifflichkeiten:

Als Attributwert wird der ausgewiesene Wert eines Attributs (Zelle) bezeichnet, der einen bestimmten Wertebereich einnehmen kann. Die Menge der Attributwerte aller Zellen einer Relation wird als Extension bezeichnet. Diese besteht aus unterschiedlichen Grundtypen, den natürlichen Zahlen und den alphanumerischen Zeichen.

Über diese Datentypen hinaus, stehen den Datenbanken weitere vordefinierte Wertebereiche wie Datum, Zeit oder auch logische Werte (Boole'scher Wert, der lediglich zwei Werte annehmen kann) zur Verfügung.

Zur Entwicklung einer relationalen Datenbank ist es zunächst wichtig, alle notwendigen Attribute einer Relation in Erfahrung zu bringen und diese konsistent abzulegen.

Dazu müssen Merkmale der realen Welt in ein Modell (vgl. 6.2) wie das ereignisgesteuerte Prozesskettendiagramm oder dem Entity Relationship Model und

---

[29] Ein Datensatz kann nur einen Vorgänger oder Nachfolger haben.
[30] Ein Datensatz kann nur einen Vorgänger, aber mehrere Nachfolger haben.
[31] Ein Datensatz kann einen oder mehrere Vorgänger bzw. Nachfolger haben.
[32] Diese Attribute können auch als Eigenschaften bezeichnet werden.

anschließend in ein Datenbankschema überführt werden. Zunächst gilt es, das ERM im folgenden Kapitel genauer zu betrachten.

6.3.2 Entity Relationship Model

Das Entity Relationship Model (ERM, deutsch Entity-Relationship-Diagramm) ist ein reines Beschreibungsmodell, das heißt, dass lediglich das beschrieben wird, was in der Realität vorgefunden wird. Auf Grundlage dieses Wissens entsteht dann im nächsten Schritt die konkretisierte relationale Datenbank auf der konzeptionellen Ebene (vgl. Kapitel 6.3.3).

Symbolvorrat

Das ERM wird durch die Chen-Notation dokumentiert, die von dem Informatiker Peter Chen 1976 entwickelt wurde.

Der Symbolvorrat der Elemente ist relativ begrenzt und beinhaltet die Grundelemente Entitäten, Attribute und Beziehungen der Entitäten zueinander. Verbunden werden diese Elemente über Kanten.

Unter Big Data versteht man die Verarbeitung sehr großer Datenmengen. Um solche Daten in einer vertretbaren Zeit zu verarbeiten, werden zu dem relationalen Datenbankkonzept alternative Methoden und Softwareprodukte eingesetzt. Diese geben teilweise die Datenkonsistenz zugunsten der Performanz auf.

Darstellung	Erklärung/Beispiel
☐	**Entitäten:** Unterschiedliche Objekte der realen Welt werden zu **Entitätstypen** (engl. Entity) zusammengefasst, Beispiele: Artikel, Kunde, Personal, Lager.
◇	**Beziehungen:** Die Beziehung (engl. Relationship) zwischen zwei Entitäten, die mittels Verb dargestellt wird, Beispiele: Kunde kauft Artikel, Personal betreut Kunde.
⬭	**Attribute:** Um die Entitäten detaillierter zu beschreiben, werden die wesentlichen Eigenschaften der Objekte anhand von Attributen (Properties) beschrieben. Beispiel: Ein Außendienstmitarbeiter des Personalstamms wird mit Vor- und Nachnamen beschrieben.
——	**Kanten:** Informatorischer Ausdruck für Verbindungen.

Der nachfolgende Ausschnitt eines ERM zeigt die Grundstruktur dieser Notation. Es wird der Sachverhalt „Artikel gehört zu einer Warengruppe" abstrahiert und formalisiert dargestellt. Für jeden Artikel werden Artikelname und Leistung gespeichert. Ein Artikel ist einer Warengruppe zugeordnet.

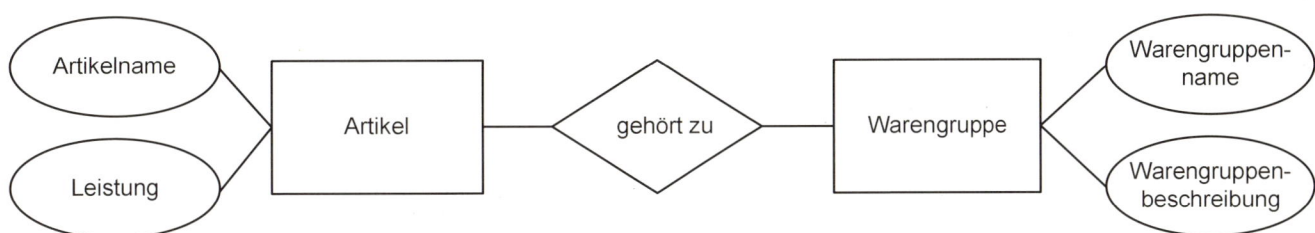

122. *Ergänzen Sie die vorangegangene Abbildung um die allgemeinen Artikeldaten. Diskutieren Sie, welche das sein könnten.*

123. *Ist es sinnvoll, den Entitätstyp „Kunde" mit einem Attribut „Geschlecht" zu erfassen?*

> *124. Nachfolgend sehen Sie ein ERM-Grundgerüst. Stellen Sie folgenden Sachverhalt in der schematischen Zeichnung dar: Die Mitarbeiter eines Industriebetriebs sollen in einer Datenbank erfasst werden. Zunächst sollen nur die beschreibenden Attribute Name, Anschrift und Geburtsdatum erfasst werden. Jeder Mitarbeiter ist einer Abteilung zugeordnet. Die Abteilungen werden mit einem Abteilungsnamen und einer Aufgabenbeschreibung der Abteilung dokumentiert.*

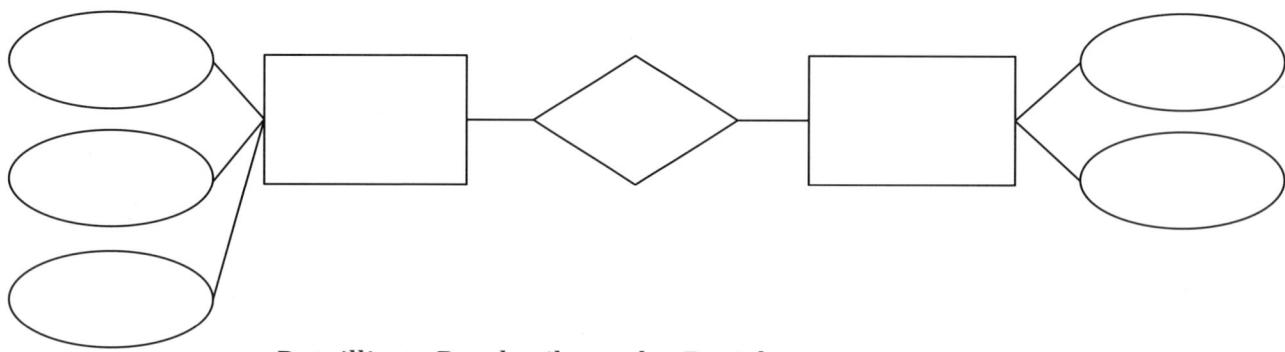

Detaillierte Beschreibung der Beziehungen

Die Art und Weise, mit der zwei Entitäten miteinander in Beziehung stehen können, wird als Kardinalität bezeichnet. Im Wesentlichen werden drei unterschiedliche Beziehungstypen bestimmt.

1:1 Beziehung

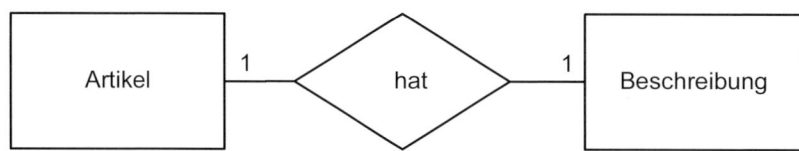

Eine Entität (z. B. Artikel M1543) steht mit genau einer anderen Entität (Beschreibung 0,09 kW Leistung) in Verbindung. Diese Kardinalität tritt äußerst selten auf, da beide Entitäten ohne Nachteil in dieselbe Relation geschrieben werden können. Aus Gründen der Performanzsteigerung kann dieses Konstrukt der Datentrennung verwendet werden.

1:n Beziehung

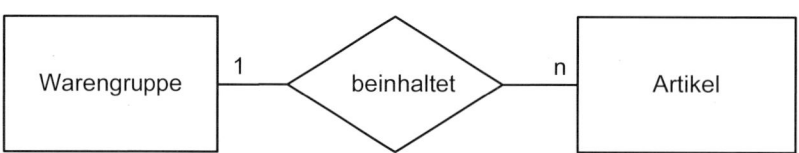

Die 1:n Beziehung deutet an, dass jeder Artikel im Handelssortiment einer Warengruppe zugeordnet ist. In jeder Warengruppe sind in der Regel mehrere Produkte zugeordnet. Umgangssprachlich kann also festgehalten werden, dass es viele Produkte in einer Warengruppe sind, aber jeder Artikel nur in einer Warengruppe sein kann. Demnach kann eine Entität mit einer anderen Entität in einem mehrfachen Verhältnis stehen.

m:n Beziehung

Bei dieser Beziehungsform kann jede Entität mit mehreren anderen Entitäten eines anderen Entitätstyps in mehrfacher Verbindung stehen. So wird beispielsweise jeder produzierte Artikel eines Industriebetriebs zwecks optimierten Warenversands in mehreren Lagerorten vorgehalten. In jedem lagern unterschiedliche Artikel des Unternehmens.

Zusammenfassung der Kardinalitäten am Beispiel:

Kardinalität	1:1	1:n	m:n
Relation 1	Artikel	Artikel	Artikel
Beziehung	M1543 Leistung 0,09 kW Spannung 230 V	M1543 M1677 1789 VMW GmbH	M1677 M1543 ⋈ M1789 Oldenburg Hamburg Frankfurt
Relation 2	Beschreibung	Hersteller	Lagerort

> 125. Bestimmen Sie, um welchen Beziehungstyp es sich bei den nachfolgenden Beispielen handeln könnte:
> - Ein Firmenkunde bucht mehrere Fahrzeuge bei einer Autovermietung.
> - Ein Motor wird in verschiedenen Farben zur Verfügung gestellt.
> - In einer Mitarbeiterverwaltung wird der Name des Lebenspartners festgehalten.
> - In der Mitarbeiterverwaltung werden ebenfalls mögliche Kinder der Beschäftigten dokumentiert.
> - Ein Kunde möchte ein neues Fahrzeug bestellen und gibt dazu die Ausstattungsmerkmale an.

Beziehungskomplexitäten

Sofern eine weitergehende Differenzierung der Ober- und Untergrenzen der möglichen Variation festgelegt werden soll, kann mit Minimal- und Maximalwerten gearbeitet werden. Diese werden durch Klammerung festgelegt (Minimum, Maximum).

Das folgende Beispiel soll das Vorgehen verdeutlichen. In einer Warengruppe ist mindestens ein Artikel.

Eine ähnliche Systematik stellt die Darstellung der modifizierten Chen-Notation dar. Diese sieht eine Differenzierung in der folgenden Art vor:

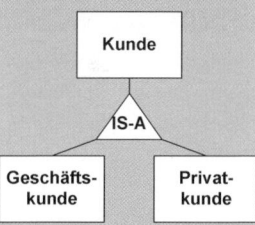

Eine besonderes Darstellungselement von Entitätstypen ist die Generalisierung und Spezialisierung. Dabei werden Entitätstypen zu einem Oberbegriff zusammengeführt bzw. ein Oberbegriff in Teilbegriffe zerlegt. So könnte der Entitätstyp Kunde als Obermenge über eine IS-A Beziehung die Teilmengen Unternehmer- und Verbraucher subsumieren.

Attribute des Oberbegriffs werden auf die Teilbegriffe vererbt.

Berücksichtigen Sie schon bei der Erstellung des ERM, dass in vielen Systemen nicht alle Zeichen verwendet werden können. Vermeiden Sie deshalb Sonderzeichen, Ligaturen (z. B. „ß") und Umlaute. Verwenden Sie darüber hinaus „selbst sprechende" Attribute wie „Vorname" statt „VN".

- **1:** eine Entität
- **c:** keine oder eine Entität
- **m:** eine oder mehrere Entitäten
- **mc:** keine, eine oder mehrere Entitäten

Eine alternative Schreibweise stellt die Krähenfußnotation von Martin, Bachmann und Odell dar. In dieser Notation gibt es grundlegend lediglich

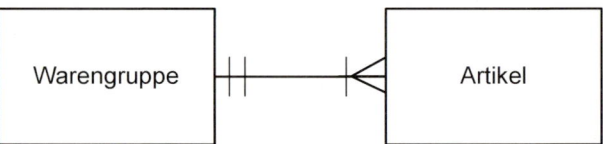

Entitätstypen und Kanten. Jedes Kantenende besteht aus 2 Kardinalitäten (min, max). Es können die Werte O (null), | (eins), und ≺ (viele) angenommen werden.

---

126. Vervollständigen Sie das nachfolgende ERM und fügen Sie die Kardinalitäten hinzu. In der Datenbank sollen die Betreuung von mehreren Kunden durch jeweils einen Außendienstmitarbeiter dokumentiert werden. Der Entitätstyp Außendienstmitarbeiter steht in direkter Verbindung zum Entitätstyp Personal, wobei dort der Name, das Geburtsdatum sowie die Adresse des Mitarbeiters festgehalten werden. Jeder Außendienstmitarbeiter betreut ein ganzes Vertriebsgebiet. Es kann vorkommen, dass ein Gebiet auch von mehreren Außendienstmitarbeitern betreut wird. Bei dem Gebiet, in dem jeweils mehrere Kunden ihre Firmenadresse haben, wird lediglich der Name dokumentiert (z. B. Weser-Ems, Berlin oder Ruhrgebiet). Jeder Kunde, zu dem erst einmal nur der Name und die Adresse festgehalten wird, ist einem Gebiet zugeordnet. Jeder Betrieb wird exklusiv von einem Außendienstmitarbeiter betreut.

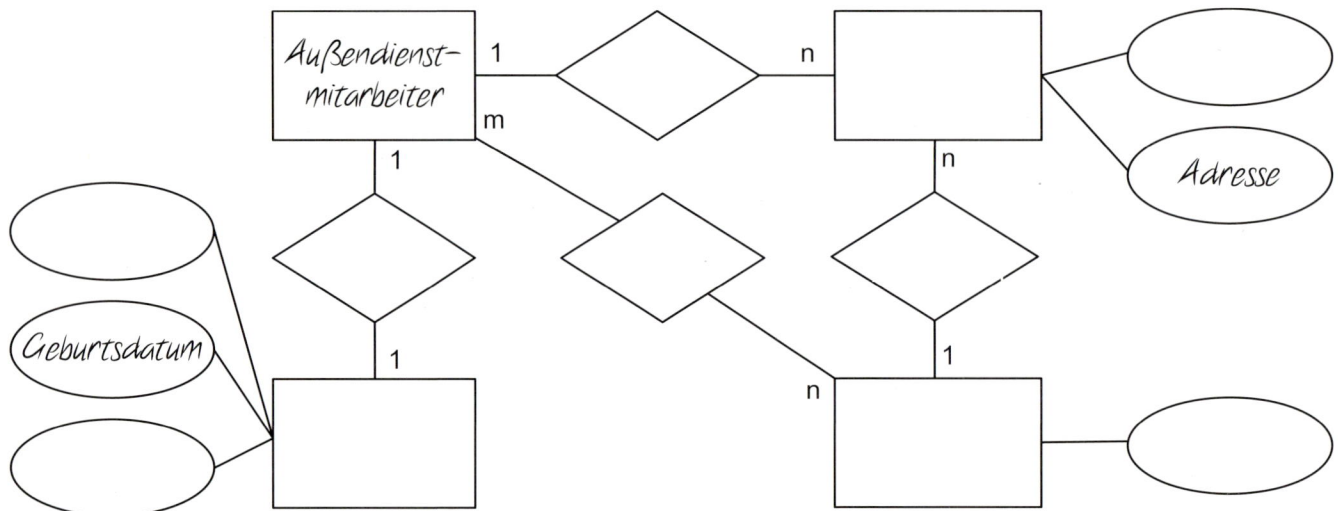

Eindeutige Identifizierung von Tupeln

Das Wort Referenz hat einen lateinischen Ursprung (referre) und bedeutet auf etwas zurückzuführen bzw. sich auf etwas zu beziehen.

Damit die jeweiligen Tupel der Relation eindeutig zu identifizieren (referentielle Integrität) bzw. zu benennen sind, kommen sogenannte Schlüsselattribute (Keys) bzw. zusammengesetzte Schlüsselattribute[33] (Concatenated Keys) zum Einsatz. Diese Primärschlüssel sind eindeutig und kommen in der gesamten Relation nur einmal vor.

Zur Identifikation der Tupel können natürliche oder künstliche Schlüssel verwendet werden. Natürliche Schlüssel zeichnen sich durch eine selbstbeschreibende Weise aus. Problematisch ist dieser Schlüsseltyp, da leicht ein weiterer Schlüssel gleicher Beschreibung verwendet werden kann. Eindeutiger, da eigens generiert, sind künstliche Schlüssel (Surrogate) wie KFZ-Kennzeichen oder Personalnummer.

---

[33] Zusammengesetzte Schlüssel werden beispielsweise aus zwei Nichtschlüsselattributen hergeleitet.

127. *Warum bieten sich natürliche Attribute in der Regel nicht als eindeutige Schlüssel an?*

128. *Finden Sie weitere Beispiele für künstliche Schlüssel, die in der Realität Verwendung finden.*

Das Wort Integrität stammt aus dem Lateinischen (integritas) und bedeutet vollständig bzw. unversehrt.

Zur Darstellung des Primärschlüssels in einem ERM wird die folgende Notation verwendet:

Darstellung	Erklärung/Beispiel
PS	**Primärschlüssel:** Damit eine Person in einer Relation „Personal" eindeutig aus der Menge der Tupel identifiziert werden kann, wird ein eindeutiger Schlüssel, in unserem Beispiel eine Personalnummer, verwendet. Dieser Primärschlüssel stellt in der Relation ein weiteres Attribut dar und wird unterstrichen.

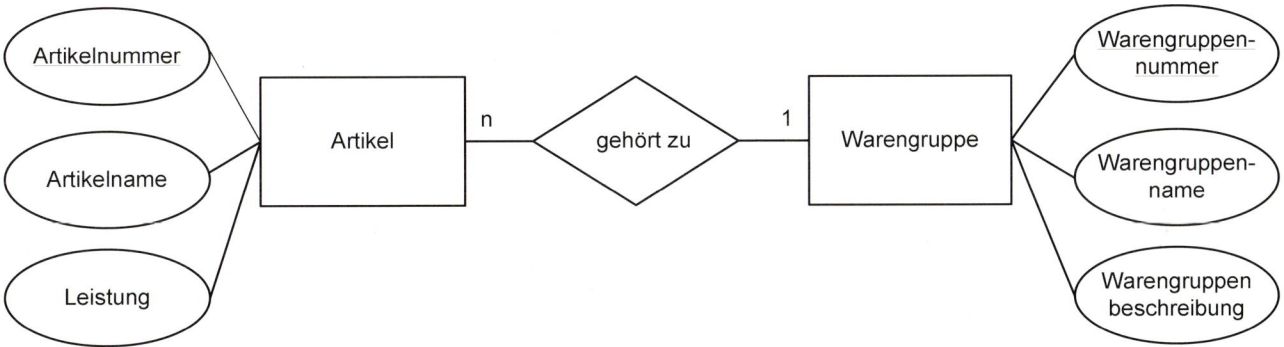

ERM-Ausschnitt „Artikel - Warengruppenzurodnung"

129. *Erweitern Sie das ERM der Frage 126 um selbstbeschreibende Primärschlüssel.*

6.3.3 Vom ERM zur Datenbank

Nachdem das Grundgerüst durch Abbildung und Abstrahierung der Realität entstanden ist, gilt es, das ERM in eine Datenbank zu überführen. Diese Umsetzung erfolgt in mehreren Schritten:

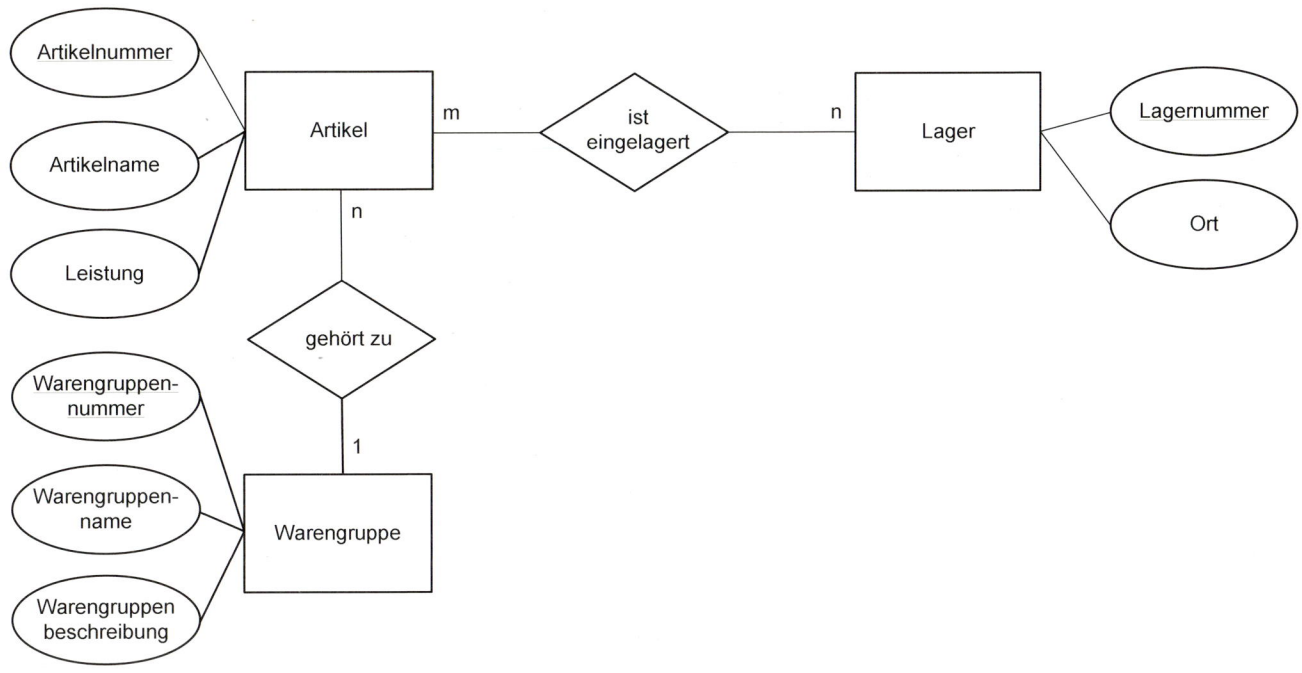

11 Harms - ISBN 978-3-8120-1040-5

1. Entitätstypen in Relationen überführen

2. 1:n Beziehungen überführen

3. m:n Beziehungen überführen

4. mehrwertige Attribute überführen

5. abgeleitete Attribute identifizieren

Als Beispiel dient das bereits entwickelte ERM, das die Beziehungen zwischen Artikel und Lager und Warengruppe darstellt.

Artikel

Artikel-nummer	Name	Leis-tung
M1543	Evo 2	0,09 kW
M1677	Evo 3	0,18 kW
M1789	Gigant	0,27 kW
V1123	Vulkan	0,37 kW
V1111	Herkules	0,56 kW

Beispielrelation „Artikel"

Entitätstypen in Relationen überführen

Als grundlegender Schritt werden sämtliche identifizierten Entitätstypen in eine Relation überführt, die alle ausgewiesenen Attribute umfasst. Als Attribut, das ein Tupel eindeutig identifiziert, wird der Primärschlüssel eines Entitätstyps übernommen.

Die erarbeiteten Ergebnisse in Form eines Datenbankschemas können in folgender Kurzschreibweise dargestellt werden:

Tabellenname (<u>Primärschlüssel</u>, Attribute)

Der ERM-Ausschnitt aus der obigen Abbildung würde dann in der folgenden Schreibweise dargestellt werden:

Artikel   (<u>Artikelnummer</u>, Artikelname, Leistung)

Warengruppe   (<u>Warengruppennummer</u>, Warengruppenname, Warengruppenbeschreibung)

Lager   (<u>Lagernummer</u>, Ort)

Mögliche 1:1 Beziehungen werden als weiteres Attribut in die Relation des stärkeren Entitätstyps übernommen.

1:n Beziehungen überführen

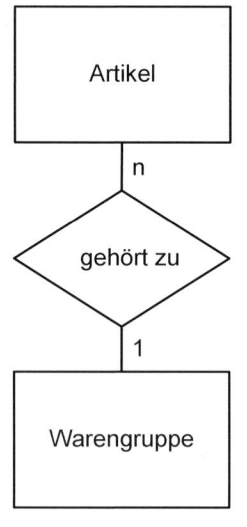

1:n Beziehung

Um zu verdeutlichen, auf welche Tupel einer referenzierten Relation bei 1:n Beziehungen verwiesen wird, erhält die n-Relation einen sogenannten **Fremdschlüssel**.[34] Dieser verweist auf das Primärschlüsselfeld der 1-Tabelle.

Sämtliche 1:n Beziehungen werden auf der n-Seite um den Fremdschlüssel ergänzt.

Artikel   (<u>Artikelnummer</u>, Artikelname, Leistung, <u>Warengruppennummer</u>)

Warengruppe   (<u>Warengruppennummer</u>, Warengruppenname, Warengruppenbeschreibung)

Artikel

Artikel-nummer	Name	Leis-tung
M1543	Evo 2	0,09 kW
M1677	Evo 3	0,18 kW
M1789	Gigant	0,27 kW
V1123	Vulkan	0,37 kW
V1111	Herkules	0,56 kW

Warengruppe

Warengruppe n-nummer	Warengruppen-name	Warengruppen-beschreibung
W01	Mikromotoren	Diese Kleinsst ...
W02	Kleinmotoren	Diese Kleinmo...
W03	Kraftmotoren	Diese Kraftmot...
W04	Industriemotoren	Diese Industrie...

Beispielrelation „Artikel - Warengruppe"

Dieses Beispiel verdeutlicht die Begrifflichkeiten **Mastertabelle** (Relation Warengruppe) und **Detailtabelle** (Relation Artikel).

---

[34]   Damit Sie den Überblick über Ihre gebildeten Fremdschlüssel behalten, besteht die Möglichkeit, diese im Datenbankschema ggf. durch eine gestrichelte Linie zu kennzeichnen.

m:n Beziehungen überführen (auflösen)

m:n Beziehungen können in Datenbanken nicht direkt umgesetzt werden. Der Grund ist, wie auf S. 78 beschrieben, in der eindeutigen Zuordnung von Tupeln unterschiedlicher Entitätstypen zu sehen.

So ergibt sich aus der folgenden Beispielzeichnung das Darstellungsproblem, dass in einem Lager mehrere Artikel lagern, jeder Artikel aber auch in mehreren Lagern geführt wird.

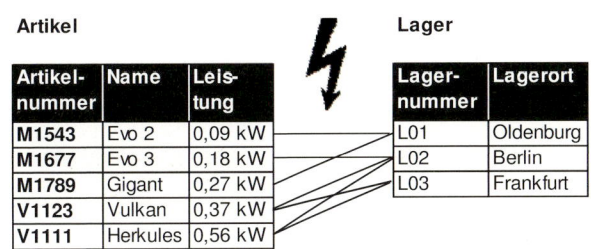

Artikel

Artikel-nummer	Name	Leis-tung
M1543	Evo 2	0,09 kW
M1677	Evo 3	0,18 kW
M1789	Gigant	0,27 kW
V1123	Vulkan	0,37 kW
V1111	Herkules	0,56 kW

Lager

Lager-nummer	Lagerort
L01	Oldenburg
L02	Berlin
L03	Frankfurt

Beispielrelation „Artikel – Lager"

Daher muss der Datenbankmodellierer das Modell um eine Beziehungstabelle (auch Pseudo- oder Zwischentabelle genannt) erweitern, die zwei Tupel eindeutig miteinander verbindet.

Die m:n Beziehung zwischen den beiden Entitätstypen wird dabei in zwei 1:n Beziehungen umgewandelt. Es entsteht ein zusammengesetzter Primärschlüssel.

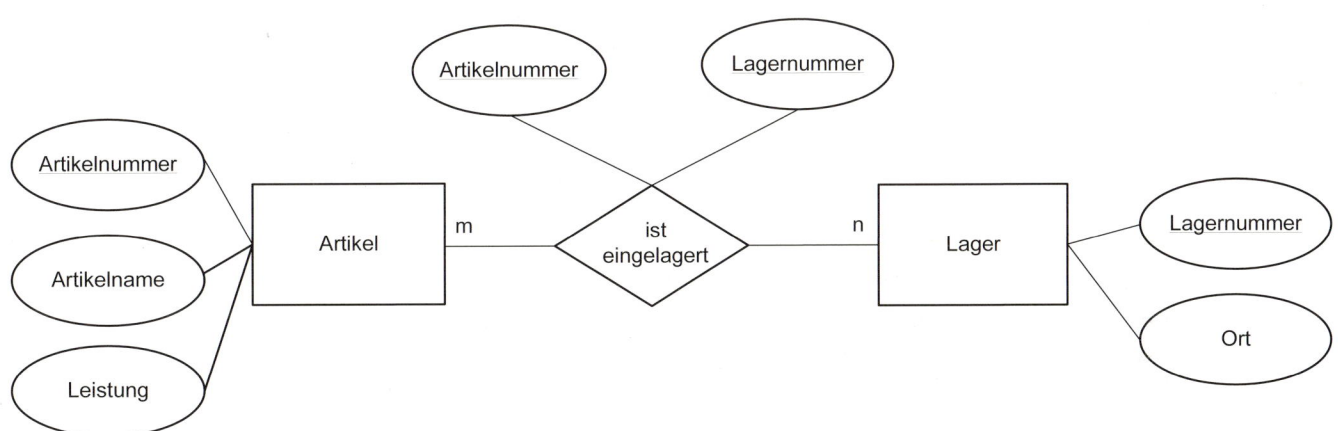

Man spricht in diesem Fall auch von einer Uminterpretation. Die neu entstandene Relation kann um weitere Attribute ergänzt werden.

Artikel

Artikel-nummer	Name	Leis-tung
M1543	Evo 2	0,09 kW
M1677	Evo 3	0,18 kW
M1789	Gigant	0,27 kW
V1123	Vulkan	0,37 kW
V1111	Herkules	0,56 kW

Gelagert

Artikel-nummer	Lager-nummer
M1543	L01
M1677	L02
M1789	L01
V1123	L02
V1123	L03
V1111	L02
V1111	L03

Lager

Lager-nummer	Lagerort
L01	Oldenburg
L02	Berlin
L03	Frankfurt

Die neu entstandene Tabellenstruktur sieht wie folgt aus:

Artikel (Artikelnummer, Artikelname, Leistung, Warengruppennummer)

Warengruppe (Warengruppennummer, Warengruppenname, Warengruppenbeschreibung)

Lager (Lagernummer, Ort)

Artikel_Lager   (<u>Artikelnummer</u>, <u>Lagernummer</u>) *alternativ*
Artikel_Lager   (<u>Lagerortnummer</u>, <u>Artikelnummer</u>, <u>Lagernummer</u>)

---

130. *Zur besseren Planung und zur Kontrolle sollen zukünftig die vorrätigen Mengen der Artikel (Lagerbestand) dokumentiert werden. Zu welcher Relation würde dieses Attribut sinnvollerweise zugeordnet werden?*

Mehrwertige Attribute überführen

Der genaue Blick auf die Attribute zeigt vereinzelt Attributwerte, die aufgrund ihrer Wiederverwendung besser als separate 1:n Beziehung abgebildet werden sollten.

Angenommen der Entitätstyp Personal enthielte ein Attribut Ausbildung. Dieses Attribut dokumentiert, welche Ausbildungen notwendig sind, um eine Stelle zu besetzen. Durch die Vielzahl der Ausbildungen, die unter Umständen Voraussetzung für mehrere Stellen sind, sollten diese in eine eigene 1:n oder m:n Beziehung umgesetzt werden.

mehrwertiges Attribut

Abgeleitete Attribute identifizieren

Grundsätzlich gilt, dass errechnete Werte (z. B. Alter, Rechnungsbetrag oder Produktionszahlen) oder hergeleitete Werte (z. B. Anrede) nicht in einem speziell dafür vorgesehenen Attribut gespeichert werden. Aus Gründen der Performanz bzw. zur Dokumentation von Werten werden allerdings in der Praxis solche zusätzlichen, abgeleiteten Attribute in die Datenbanküberlegung mit aufgenommen.

Beispielsweise kauft ein Unternehmen Güter beim Industriebetrieb und bekommt aufgrund langjähriger Geschäftsbeziehungen einen Preisnachlass von 5 %. Obwohl der Betrag jederzeit rechnerisch wieder herstellbar wäre, sollte der Rabattsatz, der Rabattbetrag und der Rechnungspreis gespeichert werden. Das liegt darin begründet, dass eine Veränderung der Rabattbeträge ansonsten eine spätere Rekonstruktion erschweren würde.

---

131. *Finden Sie weitere Praxisbeispiele für abgeleitete Attribute.*

6.3.4   Strukturierte Datenbanken

Durch das Erfassen der Umwelt in Form eines ERM ist der erste Schritt für eine konsistente und in Teilen auch performante Datenbank getan. Dennoch können sich bei der Überführung des Entwurfs vom konzeptionellen zum logischen Schema zahlreiche Probleme ergeben.

Reale Welt   Konzeptionelles Schema   Logisches Schema

 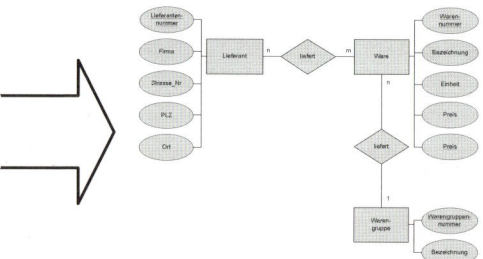 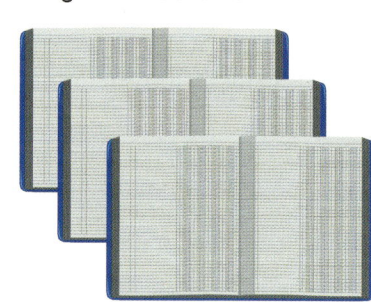

Diese Probleme können durch eine Normalisierung der relationalen Datenbank vermieden werden. Dabei werden mehrere Ziele verfolgt. Zum einen soll die Datenbank leicht an zukünftige Gegebenheiten angepasst werden können. Zum anderen ist es das Bestreben, möglichst gleichartige Informationen zwecks Mehrfachnutzung zu separieren (Redundanzen vermeiden). Letztendlich sollen Regelwidrigkeiten (Anomalien) vermieden werden.

Anomalien

Probleme bei unnormalisierten Datenbanken können beim Ändern, Löschen und Einfügen von Daten in eine Datenbank entstehen. Zur besseren Nachvollziehbarkeit der entstehenden Probleme und der daraus resultierenden Normalformen dient exemplarisch das folgende Szenario:

Zur Betreuung von Kunden steht den Kundenbetreuern ein Fahrzeugpool zur Verfügung, aus denen sich die Mitarbeiter bedienen können. Zur Dokumentation der bereitgestellten Fahrzeuge wurde bisher eine Tabelle der Tabellenkalkulation genutzt. Diese soll in ein normalisiertes Datenbankschema überführt werden.

PNr	Name	Adresse	Zeitraum	Kennz.	Herstnr	Hersteller	Modnr	Modell	Türen
1	Willi Wuchtig	Hurtigstr.9, 27777 Ganderkesee	3.4. - 4.4.	A-RIS3	1	VW	1	Polo	2
2	Sabine Sandmann	Wahllosweg 3, 20354 Hamburg	12.7. - 18.7.	A-RIS99	2	Ford	2	Fiesta	2
3	Klara Fall	Am Bahnübergang 8, 54538 Bengel	6.12. - 7.12.	A-RIS78	3	Mercedes	3	SL	2
4	Willi Wuchtig	Waldweg 296, 04720 Döbeln	2.2. - 4.2.	A-RIS32	1	VW	4	Passat	4
5	Frank Frisch	Schleiweg 2, 64720 Michelstadt	15.9. - 18.9.	A-RIS7	1	VW	4	Passat	4
1	Willi Wuchtig	Hurtigstr.9, 27777 Ganderkesee	25.5. - 26.5.	A-RIS59	4	BMW	5	720	4
6	Johannes Kraut	Apothekenstr. 67, 27777 Falkenburg	3.4. - 4.4.	A-RIS32	1	VW	4	Passat	4
7	Marta Maurer	Edison Weg 7, 10829 Berlin	8.8. - 10.8.	A-RIS15	1	VW	1	Polo	4

Einfügeanomalie: Das Einfügen eines Attributs ist mit dem Einfügen weiterer Attribute gekoppelt. Ein neues Fahrzeugmodell kann nur dann aufgenommen werden, wenn ein konkreter Nutzungsfall erfasst wird.

PNr	Name	Adresse	Zeitraum	Kennz.	Herstnr	Hersteller	Modnr	Modell	Türen
1	Willi Wuchtig	Hurtigstr.9, 27777 Ganderkesee	3.4 - 4.4.	A-RIS3	1	VW	1	Polo	2
2	Sabine Sandmann	Wahllosweg 3, 20354 Hamburg	12.7 - 18.7.	A-RIS99	2	Ford	2	Fiesta	2
					5	Audi	7	A4	4
3	Klara Fall	Am Bahnübergang 8, 54538 Bengel	6.12. - 7.12.	A-RIS78	3	Mercedes	3	SL	2
4	Willi Wuchtig	Waldweg 296, 04720 Döbeln	2.2. - 4.2.	A-RIS32	1	VW	4	Passat	4

Löschanomalie: Das Löschen eines Attributs löscht weitere abhängige Attribute. Wird aus der Tabelle der Nutzungsvorgang von Klara Fall gelöscht, geht die wertvolle Information, dass im Fahrzeugbestand ein Mercedes SL vorhanden ist, ebenfalls verloren.

PNr	Name	Adresse	von	Kennz.	Herstnr	Hersteller	Modnr	Modell	Türen
1	Willi Wuchtig	Hurtigstr.9, 27777 Ganderkesee	3.4. - 4.4.	A-RIS3	1	VW	1	Polo	2
2	Sabine Sandmann	Wahllosweg 3, 20354 Hamburg	12.7. - 18.7.	A-RIS99	2	Ford	2	Fiesta	2
3	Klara Fall	Am Bahnübergang 8, 54538 Bengel	6.12. - 7.12.	A-RIS78	3	Mercedes	3	SL	2
4	Willi Wuchtig	Waldweg 296, 04720 Döbeln	2.2. - 4.2.	A-RIS32	1	VW	4	Passat	4

Änderungsanomalie: Eine Information, die in mehreren Attributwerten der Tabelle vorkommt, muss an allen Stellen geändert werden. Sollen in der o. g. Tabelle zum Beispiel alle VW in Volkswagen umbenannt werden, muss dieser Wert fünf Mal geändert werden. Wird dabei nachlässig gearbeitet und ein Tupel vergessen, entsteht eine inkonsistente Datenbank, die weitreichende Probleme verursachen kann.

PNr	Name	Adresse	von	Kennz.	Herstnr	Hersteller	Modnr	Modell	Türen
1	Willi Wuchtig	Hurtigstr.9, 27777 Ganderkesee	3.4. - 4.4.	A-RIS3	1	VW	1	Polo	2
2	Sabine Sandmann	Wahllosweg 3, 20354 Hamburg	12.7. - 18.7.	A-RIS99	2	Ford	2	Fiesta	2
3	Klara Fall	Am Bahnübergang 8, 54538 Bengel	6.12. - 7.12.	A-RIS78	3	Mercedes	3	SL	2
4	Willi Wuchtig	Waldweg 296, 04720 Döbeln	2.2. - 4.2.	A-RIS32	1	VW	4	Passat	4
5	Frank Frisch	Schleiweg 2, 64720 Michelstadt	15.9. - 18.9.	A-RIS7	1	VW	4	Passat	4
1	Willi Wuchtig	Hurtigstr.9, 27777 Ganderkesee	25.5. - 26.5.	A-RIS59	4	BMW	5	720	4
6	Johannes Kraut	Apothekenstr. 67, 27777 Falkenburg	3.4. - 4.4.	A-RIS32	1	VW	4	Passat	4
7	Marta Maurer	Edison Weg 7, 10829 Berlin	8.8. - 10.8.	A-RIS15	1	VW	1	Polo	4

Datenredundanz: Als Redundanz wird das doppelte Vorhandensein von Informationen verstanden. Schon auf den ersten Blick zeigt sich in der Tabelle, dass u. a. Namen und Adressen mehrfach vorkommen.

PNr	Name	Adresse	von	Kennz.	Herstnr	Hersteller	Modnr	Modell	Türen
1	Willi Wuchtig	Hurtigstr.9, 27777 Ganderkesee	3.4. - 4.4.	A-RIS3	1	VW	1	Polo	2
2	Sabine Sandmann	Wahllosweg 3, 20354 Hamburg	12.7. - 18.7.	A-RIS99	2	Ford	2	Fiesta	2
3	Klara Fall	Am Bahnübergang 8, 54538 Bengel	6.12. - 7.12.	A-RIS78	3	Mercedes	3	SL	2
4	Willi Wuchtig	Waldweg 296, 04720 Döbeln	2.2. - 4.2.	A-RIS32	1	VW	4	Passat	4
5	Frank Frisch	Schleiweg 2, 64720 Michelstadt	15.9. - 18.9.	A-RIS7	1	VW	4	Passat	4
1	Willi Wuchtig	Hurtigstr.9, 27777 Ganderkesee	25.5. - 26.5.	A-RIS59	4	BMW	5	720	4

Zusammenfassend kann also festgehalten werden, dass eine normalisierte Datenbank gewährleistet werden kann und dass ein Verändern von Informationen keine Auswirkung auf Daten hat, die an anderer Stelle noch benötigt werden (Datenintegrität/ Datenkonsistenz).

Vermieden werden können Anomalien und Redundanzen meist, indem solche Attribute in einer eigenen Relation ausgelagert werden. Welche Attribute das sind und wie Inkonsistenzen vermieden werden können, wird durch den Normalisierungsprozess herausgefunden.

Das Wort Redundanz hat einen lateinischen Ursprung (redundare) und bedeutet „im Überfluss vorhanden".

> **132.** *Begründen Sie, warum durch das Auslagern von Attributen sowohl Anomalien als auch Redundanzen verhindert werden können.*

6.3.5 Normalisierung

Die Normalisierung läuft in drei Stufen[35] ab, wobei die nächsthöhere erst umgesetzt werden kann, wenn der Datenbestand die vorherige Bedingung vollständig erfüllt.

Erste Normalform (1. NF)

Die erste Normalform besagt, dass alle Attribute atomar sein müssen, d. h., dass es keine zusammengesetzten Informationen geben darf. Demzufolge sind bei der Beispieltabelle die Attribute Name, Adresse und Zeitraum zu atomarisieren.[36]

PNr	Name	Vorname	Straße	PLZ	Ort	von	bis	Kennz.	Herstnr	Hersteller	Modnr	Modell	Türen
1	Wuchtig	Willi	Hurtigstr.9	27777	Ganderkesee	3.4.	4.4.	A-RIS3	1	VW	1	Polo	2
2	Sandmann	Sabine	Wahllosweg 3	20354	Hamburg	12.7.	18.7.	A-RIS99	2	Ford	2	Fiesta	2
3	Fall	Klara	Am Bahnübergang 8	54538	Bengel	6.12.	7.12.	A-RIS78	3	Mercedes	3	SL	2
4	Wuchtig	Willi	Waldweg 296	04720	Döbeln	2.2.	4.2.	A-RIS32	1	VW	4	Passat	4
5	Frisch	Frank	Schleiweg 2	64720	Michelstadt	15.9.	18.9.	A-RIS7	1	VW	4	Passat	4
1	Wuchtig	Willi	Hurtigstr.9	27777	Ganderkesee	25.5.	26.5.	A-RIS59	4	BMW	5	720	4
6	Kraut	Johannes	Apothekenstr. 67	27777	Falkenburg	3.4.	4.4.	A-RIS32	1	VW	4	Passat	4
7	Maurer	Marta	Edison Weg 7	10829	Berlin	8.8.	10.8.	A-RIS15	1	VW	1	Polo	4

Zweite Normalform (2. NF)

Das Wort atomar hat einen griechischen Ursprung (atomos) und bedeutet „unteilbar". Bei Attributen einer Datenbank bedeutet das, dass sie nicht weiter teilbar sind.

Die zweite Normalform verlangt, dass jedes Nichtschlüsselfeld („normales" Attribut ohne Schlüsselfunktion) vollständig vom gesamten und nicht von Teilmengen der Primärschlüsselattribute abhängig ist. Das bedeutet, dass die Relation einen Primärschlüssel besitzt, der jedes Nicht-Schlüssel-Attribut eindeutig identifiziert. Werte, die nicht zwangsläufig mit dem Primärschlüssel funktional in Verbindung gebracht werden, werden über eine eigene Relation referenziert. Für die Tabelle aus der ersten Normalform heißt das, dass die Attribute Kennzeichen, Herstellernummer, Hersteller, Modellnummer, Modell und Türen nicht vom gesamten Primärschlüssel, sondern vom Kennzeichen abhängig sind, und dadurch in einer separaten Relation erfasst werden müssen. Ergebnis ist die Relation Fahrzeug. Die weiteren Tabellen ergeben sich analog zum beschriebenen Vorgehen.

---

[35] In der Literatur finden sich weitere Normalformen. Auf eine genauere Betrachtung wird an dieser Stelle verzichtet, da die dritte Normalform zur redundanzfreien Datenhaltung ausreichend ist.

[36] Werden in einem Tupel mehrere Daten gleichen Typs abgelegt, wird im Allgemeinen von Wiederholungsgruppen gesprochen. Diese sind in jeweils eigenständige Tupel zu überführen. Folgendes Beispiel verdeutlicht den Sachverhalt. Angenommen Herr Wuchtig bucht vom 3.4. bis 4.4. nicht nur A-RIS3 sondern ebenfalls das Fahrzeug DE-LL9. Zur Darstellung in der ersten Normalform müssen dazu zwei separate Tupel verwendet werden.

Personal

PNr	Name	Vorname	Straße	PLZ	Ort
1	Wuchtig	Willi	Hurtigstr.9	27777	Ganderkesee
2	Sandmann	Sabine	Wahllosweg 3	20354	Hamburg
3	Fall	Klara	Am Bahnübergang 8	54538	Bengel
4	Wuchtig	Willi	Waldweg 296	04720	Döbeln
5	Frisch	Frank	Schleiweg 2	64720	Michelstadt
6	Kraut	Johannes	Apothekenstr. 67	27777	Falkenburg
7	Maurer	Marta	Edison Weg 7	10829	Berlin

Nutzung

PNr	Kennz.	von	bis
1	A-RIS3	3.4.	4.4.
2	A-RIS99	12.7.	18.7.
3	A-RIS78	6.12.	7.12.
4	A-RIS32	2.2.	4.2.
5	A-RIS7	15.9.	18.9.
1	A-RIS59	25.5.	26.5.
6	A-RIS32	3.4.	4.4.
7	A-RIS15	8.8.	10.8.

Fahrzeug

Kennz.	Herstnr	Hersteller	Modnr	Modell	Türen
A-RIS3	1	VW	1	Polo	2
A-RIS99	2	Ford	2	Fiesta	2
A-RIS78	3	Mercedes	3	SL	2
A-RIS32	1	VW	4	Passat	4
A-RIS7	1	VW	4	Passat	4
A-RIS59	4	BMW	5	720	4
A-RIS15	1	VW	1	Polo	4

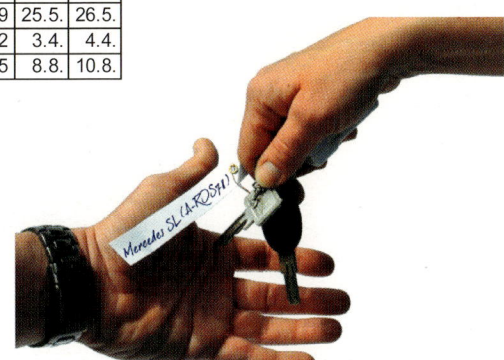

Dritte Normalform (3. NF)

Die dritte Normalform verkleinert die Anzahl der Attribute in einer Relation durch die Forderung, dass kein Nichtschlüsselattribut indirekt (transitiv) von einem Schlüsselfeld abhängig ist. Das heißt, dass „normale" Attribute immer direkt von einem Schlüssel abhängig sein müssen und nicht über ein anderes „normales" Attribut identifiziert werden.

In unserem Beispiel würde nach der zweiten Normalform die Herstellermarke über das Fahrzeugmodell identifiziert werden. Es bestünde demnach eine transitive Abhängigkeit zwischen dem Hersteller und dem Modell, welche es zu verhindern gilt.

(i)

Das Wort transitiv hat einen lateinischen Ursprung (transitos) und bedeutet „Übergang".

Personal

PNr	Name	Vorname	Straße	PLZ	Ort
1	Wuchtig	Willi	Hurtigstr.9	27777	Ganderkesee
2	Sandmann	Sabine	Wahllosweg 3	20354	Hamburg
3	Fall	Klara	Am Bahnübergang 8	54538	Bengel
4	Wuchtig	Willi	Waldweg 296	04720	Döbeln
5	Frisch	Frank	Schleiweg 2	64720	Michelstadt
6	Kraut	Johannes	Apothekenstr. 67	27777	Falkenburg
7	Maurer	Marta	Edison Weg 7	10829	Berlin

Nutzung

PNr	Kennz.	von	bis
1	A-RIS3	3.4.	4.4.
2	A-RIS99	12.7.	18.7.
3	A-RIS78	6.12.	7.12.
4	A-RIS32	2.2.	4.2.
5	A-RIS7	15.9.	18.9.
1	A-RIS59	25.5.	26.5.
6	A-RIS32	3.4.	4.4.
7	A-RIS15	8.8.	10.8.

Fahrzeug

Kennz.	Modnr	Türen
A-RIS3	1	2
A-RIS99	2	2
A-RIS78	3	2
A-RIS32	4	4
A-RIS7	4	4
A-RIS59	5	4
A-RIS15	1	4

Modell

Modnr	Modell	Herstnr
1	Polo	1
2	Fiesta	2
3	SL	3
4	Passat	1
5	720	4

Hersteller

Herstnr	Hersteller
1	VW
2	Ford
3	Mercedes
4	BMW

133. *Die Beschaffung von Roh-, Hilfs- und Betriebsstoffen wird bereits vollständig über das ERP-System der VMW GmbH abgewickelt. Die Beschaffung von Handelswaren wurde bisher über eine Tabelle im PC verwaltet. Überführen Sie die Tabelle in die 3. Normalform.*

Hersteller, Ort	Artikelbezeichnung	Farbe	Lieferdauer	Bestellung vom	Bestellt von	Bestellweg
Global Metall AG, Saarbrücken	Halterung für Mikromotoren	50 x silber	2 Tage	17. Mai	Manfred Harms	Fax
Fix - Halterungen OHG, Heidelberg	Fixierungen für Mikromotoren	30 x silber, 20 x grau	7 Tage	17. Mai	Gerda Lüken	Fax
Fix - Halterungen OHG, Heidelberg	Fixierungen für Mikromotoren	10 x silber	7 Tage	18. Mai	Gerda Lüken	E-Mail
Elektroteile Meyer e.K, München	Kraftstromstecker	150 x rot	3 Tage	10. Mai	Manfred Harms	E-Mail
Willers OHG, Heidelberg	Puffer für Kraftmotoren	500 x schwarz	7 Tage	15. Mai	Manfred Harms	Fax
Fix - Halterungen OHG, Heidelberg	Micromotoren Stromstecker 9 V	50 x grau	7 Tage	17. Mai	Gerda Lüken	Fax

134. *Übertragen Sie die ERM-Fragmente zur Beschreibung der Artikel, der Artikelgruppen und der Lager als Datenmodell in ARIS.*

135. *Kerngeschäft der VMW GmbH ist der Verkauf von Motoren an Kunden. Integrieren Sie den Kaufvorgang in das ERM. Es wird davon ausgegangen, dass ein Kunde häufiger bestellt und mit jeder Bestellung auch mehrere unterschiedliche Artikel bestellt werden können. Überlegen Sie sich, welche Kundendaten in der Datenbank gespeichert werden müssen.*

136. *Größere Kundenaufträge der VMW GmbH werden mit einer Spedition an die Kunden versendet. Bestellte Ware wird dazu zu Versandstücken verpackt. Für diese werden dann Versandaufträge von einem Mitarbeiter an eine Spedition vergeben. Damit besser nachverfolgt werden kann, wann und mit wem eine Sendung versendet wurde, soll die abgebildete Tabelle in einer Datenbank umgesetzt werden.*

Bestell-nummer	Versandstück-nummer	Versand-auftrag	beauftragte Spedition	Auftraggeber intern	Lieferung abgeholt	Lieferung zugestellt
100157	100157 a [40 kg], 100157 b [35 kg]	779	DLH Logistik	Birte Knoll	05. Mai	07. Mai
100158	101157 [30 kg]	780	Schlenker Cargo	Xavier Dainoo	07. Mai	09. Mai
100159	100159 [20 kg]	781	Schlenker Cargo	Xavier Dainoo	11. Mai	15. Mai
100160	100160 [20 kg]	782	Schlenker Cargo	Birte Knoll	13. Mai	20. Mai
100161	100161 [40 kg]	782	Schlenker Cargo	Birte Knoll	13. Mai	20. Mai
100162	100162 a [10 kg], 100157 b [40 kg], 100162 c [20 kg]	783	Kohne und Schraube	Xavier Dainoo	15. Mai	17. Mai
100162	100162 d [120 kg]	784	Kohne und Schraube	Xavier Dainoo	13. Mai	17. Mai

Bringen Sie die Tabelle in die 3. Normalform. Im Rahmen eines Reverse Engineering (Nachkonstruktion) soll die Tabelle anschließend wieder in ein ERM überführt werden. Integrieren Sie das ERM-Fragment in das Gesamt-ERM.

137. *Ergänzen Sie Ihr Gesamt-ERM um den Entitätstyp Personal und um die Möglichkeit der Stellen- und Abteilungsbildung.*

138. *Integrieren Sie die ERM-Fragmente von S. 86 zur Nutzung des Fahrzeug-Pools durch die Mitarbeiter als eERM in ARIS.*

139. *„Aaaarrrrggggghhhh! Dieser Wildwuchs an Daten. Jede Abteilung legt einfach eine Tabelle an. Und dann wundern wir uns über Inkonsistenzen in der ERP-Datenbank", grummelt der Leiter der IT vor sich hin. Auslöser ist die Tabelle, die das Fortbildungswesen für Mitarbeiter der VMW GmbH regelt. Überführen Sie die nachfolgende Tabelle in die 3. Normalform. Im Rahmen eines Reverse Engineering soll die Tabelle anschließend wieder in ein ERM überführt werden. Integrieren Sie das ERM-Fragment in das Gesamt-ERM.*

Perso-nal-Nr.	Name	Kurs-nr.	Schulungsthema und -dauer	Status	Dozentin/Dozent	Termine	Raum	Voraus-set-zung
1	Rainer Zufall	4711	ERP-Schulung Absatz,	angemel-det	Helmut Meyer, meyer@v-mw.de	25. Juli 09:00 Uhr	Raum Hamburg	Kurs 3599
2	Maria Meyer	4812	Kundenbetreuung, 2 Tage	teilge-nommen	Lisa Bonn bonn@v-mw.de	02. Juni 03. Juni 09:30 Uhr 09:30 Uhr	Raum Heidelberg	
3	Anja Althoff	4750	E-Commerce, 0,5 Tage	teilge-nommen	Lisa Bonn bonn@v-mw.de	18. Mai 14:00 Uhr	Raum Hamburg	
5	Anna Log	4812	Kundenbetreuung, 2 Tage	teilge-nommen	Lisa Bonn bonn@v-mw.de	02. Juni 03. Juni 09:30 Uhr 09:30 Uhr	Raum Heidelberg	
4	Linda Leicht	4812	Kundenbetreuung, 2 Tage	nicht teil-genommen	Lisa Bonn bonn@v-mw.de	02. Juni 03. Juni 09:30 Uhr 09:30 Uhr	Raum Heidelberg	
5	Anna Log	4711	ERP-Schulung Absatz,	angemel-det	Helmut Meyer, meyer@v-mw.de	25. Juli 09:00 Uhr	Raum Hamburg	Kurs 3599
3	Anja Althoff	4711	ERP-Schulung Absatz,	vorge-merkt	Helmut Meyer, meyer@v-mw.de	25. Juli 09:00 Uhr	Raum Hamburg	Kurs 3599
3	Anja Althoff	4812	Kundenbetreuung, 2 Tage	teilge-nommen	Lisa Bonn bonn@v-mw.de	02. Juni 03. Juni 09:30 Uhr 09:30 Uhr	Raum Heidelberg	
2	Maria Meyer	4813	Kundenbetreuung A-Kunden, 1 Tag	angemel-det	Lisa Bonn bonn@v-mw.de	09. Juni 09:30 Uhr	Raum Heidelberg	Kurs 4812

7 Handbuch: Einfache Mapping-Tools

Die Erfassung von Geschäftsprozessen hat grundlegend nichts mit den eingesetzten Werkzeugen zu tun. So kommt häufig bei der grundlegenden Diskussion über Prozesse das Flipchart oder das Whiteboard zum Einsatz.

Bei der interviewgestützten Erfassung im partnerschaftlichen Gespräch erweist sich ein einfacher Tabellenvordruck auf Papier als äußerst hilfreich.

Wenn es jedoch um die saubere und strukturierte Erfassung von Prozessmodellen geht, zeigen PC-gestützte Werkzeuge ihre Vorteile.

Einfache Prozessbeschreibungen können mit nahezu jedem Chart-Programm wie

- Microsoft Visio
- Microsoft Powerpoint
- OpenSource DIA
- Oracle/Apache OpenOffice

erstellt werden.

Auf der Internetseite www.v-mw.de steht Ihnen eine Powerpoint-Vorlage in Form eines EPK-Arbeitsblattes zur Verfügung.

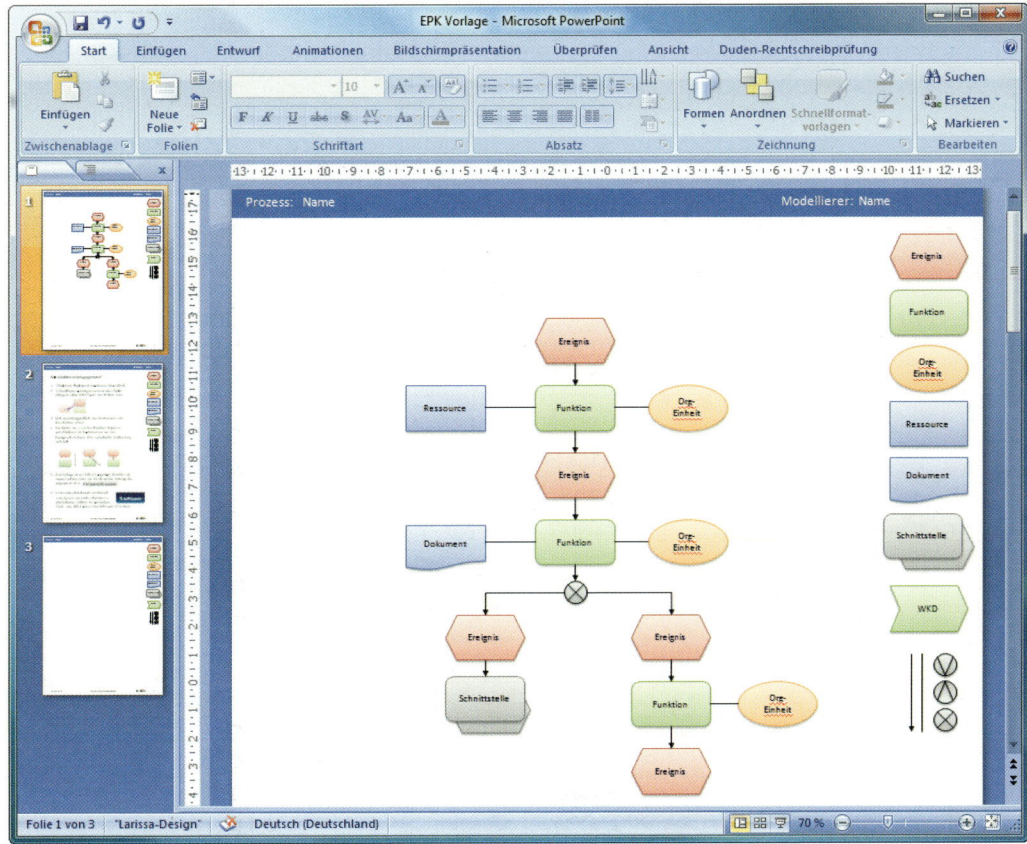

12 Harms - ISBN 978-3-8120-1040-5

Wie wird diese Vorlage genutzt?

➤ Um die Vorlage nicht zu verändern, sollten Sie für jedes zu zeichnende Prozessmodell eine neue Seite anlegen. Am einfachsten geht das mit dem Befehl „Folie duplizieren".

➤ Objekt im Objektpool im rechten Seitenbereich markieren (Mausklick).

➤ Schnellkopie anfertigen, indem das Objekt mit gedrückter STRG-Taste an die entsprechende Stelle verschoben wird. Alternativ können Sie Kopien mit STRG + C und STRG + V erstellen und anschließend verschieben.

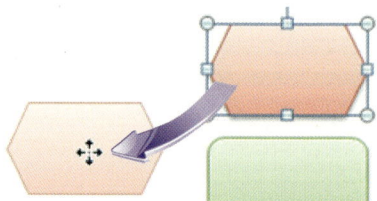

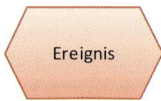

➤ Mit einem Doppelklick auf den Text wird dieser markiert und kann mit der unmittelbaren Eingabe der Beschreibung überschrieben werden. Alternativ lässt sich das Objekt nach dem Markieren mit F2 zum Beschriften öffnen.

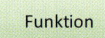

➤ Eine Kante wird auf die gleiche Art und Weise, wie zuvor bei den Objekten beschrieben, kopiert. Anschließend die Kantenenden an einen Fangpunkt eines Objekts führen. Eine dauerhafte Verbindung entsteht, die auch beim Verschieben einzelner Objekte bestehen bleibt.

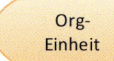

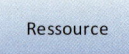

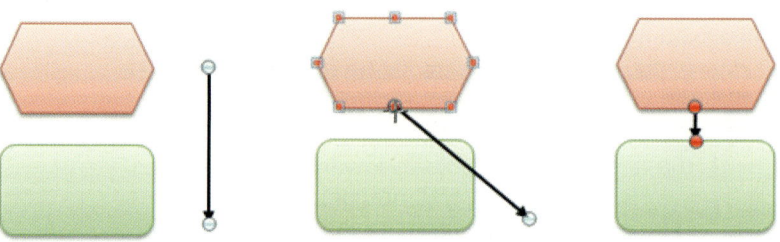

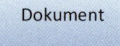

➤ Beim Drucken achten Sie bitte darauf, dass die Vorlage auf DIN A3 angelegt ist. Diese kann beim Druck im Dialog der Druckeigenschaften an das jeweilige Papierformat angepasst werden.

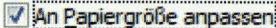

Die Grenzen der Zeichenprogramme

Bei kleineren Modellen ohne weitere Funktionsmerkmale können Sie sich mit einfachen Zeichenwerkzeugen helfen. Sobald aber Prozessmodelle

➤ miteinander verknüpft werden sollen,

➤ eine bestimmte Größe erlangen,

➤ mit weiterreichenden Informationen wie Bearbeitungszeiten oder Hinweisen erweitert werden sollen,

➤ im Team modelliert werden,

➤ aktuell gehalten und veröffentlicht werden sollen oder

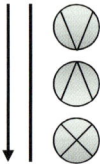

➤ zielorientiert ausgewertet werden sollen,

ist der Einsatz eines BPM-Tools wie **ARIS der Software AG** notwendig.

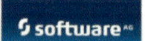

8 Handbuch: ARIS Software

8.1 Vorbemerkung

Die Produktfamilie ARIS der Software AG enthält unterschiedliche Lösungen zur Modellierung von Systemen. In der Gestaltung der Software favorisiert das Unternehmen dabei zwei Produktlinien, die sich in der Verwendung teilweise unterscheiden. Damit dieses Werk gleichermaßen für den professionellen ARIS Architect als auch für das kostenfreie ARIS Express einsetzbar ist, finden sich an den entsprechenden Stellen zum Teil mehrere Abbildungen zum gleichen Thema.

Sofern Methoden oder Funktionen in einem Kapitel beschrieben werden, die lediglich mit einer bestimmten Softwareversion realisiert werden können, wird das am Anfang des entsprechenden Kapitels erwähnt.

- **ARIS Architect:** javabasierte Software ab Version 9.6, mit der Geschäftsprozesse je nach Rechtevergabe modelliert, analysiert und optimiert sowie Datenbanken administriert werden können.

- **ARIS Express:** javabasierte kostenfreie Software, mit der Geschäftsprozesse modelliert werden können.

Die Programmbeschreibungen orientieren sich meist am ARIS Architect 9.x. Durch die Gleichartigkeit der Abbildungen mit anderen ARIS Versionen sind diese leicht übertragbar.

8.2 ARIS starten

8.2.1 ARIS Express starten

ARIS Express ist eine Software, die Sie als Mitglied der ARIS Community kostenfrei installieren und nutzen können (http://www.ariscommunity.com/aris-express). Nach der Installation starten Sie die Software entweder über Ihren Desktop mit einem Doppelklick oder über das Programmmenü.

Bei ARIS Express handelt es sich um eine lokale Installation ohne Datenbankmanagementsystem. Aus diesem Grund ist bei ARIS Express keine Benutzeranmeldung nötig.

Die Arbeit mit ARIS Express erlaubt keine Ablage der Prozessmodelle in Datenbanken. Stattdessen werden die Prozesse lokal oder im Netzwerk abgelegt. Im Gegensatz zu einer zentralisierten Ablage muss bei dieser Lösung jeder Prozess separat (Dateityp .adf) abgelegt werden.

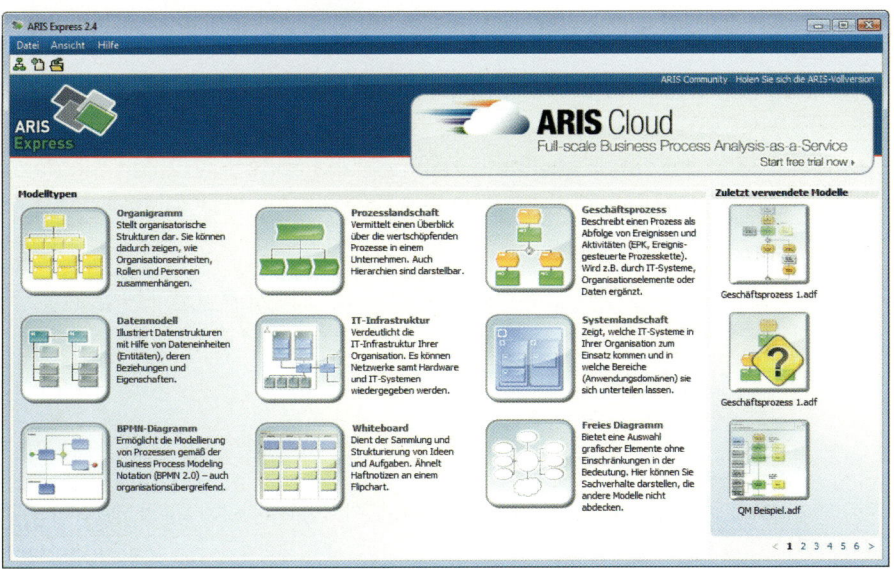

8.2.2 ARIS Architect starten

Der ARIS Architect ist eine Client-Server-Anwendung, bei der die Modellierer die Software über das Netzwerk beziehen und anschließend in einer gemeinsamen Datenbank arbeiten. Die Software wird über eine spezifische URL (Uniform Ressource Locator), also einen Hyperlink im Internetbrowser aufgerufen.

Nach Eingabe der URL wählen Sie in ARIS Connect das aufzurufende ARIS-Produkt.

Es folgt eine Rückfrage zur Ausführung, die Sie mit der Schaltfläche AUSFÜHREN bestätigen.

Die ARIS Produkte verfolgen in der Bedienung konsequent das Prinzip der kontextsensitiven Mausfunktion, d. h., dass sehr viel mit dem „Rechte-Maustaste-Menü" gearbeitet wird.

*Dabei bietet Ihnen das **kontextsensitive Menü** die Programmfunktionen an, die in diesem Moment am häufigsten genutzt werden.*

Ihr Benutzerkonto mit den damit verbundenen Rechten wird in einer zentralen Nutzerdatenbank verwaltet. In dieser zentralen Nutzerdatenbank sind Funktions- und Lizenzrechte gespeichert.

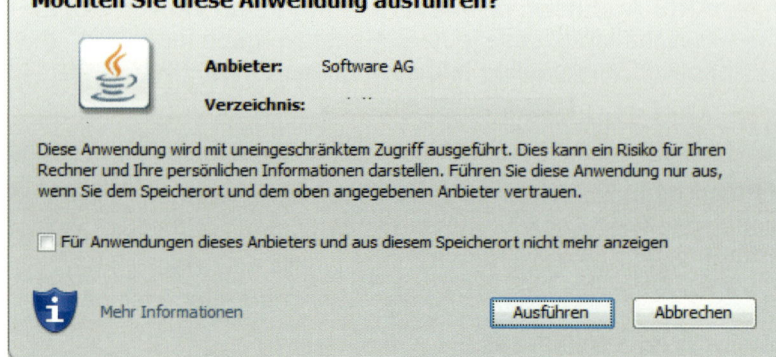

Auf dieses Nutzerkonto wird dann von der Modelldatenbank zurückgegriffen.

Nach Aufruf und Download des ARIS Clients geben Sie Ihren Benutzernamen und Ihr Kennwort ein, ggf. wählen Sie über VERBINDUNG den Server aus.

Zur Organisation und Ablage der Objekte bringt die ARIS-Plattform eine eigene

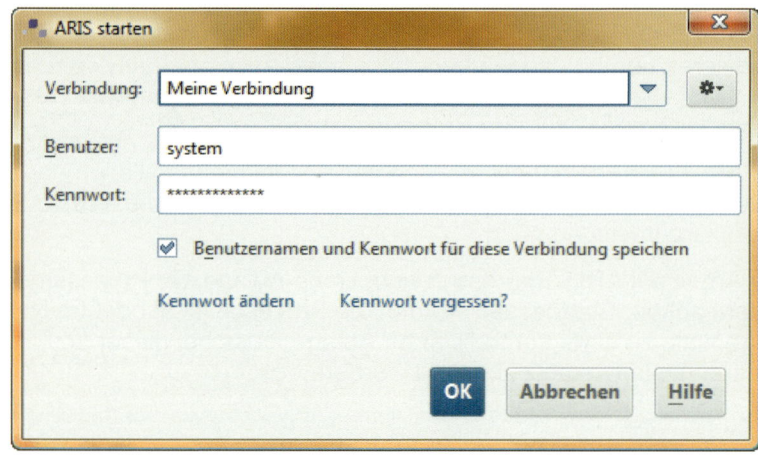

Datenbankverwaltung mit. Wählen Sie zur Arbeit eine Datenbank durch Anklicken aus bzw. legen Sie eine neue an.[37]

Ihr Passwort können Sie in der zuvor erwähnten Anmeldung ändern. Wählen Sie dazu KENNWORT ÄNDERN. Sie werden auf eine Administrationsseite weitergeleitet, auf der Sie Ihr neues Kennwort festlegen können.

---

[37] Klicken Sie dazu im Explorer mit der rechten Maustaste auf den Server, auf dem die Datenbank angelegt werden soll, und wählen Sie NEU ▶ DATENBANK. Achtung: In vielen Betrieben handelt es sich bei der Prozessmodellierung um einen sehr sensiblen Bereich (Betriebsspionage). Darum wird bei den ARIS-Produkten ein sehr hoher Grad an Sicherheit verfolgt. Dazu gehört auch, dass der Ersteller einer neuen Datenbank über das Recht verfügen muss, an der Datenbank zu arbeiten. Aus diesem Grund kann es sein, dass dies nur Ihr ARIS-Datenbankadministrator kann.

8.3 Modelle anlegen

8.3.1 Modelle in ARIS Architect anlegen

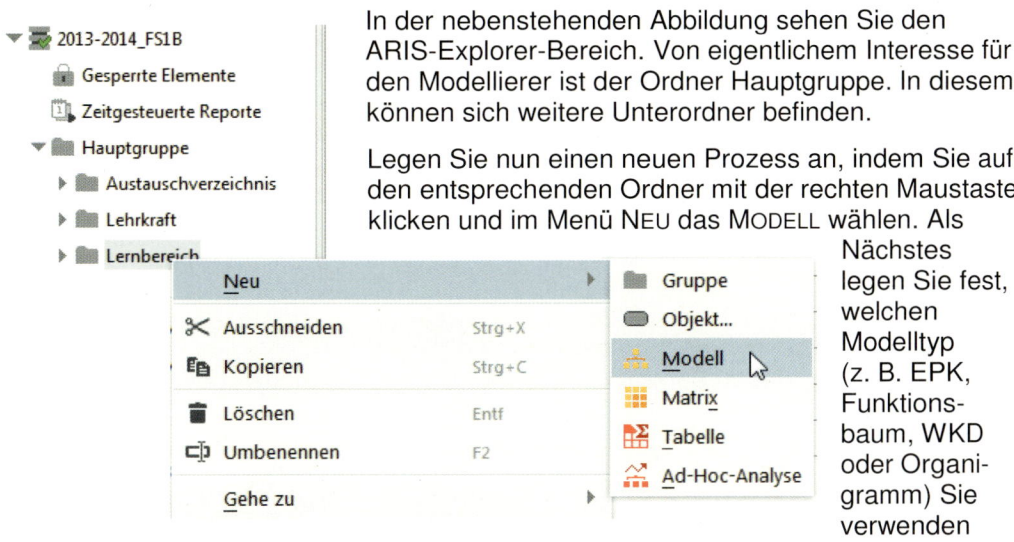

In der nebenstehenden Abbildung sehen Sie den ARIS-Explorer-Bereich. Von eigentlichem Interesse für den Modellierer ist der Ordner Hauptgruppe. In diesem können sich weitere Unterordner befinden.

Legen Sie nun einen neuen Prozess an, indem Sie auf den entsprechenden Ordner mit der rechten Maustaste klicken und im Menü NEU das MODELL wählen. Als Nächstes legen Sie fest, welchen Modelltyp (z. B. EPK, Funktionsbaum, WKD oder Organigramm) Sie verwenden möchten. Auf gleiche Weise legen Sie auch neue Ordner an. Diese werden bei ARIS „Gruppe" genannt.

Die Modellwahl wird dabei durch einen Filter und der Auswahl der unterschiedlichen Modelle der jeweiligen Sichten kategorisiert. Durch Einblenden der Organisationssicht wird Ihnen beispielsweise das Organigramm angeboten.

Im letzten Schritt geben Sie den Namen des zu erstellenden Prozesses ein und schon kann es mit der Modellierung losgehen.

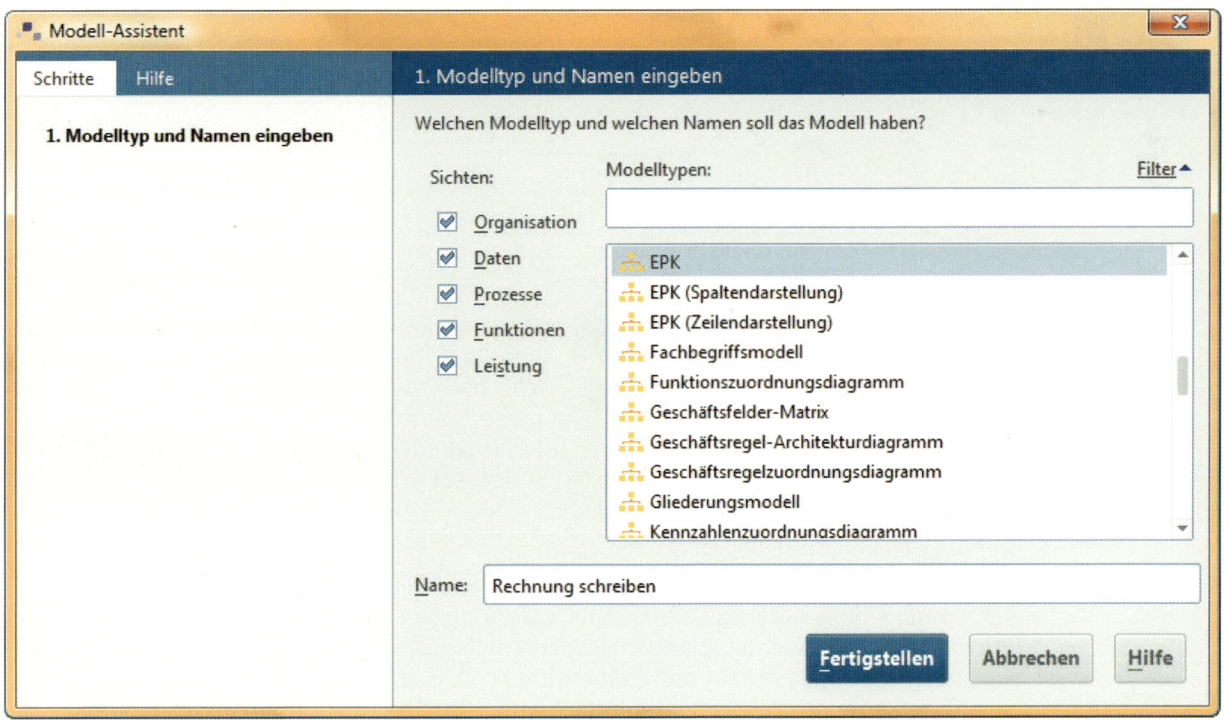

Sofern Sie zeitgleich mehrere Prozesse bearbeiten möchten, ermöglichen es die Registerkarten im oberen Bereich, den Überblick zu bewahren.

8.3.2 Modelle in ARIS Express anlegen

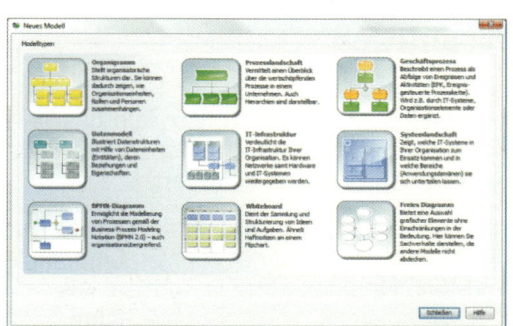

ARIS Express bietet als kostenfrei nutzbare Version einen reduzierten Vorrat an Modelltypen. Diese werden übersichtlich bei Start oder durch Aufruf NEU (STRG + N) angezeigt. Nach Auswahl eines geeigneten Modelltyps beginnt die Modellierung.

Sofern Sie zeitgleich mehrere Prozesse bearbeiten möchten, ermöglichen die Registerkarten im oberen Bereich der ARIS-Express-Version, den Überblick zu bewahren.

8.4 Objekte und Kanten darstellen (alle Versionen)

Objekte platzieren: Nachfolgend sehen Sie eine reduzierte Auswahl an Objekten zur Verwendung der gängigsten Modelltypen zur Darstellung von Prozessmodellen.

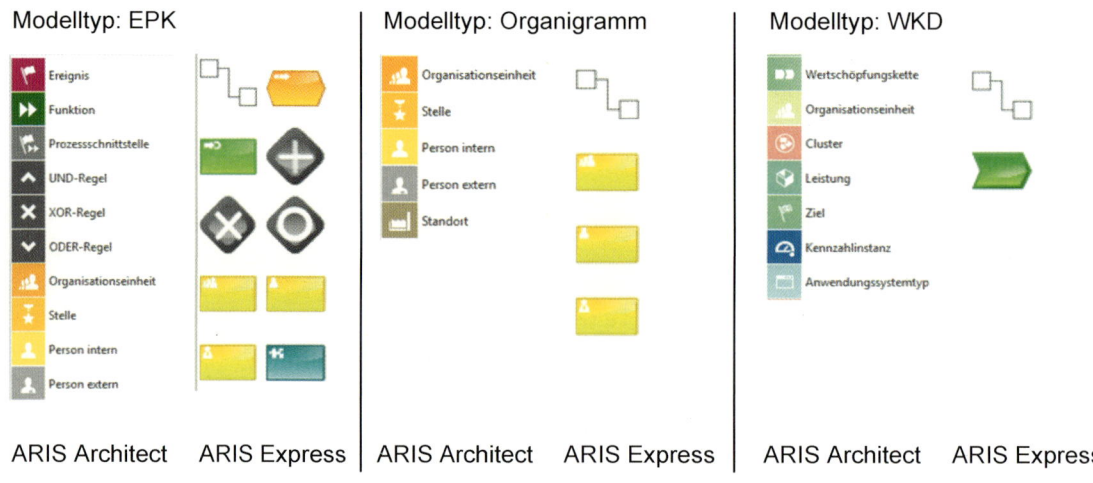

Modelltyp: EPK	Modelltyp: Organigramm	Modelltyp: WKD
ARIS Architect ARIS Express	ARIS Architect ARIS Express	ARIS Architect ARIS Express

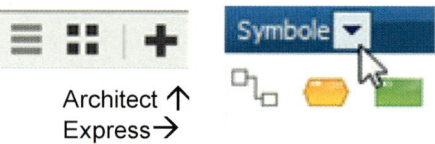

Architect ↑
Express →

Die Anzeige und Auswahl des Symbolvorrats kann auf Ihre Bedürfnisse angepasst werden. Wie bei vielen Programmen gibt es auch bei diesem eine kontextsensitive Hilfe.

Bleibt der Mauszeiger auf einem Objekt in der Auswahl stehen, wird das Objekt selbstständig erklärt.

Im Gegensatz zu vielen anderen Programmen arbeitet ARIS nicht nach dem Grundsatz „Drag & Drop" (ziehen von Objekten an die richtige Stelle), sondern Sie wählen mit einem Klick das Objekt aus, positionieren den Mauszeiger an die Stelle des Modells, an der das Objekt erscheinen soll, und klicken noch einmal. Automatisch wechselt das Objekt nun in den Editiermodus, d. h., dass Sie den notwendigen Text hinzufügen können.[38] Selbstverständlich kann der Text auch noch im Nachhinein abgeändert werden (Objekt auswählen, F2 bzw. noch einmal anklicken). Sofern Sie mehrzeiligen Text in den Objekten wünschen, erzwingen Sie einen Zeilenumbruch mit der Tastenkombination STRG + EINGABE.

---

[38] Es kann vorkommen, dass Sie nach der Texteingabe folgende Meldung bekommen: „Es existiert schon ein Objekt gleichen Typs". Lesen Sie dazu bitte in Kapitel 8.7 nach.

Der Doppelklick auf ein modelliertes Objekt öffnet eine Auflistung mit den wesentlichen Merkmalen (Attributen) des Objekts.

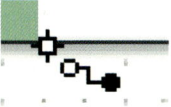 **Kanten zeichnen:** Wie Sie bereits in Kapitel 4.4.1 gelernt haben, werden die Linien zwischen zwei Objekten Kanten genannt. Achten Sie bitte darauf, dass bei entsprechenden Modelltypen (wie dem Organigramm) die Kantenrichtung von Bedeutung ist.

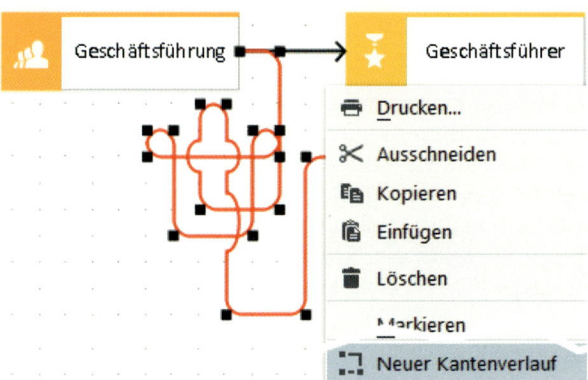

Die Form des Kantenverlaufs kann über die jeweiligen Kantenecken im Nachhinein verändert werden. Und sollte einmal eine Kante einen völlig ungewollten Weg nehmen, hilft ein Klick mit der rechten Maustaste auf die Kante. Im kontextsensitiven Menü wählen Sie dann „NEUER VERLAUF" und die Kante wird von ARIS wieder gerichtet.

Externe Personen werden nicht über das Symbol Stelle, sondern über ein spezielles Symbol dargestellt.

 Kunde

Der automatische Kantenmodus ermöglicht ein schnelles Verbinden von Objekten, da die Fangpunkte für Kanten dauerhaft aktiviert werden können. Das bedeutet, dass Sie mit der Maus lediglich in die Nähe eines Fangpunkts am Objekt kommen, einmal klicken und umgehend eine feste Verbindung zum Objekt geschaffen ist. Am zweiten Objekt wird genauso verfahren. Die Kantenverbindungen bleiben beim Verschieben von Objekten bestehen.

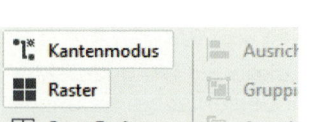

Den Kantenmodus können Sie mit der entsprechenden Schaltfläche bzw. mit der Taste F6 aktivieren bzw. deaktivieren. Als Konsequenz muss nun vor jedem Kantenziehen in der Symbolleiste bzw. durch Drücken der Taste F11 das Kantenziehen aufgerufen werden.

Sofern mehrere Kanten auf schnelle Art und Weise von einem Objekt zu unterschiedlichen Zielobjekten gezogen werden sollen, halten Sie beim Kantenziehen nach Anklicken des Quellobjekts bei allen Zielobjekten die STRG-Taste gedrückt.

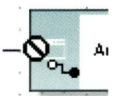 Sollte aus semantischen Gründen das Verbinden zweier Objekte nicht erlaubt sein (z. B. Ereignis zu Ereignis), wird Ihnen das mit einem „Verbotsschild" angezeigt.

Die Nutzung des Standardfilters bewirkt im ARIS Architect, dass beim Zeichnen von Kanten automatisch ein Standardkantentyp zugewiesen wird.[39]

Sie können das grundlegende Aussehen eines **Modells** mit einem Rechtsklick auf das Modell in der Modellierfläche beeinflussen.

Abweichend von der Standardformatierung verändern Sie dann in der Auswahl FORMAT, DARSTELLUNG vor allem Einstellungen der Texte innerhalb von Objekten.

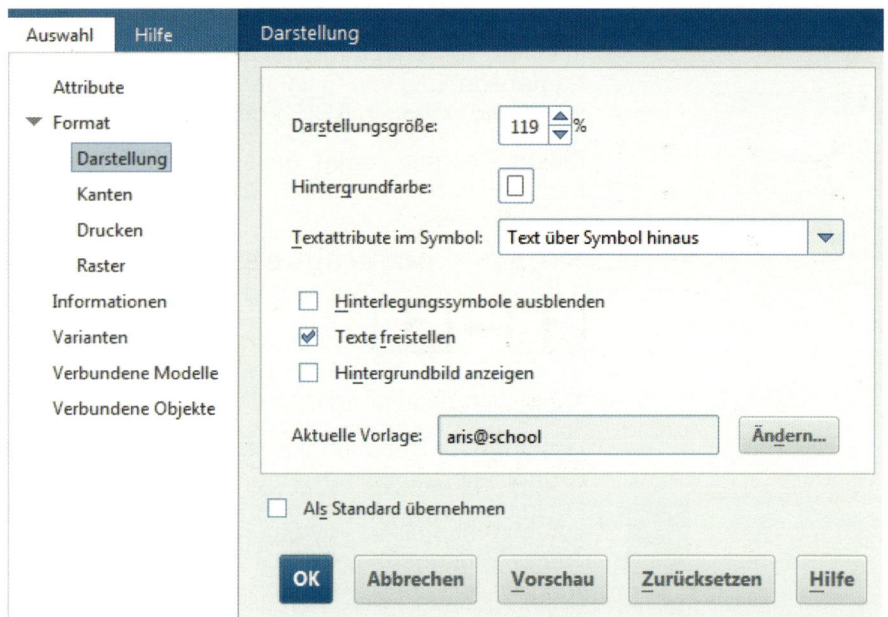

---

[39] Andere Filter lassen weitere Kantentypen zu (z. B. wirkt mit, entscheidet über ...).

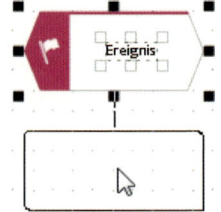

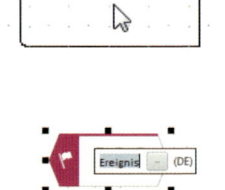

Sofern Sie das Grundgerüst eines Prozessmodells mit Funktionen und Ereignissen anlegen möchten, bietet sich die folgende Methode an: Positionieren Sie wechselseitig Ereignisse und Funktionen, wobei diese umgehend benannt werden. Sobald bei Auswahl eines Zielobjekts des Symbolvorrats (z. B. Funktion) ein Quellobjekt (z. B. ein modelliertes Ereignis) markiert ist, zeichnet ARIS automatisch eine Kantenverbindung dorthin. Das erspart das manuelle Kantenziehen. Um sicherzugehen, erfragt das System zuvor, in welche Richtung die Kante gezogen werden soll.

⦿ Ereignis **aktiviert** Funktion

○ Funktion **erzeugt** Ereignis

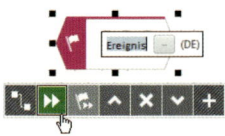

Eine besonders praktische Hilfe stellt ARIS in Bezug auf die Auswahl der weiterführenden Objekte zur Verfügung. Nachdem ein Objekt platziert und beschriftet wurde, bietet ARIS im unteren Bereich eine Auswahl der syntaktisch möglichen Objekte zwecks Auswahl an. Sofern eines davon ausgewählt wurde, verbindet ARIS dieses automatisch mit der entsprechenden Kante. Sollte ein Symbol fehlen, kann die Auswahl mit [+] erweitert werden. Alternativ kann ein Symbol der Auswahl mit der rechten Maustaste angeklickt werden. Über diesen Weg können nicht benötigte Symbole auch entfernt werden.

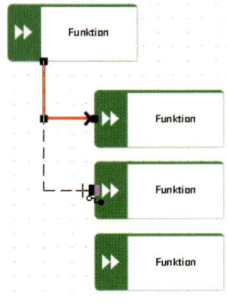

Sofern Sie mehrfach einen gleichen Objekttyp benötigen (beispielsweise, um ein Grundgerüst mit mehreren Funktionen und Ereignissen zu erstellen), gehen Sie wie folgt vor: Wählen Sie aus dem Objektvorrat einen Objekttyp (z. B. Funktion) und klicken Sie bei gedrückter STRG -Taste mehrmals an verschiedene Orte in der Modellierfläche. Es entsteht eine Ansammlung von gleichartigen Objekten, die anschließend umbenannt werden können. Nach gleichem Schema zeichnen Sie auch ausgehend von einem Objekt mehrfache Kanten zu anderen Objekten.

8.5   Objekte verschieben (alle Versionen)

Markierte Objekte lassen sich wie allgemein üblich mit gedrückter Maustaste verschieben. Zum Markieren von mehreren Objekten wählen Sie diese mit gleichzeitig gedrückter STRG-Taste aus.

Objekte lassen sich auch ohne Maus verschieben. Durch Nutzen der Cursor-Tasten in Verbindung mit der Umschalttaste können markierte Objekte in kleinen, in Verbindung mit der ALT-Taste in größeren Schritten bewegt werden.

Die Größe von markierten Objekten können mit der Maus über die Eckpunkte geändert werden.

8.6   Objekte kopieren und einfügen (ARIS Architect)

In einem vorherigen Kapitel haben Sie bereits erfahren, dass durch eine saubere Namensgebung von Objekten Redundanzen vermieden werden können. Das ist u. a. ein Grund, weshalb ARIS konsequent das Konzept der Objektdatenbank verfolgt.

Dieses Ziel geht soweit, dass es wichtige Auswirkungen auf das Verhalten beim Kopieren von Objekten hat, die Sie unbedingt kennen sollten.

8.6.1   Ausprägungskopien

| 1 |→| 1 | Eine Ausprägungskopie ermöglicht die Wiederverwendung eines bereits vorhandenen Objekts. Grundsätzlich können Sie Ausprägungskopien wie gewohnt nach dem Auswählen mit der Tastenkombination STRG + C (kopieren) STRG + V (einfügen) erstellen.

Das sorgt für Nebeneffekte. Stellen Sie sich vor, dass Sie beispielsweise die Organisationseinheit „Kundendienst" innerhalb eines Prozesses an alle involvierten Funktionen kopiert haben. Ändern Sie nun den Namen des Objekts in „Kunden-Service", wird dieses Objekt mit allen seinen Ausprägungen (also Kopien) ebenfalls geändert. Ein großer Vorteil, da bei unternehmensweiten Änderungen lediglich ein Objekt geändert werden muss. Dieser Vorteil kann sich allerdings auch ins Negative kehren, wenn eine Änderung unbeabsichtigt zu Änderungen in anderen Prozessen führt.

8.6.2 Definitionskopien

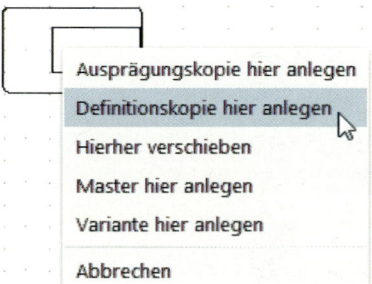

Im Gegensatz zur Ausprägungskopie erstellen Sie bei dieser Methode ein vollständig neues, namensgleiches Objekt. Zunächst kopieren Sie das Objekt in den Zwischenspeicher (STRG + C). Anschließend klicken Sie mit der rechten Maustaste an die Stelle, an der die Definitionskopie eingefügt werden soll. Im Menü wählen Sie EINFÜGEN ALS ▶ DEFINITIONSKOPIE. Schneller geht es mit der Tastenkombination (STRG + UMSCHALTEN + V).

8.6.3 Schnellvariante zur Erstellung von Kopien

Es gibt noch eine weitere Möglichkeit, Kopien von Objekten zu erstellen. Diese funktioniert komplett über die Mausbedienung. Verschieben Sie dazu bei gedrückter rechter Maustaste ein Objekt an sein neues Ziel. Nach Absetzen des Objekts werden Sie gefragt, um welche Art von Kopie es sich handelt.

Um eine weitere Möglichkeit der schnellen Erstellung von Ausprägungskopien handelt es sich bei der Tastenkombination STRG + D. Alle markierten Objekte werden hierbei direkt (also ohne STRG + C) als Ausprägungskopie in das Modell kopiert. Die Tastenkombination STRG + UMSCHALTEN + D erstellt Definitionskopien der markierten Objekte.

8.7 Verwendung namensgleicher Objekte (ARIS Architect)

Die Besonderheit der Ausprägungskopie kann insbesondere bei der Arbeit von mehreren Modellierern in einer Datenbank zu unerwünschten Nebeneffekten führen. Wird von Ihnen während des Modellierens ein Objekt verwendet, das bereits von einem anderen Modellierer angelegt wurde, wirken sich nachträgliche Änderungen wie beschrieben datenbankweit aus. Daher warnt ARIS davor und fragt, ob Sie das bereits angelegte Objekt tatsächlich verwenden wollen.

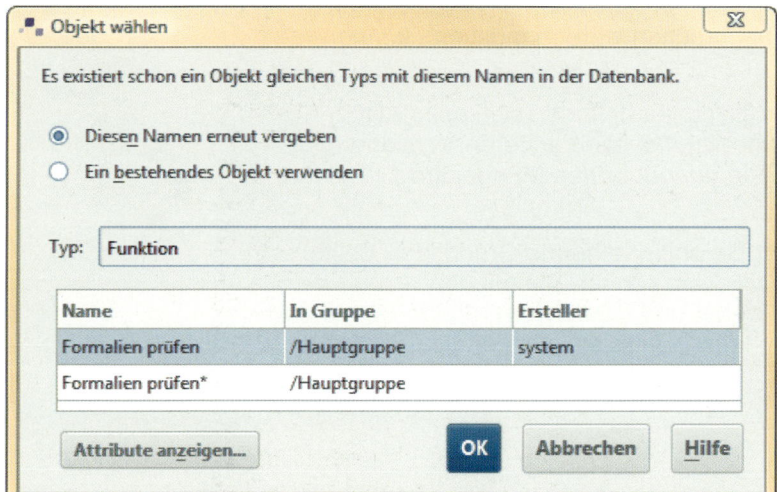

Das gleiche Ziel verfolgt die Funktion DATENBANKWEITE SUCHE NACH NAMENSGLEICHEN OBJEKTEN im ARIS Architect. Sofern Sie schon bei der Modellierung bereits angelegte Objekte wiederverwenden möchten, können Sie sich vorhandene Objekte der Datenbank über das Symbol […] anzeigen lassen. Dabei reicht die Eingabe des zu suchenden Wortanfangs aus.

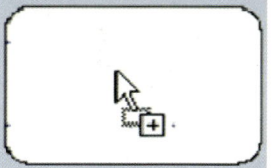

Innerhalb eines Modells sollten Sie darauf achten, Organisationseinheiten und Ressourcen als Ausprägungskopie zu nutzen. Nur so ist gewährleistet, dass aussagefähige Auswertungen erstellt werden können.

Die schnellste Möglichkeit, Ausprägungskopien von Objekten anzulegen, ist das Verschieben eines Objekts an den Zielort bei gleichzeitigem Drücken der STRG-Taste.

13 Harms - ISBN 978-3-8120-1040-5

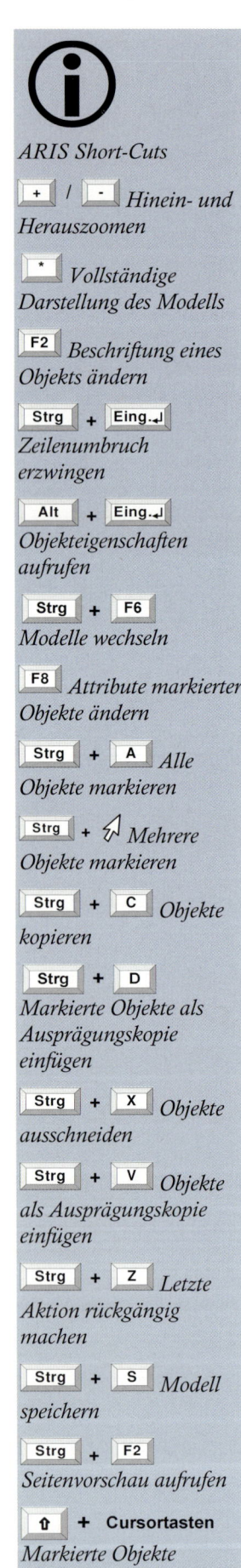

Diese Funktion ist sehr wichtig, sobald Sie in einer EPK bereits eingerichtete Stellen, Personen oder Organisationseinheiten eines Organigramms nutzen möchten.[40]

Was bedeutet das für die Praxis? Sofern Sie ein mehrfach wiederverwendetes Objekt umbenennen, erscheint es in allen Modellen verändert. Gegebenenfalls ändert auch ein anderer Modellierer ohne Ihr Wissen das Objekt.

Dieser vermeintliche Nachteil wiegt den Vorteil einer gemeinsamen Datennutzung jedoch nicht auf. Nur durch die unternehmensweite Verwendung von einzelnen Objekten (wie z. B. den Anwendungssystemtyp ERP-System) sind Auswertungen über alle Prozesse möglich.

8.8 Überblick bewahren (alle Versionen)

Prozessmodelle können umfangreich sein. Damit Sie den Überblick behalten, können Sie mit [+] und [−] in das Modell hinein- und herauszoomen. Eine nützliche Funktion stellt das Zentrieren dar. Dabei bleibt ein ausgewähltes Objekt beim Zoomen immer im Mittelpunkt des Monitors. Die vollständige Darstellung des gesamten Modells bzw. eines markierten Bereichs erreichen Sie mit der Sternchen-Taste [*].

Über die Symbolleiste können Sie die Funktionen Vergrößern und Verkleinern nutzen. Über das Auswahlfeld steht Ihnen die Darstellungsgröße ANPASSEN zur Verfügung. Dies ermöglicht einen Blick auf den vollständigen Prozess.

ARIS Architect

ARIS Express

8.9 Zeichenobjekte einfügen (alle Versionen)

Viele Verwendungszwecke für Zeichensymbole (Kreise, Rechtecke etc.) gibt es bei der Erstellung von EPK nicht. Sofern Sie jedoch umfangreichere Prozesse modellieren und einen Bereich hervorheben möchten (z. B. weil Abläufe noch unklar sind und besprochen werden müssen), können Sie diese hinterlegen.

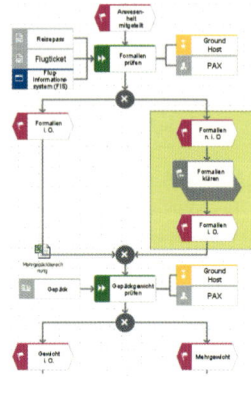

Die Schaltflächen zum Zeichnen befinden sich beim ARIS Architect im Reiter EINFÜGEN, bei allen anderen Versionen direkt in der Symbolleiste oder über den Menüeintrag EINFÜGEN.

Zeichnen Sie zunächst die entsprechende Grundfigur. Sollte diese den Prozess verdecken, können Sie mit den Schaltflächen „NACH VORNE" und „NACH HINTEN" eine Ebene nach vorne oder nach hinten verlagern. Ggf. ist es notwendig, dem Objekt über die Eigenschaften eine Füllfarbe zuzuweisen.

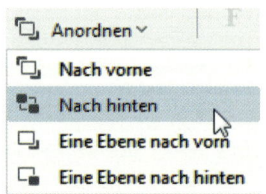

---

[40] Gleiches ist über die „Drag & Drop" Funktion möglich, indem Sie Objekte aus der Explorersicht in das Modell ziehen. Dazu müssen zuvor in der Ansicht die Navigation und die Anzeige von Objekten aktiviert sein.

8.10 Prozessmodelle formatieren (alle Versionen)

ARIS bietet dem Anwender die Möglichkeit, das Aussehen von Modellen individuell anzupassen. Diese Möglichkeit sollte allerdings mit äußerster Vorsicht genutzt werden, gilt es doch, gleichförmige und standardisierte Prozesse zu schaffen. Dazu gehört zum Beispiel, dass die Farben der verwendeten Symbole einheitlich sind.

Objekte formatieren Sie über die Eigenschaften (FORMAT ▶ OBJEKTDARSTELLUNG). Eine andere Möglichkeit bietet die Formatleiste, die gängige Schaltflächen nutzt.

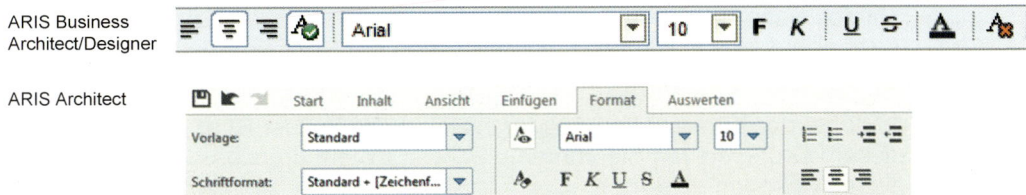

Das Aussehen ganzer Prozessmodelle kann über vordefinierte Formatvorlagen (Dateimenü FORMAT ▶ VORLAGE) verändert werden.

Raster Abschließend unterstützt ARIS die Anordnung einzelner Objekte im Modell. Eine Eingabehilfe stellt dabei Schaltfläche RASTER EIN-/ AUSSCHALTEN dar, die dafür sorgt, dass sich Objekte leichter auf gleicher horizontaler bzw. vertikaler Ebene anordnen lassen.

Damit ein Prozess insgesamt in eine gute Ausgangsform gebracht wird, steht Ihnen die Funktion LAYOUT zur Verfügung. Diese erreichen Sie beim Modellieren über den Reiter FORMAT ▶ LAYOUT (ARIS Architect) bzw. die Menüleiste ANORDNEN ▶ LAYOUT (ARIS EXPRESS).

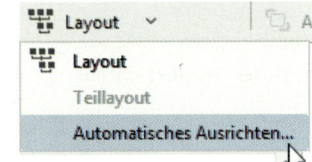

Gute Ergebnisse erzielen Sie mit den Einstellungen in nachfolgender Abbildung.

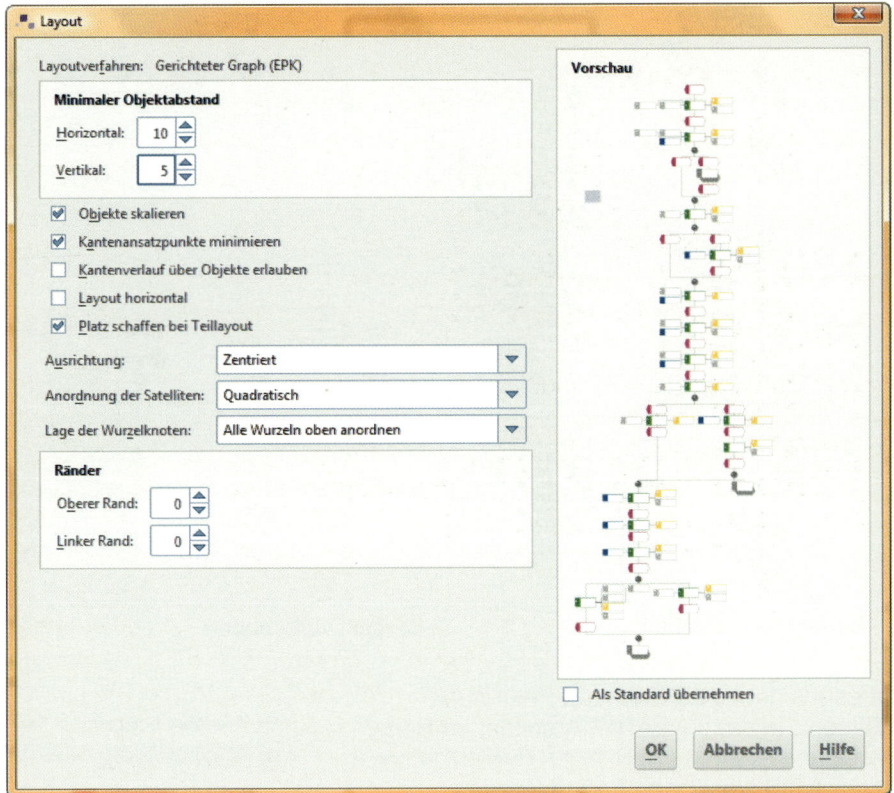

Auch wenn das System schon eine gute Vorarbeit leistet, muss der Modellierer insbesondere an den Kanten von Konnektoren noch ein wenig korrigierend eingreifen.

8.11 Optimal drucken (alle Versionen)

Was für die Ansicht am Monitor gilt, trifft auch für den Druck zu. Die unter Umständen sehr langen Prozesse passen meistens nicht in 100%iger Größe auf ein A4-Blatt.

Beim ARIS Architect ist die Seitenansicht ein wenig versteckt über das ARIS MENÜ ▶ DRUCKEN ▶ SEITENANSICHT aufzurufen. Daher sollten Sie sich den Schnellzugriff STRG + F2 merken. In allen anderen ARIS-Versionen finden Sie die Funktion „Seitenansicht" in der Symbolleiste.

Mithilfe dieser Funktion wird der Prozess exakt so verkleinert dargestellt, dass er auf eine Seite passt. Natürlich sind der Verkleinerung in puncto Lesbarkeit und Qualität des Druckers Grenzen gesetzt.

Je höher der Kontrast des Ausdrucks ist, desto besser ist er zu lesen. Aus diesem Grund sollten Sie immer in Schwarz/Weiß drucken und demzufolge dieses Häkchen entfernen.

8.12 Modelle ändern (alle Versionen)

Oftmals kommt es vor, dass ein wichtiger Modellschritt vergessen wurde und eingefügt werden muss. Dazu muss in der Regel innerhalb des Modells Platz geschaffen werden.

Mit ARIS verschieben Sie dazu einen markierten Bereich. Verschaffen Sie sich dazu zunächst einen guten Überblick über Ihr Modell (vgl. Kapitel 8.8). Markieren Sie anschließend den zu verschiebenden Bereich und platzieren Sie ihn mit „Drag & Drop" an einer neuen Stelle.

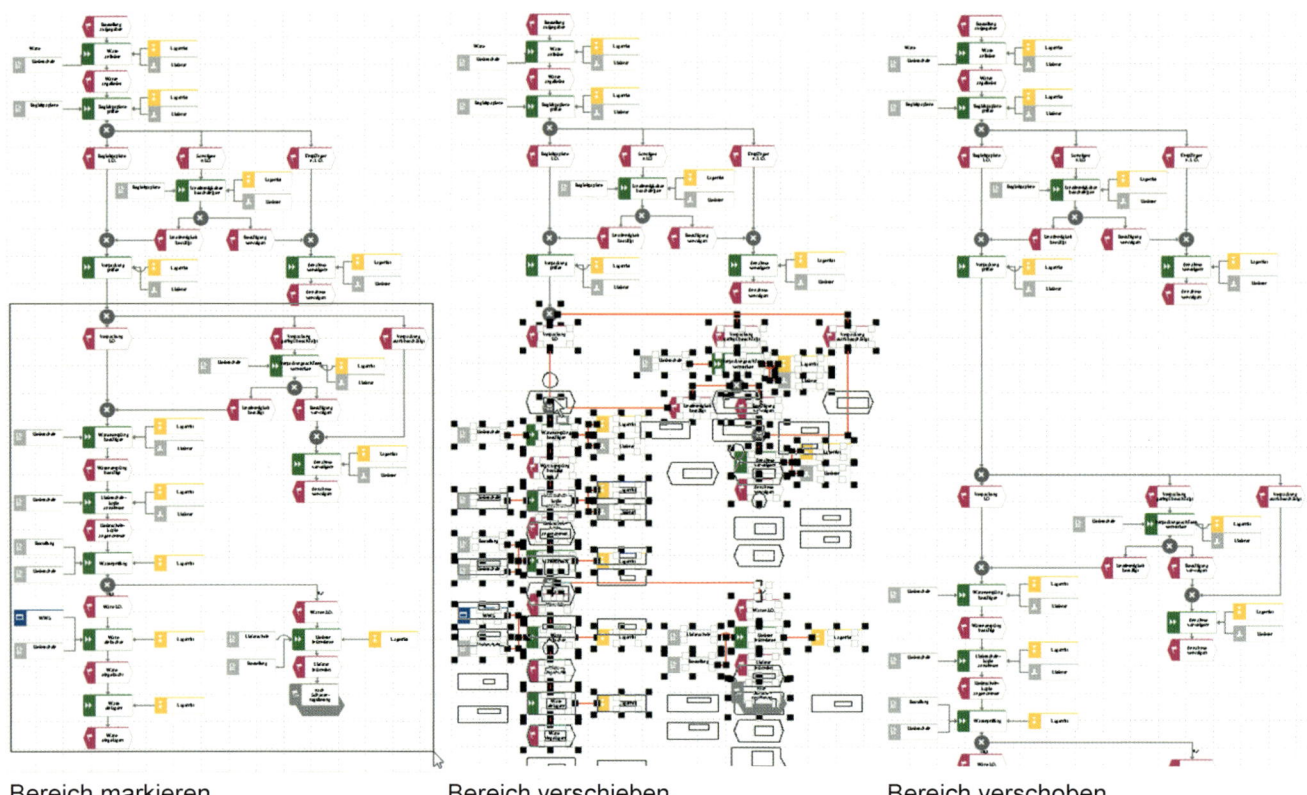

Bereich markieren   Bereich verschieben   Bereich verschoben

Leichter geht es mit der ARIS-Funktion FREIRAUM EINFÜGEN. Wählen Sie dazu im ARIS Architect im Reiter EINFÜGEN die Option FREIRAUM EINFÜGEN UND ENTFERNEN. In allen anderen ARIS-Versionen finden Sie den Menüpunkt in der Menüzeile ANORDNEN. Der gleiche Befehl lässt sich auch über das kontextsensitive Menü aufrufen.

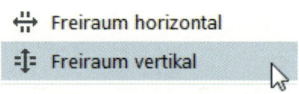

In Abhängigkeit der Positionierung der Schnittkanten wird nun Platz geschaffen oder überflüssiger Platz gelöscht.

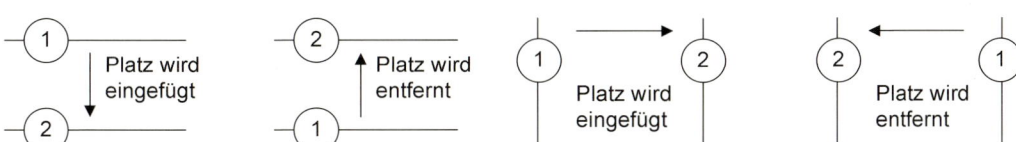

8.13 Eigenschaften von Objekten ändern (alle Versionen)[41]

In den folgenden Unterkapiteln erfahren Sie, wie Sie mit ARIS mehr erreichen als mit einem regulären Chart-Programm. Dazu ist es notwendig, dass modellierte Objekte mit zusätzlichen Attributen wie Zeiten oder Bemerkungen hinterlegt werden.

Mit einem Doppelklick auf ein Symbol öffnen sich die EIGENSCHAFTEN des Objekts.

Je nach Produkt und verwendetem Filter öffnet sich ein sehr umfangreiches Menü, das in den nächsten Unterkapiteln genauer betrachtet wird.

Das Wort Attribut bedeutet „charakteristische Eigenschaften und Merkmale". Bei der Modellierung beschreibt es das jeweilige Objekt näher und erfasst wichtige Zusatzinformationen wie Zeiten, Beispiele oder beschreibende Hinweise.

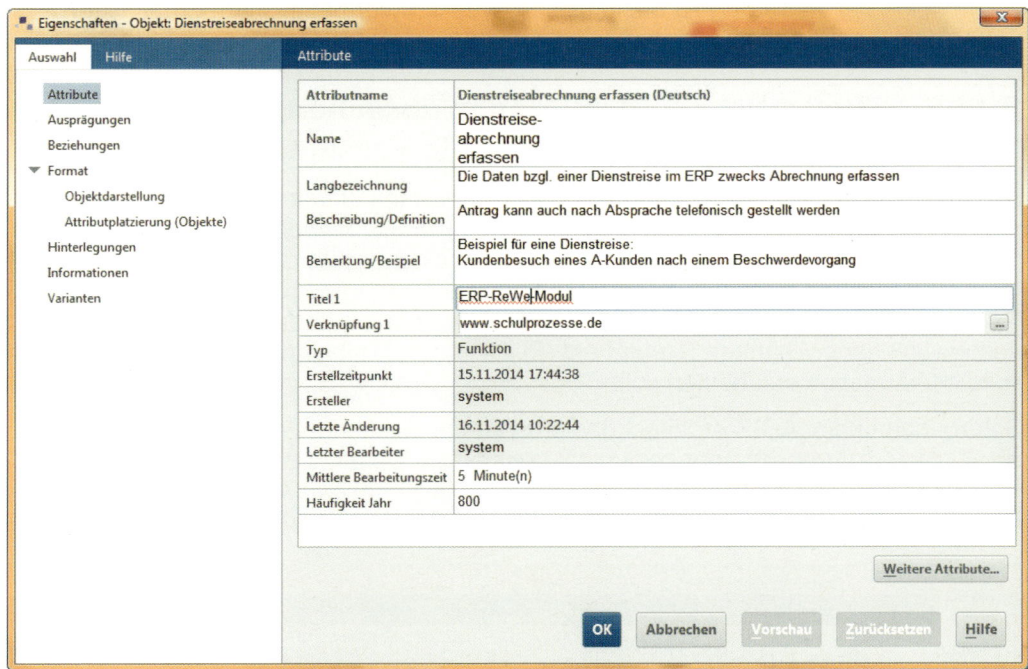

Neben der beschriebenen Methode, die Eigenschaften in einem separaten Fenster zu bearbeiten, stellen die ARIS-Versionen ebenfalls einen Dialog in der Modellierfläche zur Verfügung. Damit gelingt die Pflege der Merkmale bedeutend schneller.

Sollte diese Möglichkeit nicht im Seitenbereich der Modellierfläche gezeigt werden, aktivieren Sie diese bitte über die Auswahlmöglichkeit in der Symbolleiste.

Sofern Sie viele oder sogar alle Objekte gleichen Typs mit Informationen anreichern möchten (z. B. alle Zeiten), muss ein effizienteres Verfahren her (ARIS Architect). Wählen Sie zunächst mit der rechten Maustaste stellvertretend ein Objekt des Typs aus, den Sie bearbeiten möchten (bei der Eingabe von Zeiten eine Funktion). Geben Sie nun an, dass Sie alle Objekte dieses Typs markieren möchten.

---

[41] Die Pflege und Ausgabe von Attributwerten ist auch in ARIS Express möglich, jedoch steht nur eine sehr begrenzte Auswahl von Attributstypen zur Verfügung.

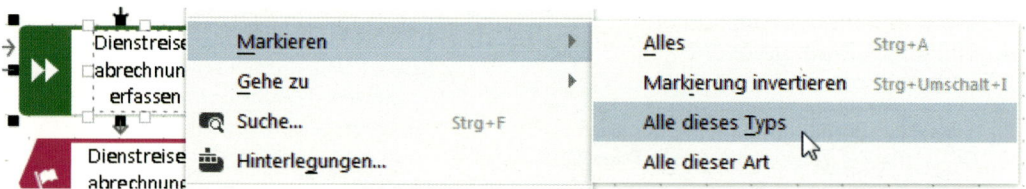

Nun sind alle Funktionen Ihres Modells markiert und Sie können eine Tabelle öffnen, mit der Sie alle markierten Objekteigenschaften im Überblick haben. Wählen Sie dazu im Menü BEARBEITEN die Auswahl ATTRIBUTE. Schneller geht es direkt mit der Funktionstaste F8.

Attributname	Dienstreiseabrechnu...	Erstattungsbetrag ...	rechnerische Richtigk...	
Mittlere Bearbeitungszeit	5 Minute(n)	2 Minute(n)	2	Min... ▼
Minimale Bearbeitungszeit				
Maximale Bearbeitungszeit				

Als Ergebnis sehen Sie eine tabellarische Auflistung der markierten Objekte, die nun mit Informationen gefüllt werden können. Leider gibt es keine Möglichkeit, die Reihenfolge der Auflistung zu beeinflussen, was den vermeintlichen Vorteil einer Tabelle ein wenig zunichte macht.

8.13.1 Zusätzliche Informationen ausgeben/ Attributsplatzierungen (alle Versionen)

Nachdem Sie grundlegende Informationen zu Objekten einpflegen können, ist der nächste Schritt, diese auch auszugeben. Markieren Sie zunächst ein oder mehrere Objekte. Anschließend öffnen Sie, wie in Kapitel 8.13 beschrieben, den Dialog OBJEKTEIGENSCHAFTEN. Wählen Sie nun den Unterpunkt ATTRIBUTSPLATZIERUNGEN. Nachdem Sie im Feld „PLATZIERTE ATTRIBUTE" die auszuweisende Information ausgewählt haben, können Sie im Feld „PLATZIERUNG" mit einem Häkchen bestimmen, wo die Information erscheinen soll.

Sofern Ihnen beim ARIS Architect das entsprechende Attribut nicht in der Auswahl „PLATZIERTE ATTRIBUTE" angezeigt wird, bestimmen Sie es über die Schaltfläche HINZUFÜGEN. Damit die anschließende Auswahl des richtigen Attributs leichter wird, kann diese mit der Auswahl „NUR GEPFLEGTE ATTRIBUTE ANZEIGEN" reduziert werden.

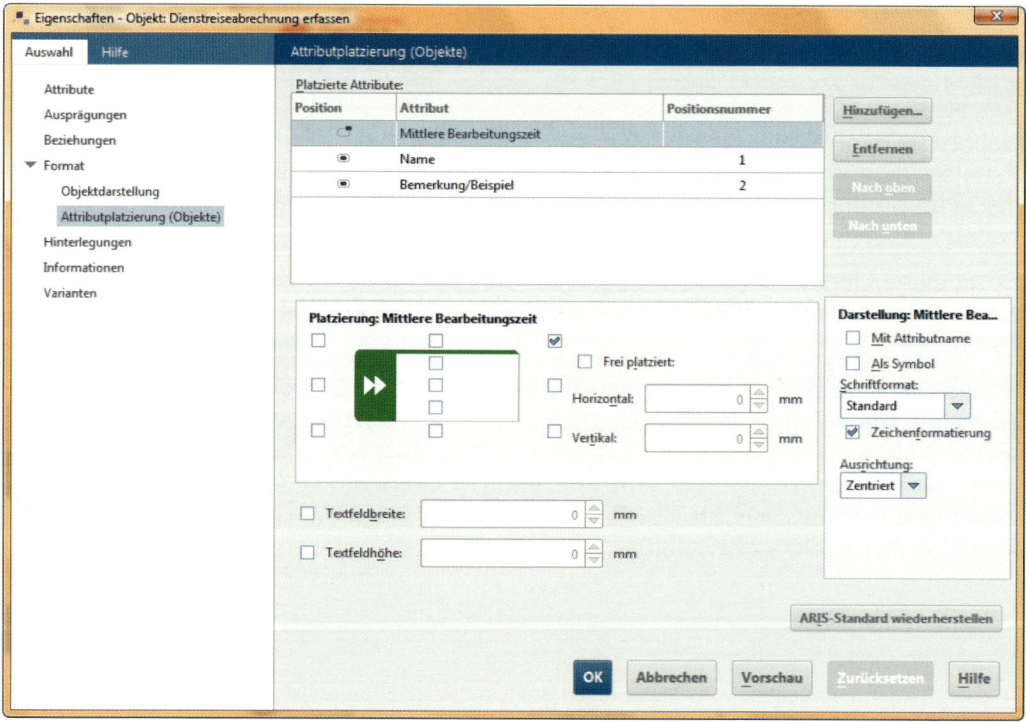

Zum Ausweisen einzelner Attribute stellt ARIS in allen Versionen eine Schnellvariante zur Verfügung. Soll beispielsweise die Bearbeitungszeit im Modell eingeblendet werden, klicken Sie diese im Eigenschaftsfeld im Designmodus mit der rechten Maustaste an, und wählen Sie dann im Menü den Punkt ATTRIBUT IM MODELL

Langbezeichnung	Die Daten bzgl. einer Dienstreise im ERP zwecks Abre
Beschreibung/Definition	Antrag kann auch nach Absprache telefonisch gestellt
Bemerkung/Beispiel	Beisp... Kunde
Titel 1	ERP-...
Verknüpfung 1	www.
Parameter 1	
Parameter 2	
Typ	Funkt
Erstellzeitpunkt	15.11.
Ersteller	syste
Letzte Änderung	16.11.

Kontextmenü:
- ✂ Ausschneiden — Strg+X
- 📋 Kopieren — Strg+C
- 📋 Einfügen — Strg+V
- 🗑 Löschen — Entf
- Ausblenden ▶
- Optimale Höhe
- **Attribut im Modell anzeigen**
- 🔍 Suche... — Strg+F
- Format ▶

ANZEIGEN. Das Ihnen bekannte Fenster öffnet sich für weitere Einstellungen. Eine weitere Möglichkeit ist die direkte Platzierung des Attributs aus dem Eigenschaften-Fenster über „Drag & Drop".

Sofern Sie sich ein Objekt mit allen notwendigen Informationen formatiert haben, können Sie das Aussehen des Objekts mit der Pinselfunktion auf ein anderes übertragen. Wollen Sie das Design auf mehrere Objekte übertragen, halten Sie die STRG-Taste gedrückt.

🖌 Format übertragen

8.13.2 Notizen einfügen (alle Versionen)

Die Namenskonvention besagt, dass Objekte in der Regel sehr kurz beschrieben werden sollen. Um eine Funktion etwas näher zu beschreiben, stellt Ihnen ARIS eigens dafür vorgesehene Felder zur Verfügung.

Langbezeichnung	Kundenaufträge zur weiteren Bearbeitung durch den Service erfassen.
Beschreibung/Definition	Auftrag kann auch mündlich erfolgen
Bemerkung/Beispiel	Erfassen im ERP-System

Grundlage zur Eingabe ist die Beschreibung aus Kapitel 8.13. Wählen Sie zur Bearbeitung von Notizen oder Bemerkungen die Auswahl ATTRIBUTE. In den Feldern LANGBEZEICHNUNG bzw. BESCHREIBUNG/DEFINITION können Sie Ihre Zusatzinformationen festhalten.[42] Zur Ausgabe dieser Informationen beachten Sie bitte Kapitel 8.13.1.

8.13.3 Ressourcen mit einer URL verknüpfen (alle Versionen)

Soll eine Ressource in einer EPK mit einer Internetadresse (URL – Uniform Ressource Locator) verbunden werden, kann diese über die Eigenschaften des Objekts verknüpft werden.

Grundlage zur Eingabe ist die Beschreibung aus Kapitel 8.13. Wählen Sie zur Bearbeitung von URL-Verknüpfungen die Auswahl ATTRIBUTE. In dem Feld SYSTEMATTRIBUTE ▶ VERKNÜPFUNG1 geben Sie die URL-Adresse ein.

Attribute	Hinterlegungen	Beziehungen	Ausprägungen
Attributname	ERP-System (Deutsch - Alternativsprache)		
Name	ERP-System		
Titel 1	Anmeldung ERP		
Verknüpfung 1	www.schulprozesse.de		...
Typ	Anwendungssystemtyp		

Neben einer URL können Sie ebenfalls auf eine Ressource (zum Beispiel Dokument) auf dem lokalen Rechner oder einem Server verweisen. Wählen Sie dazu über 🔲 die entsprechende Datei aus und benennen Sie den Verweis über TITEL1. Zur Ausgabe

___

[42] Im ARIS Architect müssen diese zusätzlichen Felder ggf. über die Schaltfläche WEITERE ATTRIBUTE aktiviert werden.

dieser Informationen beachten Sie bitte Kapitel 8.13.1. Das Ziel ist durch einen Doppelklick im Modell aufzurufen.

Das Attribut TITEL 1 tauscht den ggf. sehr unförmig und lang erscheinenden Pfad oder die umfangreiche Internetadresse gegen eine alternative Beschreibung aus. Beachten Sie dabei, dass trotz Pflege des Attributs TITEL 1 das Attribut VERKNÜPFUNG1 ausgewiesen werden muss. Ansonsten funktioniert die automatische Verknüpfung mit dem Ziel nicht.

8.13.4 Zeiten bestimmen (ARIS Architect)

Grundlage zur Eingabe ist die Beschreibung aus Kapitel 8.13. Wählen Sie zur Bearbeitung von Zeiten die Auswahl ATTRIBUTE. Im Feld ZEITEN ▶ BEARBEITUNGSZEIT bestimmen Sie die entsprechende Zeiteinheit. Zur Ausgabe dieser Informationen beachten Sie bitte Kapitel 8.13.1.

8.13.5 Kantenwahrscheinlichkeiten (ARIS Architect)

Kantenwahrscheinlichkeiten dienen der Simulation von Abläufen und sind Grundlage zur Berechnung der Prozessdauer. Über die Kantenwahrscheinlichkeit wird festgelegt, in wie viel Prozent aller Fälle der eine oder der andere Weg nach dem Konnektor genommen wird. Ziel ist es also, die ausgehenden Kanten zu disjunkten Zuständen (XOR) mit Wahrscheinlichkeitswerten zu hinterlegen. Grundlage zur Eingabe ist die Beschreibung aus Kapitel 8.13. Wählen Sie zur Bearbeitung von Wahrscheinlichkeiten die Auswahl ATTRIBUTE. Wählen Sie dort den Punkt SIMULATION ▶ WAHRSCHEINLICH-KEIT und geben Sie die Kantenhäufigkeit ein. Diese wird in einer Dezimalzahl (80 % sind beispielsweise 80/100, also 0,8) ausgedrückt. Zur Ausgabe dieser Informationen beachten Sie bitte Kapitel 8.13.1.

OLE bedeutet Object Linking and Embedding und bezeichnet die Integration unterschiedlicher Applikationen in einem Dokument. Diese sogenannten Verbunddokumente ermöglichen es, OLE-Objekte (beispielsweise ein PDF-Dokument) direkt in der ARIS-Datenbank zu speichern und anschließend aus ARIS zu starten.

Die ausgehenden Kanten eines XOR-Konnektors lassen sich eindeutig benennen. Schwieriger gestaltet es sich beim ODER-Konnektor. Bei diesem Konnektortyp ist eine eindeutige Aussage durch die Mehrdeutigkeit unter Umständen rechnerisch nicht möglich. Daher ist mit Hinblick auf eine Simulation oder eine Prozessberechnung dieser Konnektortyp zu vermeiden.

Eigenschaften	
Attribute	Hinterlegungen
Attributname	**führt zu (De**
Typ	führt zu
Identifizierer	KH.2327
Wahrscheinlichkeit	0,8

8.14 Dokumente einbinden (ARIS Architect)

Die große Forderung der Unternehmen war, die entsprechend benötigten Dokumente in die jeweiligen Prozesse einzubinden. ARIS bietet dazu zwei Möglichkeiten. Dokumente können eingebunden werden, das heißt, dass sie fest in die Datenbank integriert oder miteinander verknüpft werden, wobei lediglich ein Verweis auf den Speicherort des Dokuments hinterlegt wird.

Zum Einbinden eines vorhandenen Dokuments (Regelfall) wählen Sie EINFÜGEN ▶ OLE-OBJEKT. Im nächsten Dialogfenster bestimmen Sie, dass Sie eine bereits bestehende Datei einbinden möchten (AUS DATEI ERSTELLEN). Dazu wählen Sie mit DURCHSUCHEN die Datei aus.

Als Nächstes müssen Sie entscheiden, ob die Datei verknüpft (Object Linking) oder eingebunden (Object Embedding) werden soll.

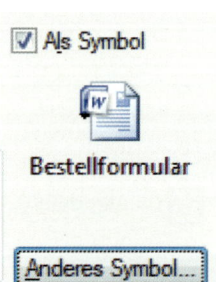

Über die Checkbox ALS SYMBOL bestimmen Sie das Aussehen der Verknüpfung im Modell. Sobald Sie die Checkbox angeklickt haben, erscheint eine Vorschau der symbolischen Darstellung. Bevor Sie nun mit OK das Dokument einbinden, ändern Sie bitte die Beschreibung des Dokuments von Microsoft Word-Dokument in eine selbstbeschreibende Bezeichnung. Dies erreichen Sie durch einen Klick auf ANDERES SYMBOL. Geben Sie bei der Bezeichnung nun einen selbstbeschreibenden Namen (z. B. Formular) ein. Nach dem Bestätigen sämtlicher Eingaben durch OK wird das Dokument eingebunden und es ist aus dem Modell heraus aufrufbar.

8.15 Verknüpfungen und Hinterlegungen anlegen (ARIS Architect)

Dem Verbinden von Prozessen mit Hilfe von ARIS liegen zwei unterschiedliche Ansätze zugrunde.

1. Verknüpfung: Eine Verknüpfung ist ein Sprungziel zu einem Teilprozess, der sich auf der gleichen Detaillierungsebene befindet (Prozessschnittstelle oder auch Prozesswegweiser). Auf diese Art und Weise können Prozessschritte zur besseren Übersicht bzw. zur Wiederverwendung ausgelagert (dekomponiert) und somit durchgängige Gesamtprozesse übersichtlich dargestellt werden.

2. Hinterlegung: Eine Hinterlegung ist die korrekte Bezeichnung für ein Sprungziel zu einem (Teil-)Prozess, der sich auf einer unteren Detaillierungsebene (Unterprozess) befindet. Diese Hierarchisierung von Prozessen findet in der Regel über hinterlegte Funktionen oder Wertschöpfungsketten-glieder statt. Das Sprungziel beinhaltet die detaillierte Ausarbeitung des Prozesses.

Trotz dieser wichtigen Unterscheidung werden beide Verbindungen in ARIS einheitlich „Hinterlegung" genannt.

Miteinander verbundene Prozesse erkennen Sie an dem kleinen Symbol:

8.15.1 Verknüpfung von Prozessen

Damit sich die Betrachter von Modellen vom Ende eines Prozesses zum Anfang des Folgeprozesses navigieren können, besteht die Möglichkeit, Verknüpfungen ähnlich eines Hyperlinks zu erstellen.

Attribute
Ausprägungen
Beziehungen
▼ Format
    Objektdarstellung
    Attributplatzierung (Objekte)
Hinterlegungen
Informationen
Varianten

Nachdem Sie das Symbol für eine Prozessschnittstelle angelegt haben, rufen Sie dessen Eigenschaften auf. Wählen Sie HINTERLEGUNGEN. Über die Schaltfläche NEU legen Sie eine neue Verknüpfung an. Wählen Sie nun aus, ob der Zielprozess bereits modelliert wurde, es sich also um ein BESTEHENDES MODELL oder um ein NEUES MODELL handelt. Als Nächstes geben Sie den Ort des zu verknüpfenden Modells (i. d. R. Ihr Arbeitsordner) an. Dieses Modell erscheint nun im Bereich HINTERLEGTE MODELLE und kann ausgewählt werden.

Nach Bestätigen mit OK ist die Verknüpfung hergestellt und wird im verweisenden Modell symbolisch angezeigt. Durch einen Doppelklick auf das Symbol wird der verknüpfte Prozess automatisch aufgerufen.

Eine schnelle Möglichkeit, eine Verknüpfung anzulegen, ist die Methode „Drag & Drop" aus der Navigation. Sollte diese Möglichkeit nicht im Seitenbereich der Modellierfläche gezeigt werden, aktivieren Sie diese bitte über die Auswahlmöglichkeit in der Symbolleiste.

Legen Sie zunächst das Symbol für eine Prozessschnittstelle an und ziehen dann den zu verknüpfenden Prozess aus der Navigation (Explorerbaum) der Modellieroberfläche auf das Symbol.

Nach einer kurzen Rückfrage ist die Verknüpfung angelegt.

14 Harms - ISBN 978-3-8120-1040-5

Eine semantisch korrekte Verknüpfung sieht wie folgt aus:

von Prozess 1	nach Prozess 2	Erläuterung
„Dienstreise durchführen"	„Dienstreise abrechnen"	Diese Verknüpfung zeigt einige Besonderheiten, die näher betrachtet werden sollten:

Zu jedem Prozesssprung gehören zwei Verknüpfungen. Eine führt vom Ursprungsprozess (Teilprozess „Dienstreise durchführen") zum Zielprozess („Dienstreise abrechnen"). Eine andere ermöglicht einen Rücksprung vom Zielprozess zum Ursprungsprozess.

Das letzte Ereignis des Ursprungsprozesses (Dienstreiseabrechnung ausgefüllt) ist grundsätzlich das erste Ereignis im verknüpften Zielprozess (Ausprägungskopie). So ist gewährleistet, dass an dem Ort, an dem der Prozess weitergeht, nahtlos angeknüpft wird.

8.15.2 Hinterlegung von Prozessen

Das Hinterlegen von Unterprozessen erfolgt in der gleichen Art und Weise wie in Kapitel 8.15.1 beschrieben. Bei hinterlegten Funktionen wird bzgl. des vor- und nachgelagerten Ereignisses wie bei der Prozessschnittstelle verfahren. Bei hinterlegten Wertschöpfungskettengliedern wird auf vollständige Prozesse verwiesen.

8.16 Modell in andere Darstellungen überführen (ARIS Architect)

Generell ist es möglich, mit ARIS eine EPK in eine andere Modellform (z. B. ein Vorgangskettendiagramm oder UML-Diagramme) zu bringen. Aufgrund der Tatsache, dass andere Modelltypen nicht weniger komplex sind als EPK, sind die Ergebnisse einer automatischen Umwandlung als eher mangelhaft zu bewerten und werden deshalb hier nur kurz dargestellt.

Nachdem Sie einen Prozess im ARIS Explorer mit der rechten Maustaste ausgewählt haben, können Sie im Menü den Befehl MODELL GENERIEREN geben. Anschließend wählen Sie einen Prozess aus und bestimmen, in welchen Modelltyp er umgewandelt werden soll. Abschließend geben Sie dem neuen Modell einen entsprechenden Namen.

Interessanter und wesentlich sinnvoller ist das Umwandeln eines Prozesses in eine Tabellenform, die darüber Aufschluss gibt, welche Tätigkeiten von einer Stelle ausgeführt werden sollen (eine Art Stellenbeschreibung – vgl. Kapitel 8.20).

8.17 Importieren und Exportieren von Prozessmodellen (alle Versionen)

Abgesehen von der Möglichkeit im ARIS Architect im Modul Administration Datenbanken komplett zu sichern und rückzusichern (setzt die notwendigen Rechte voraus), bieten alle ARIS Versionen die Möglichkeit, einzelne Prozesse zu ex- und importieren. Wählen Sie dazu im ARIS Architect INHALT ▶ IMPORT/EXPORT und in den anderen Versionen im Dateimenü den Menüpunkt EXPORTIEREN/ IMPORTIEREN. Die Ex- und Importformate sind zum einen von Ihren Rechten im System und zum anderen von der verwendeten Version abhängig.

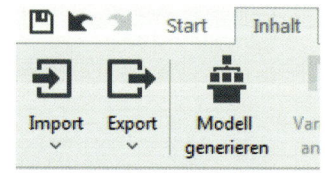

8.18 Varianten anlegen und versionieren (ARIS Architect)

Wenn Sie ein Prozessmodell optimieren und demzufolge Änderungen in das Modell einarbeiten möchten, wäre es wenig sinnvoll, in dem Originalprozess zu arbeiten. Wichtige Hinweise auf den ursprünglichen Zustand gingen verloren. Aus diesem Grund sollte vor den Änderungen eine Variante angelegt werden.

Wählen Sie dazu im Explorer den Prozess mit der rechten Maustaste aus und anschließend den Menüpunkt KOPIEREN. Im Zielordner rufen Sie erneut das kontextsensitive Menü auf und wählen EINFÜGEN ALS ▶ DEFINITIONSKOPIE. Als Ergebnis steht Ihnen der Ursprungsprozess als eigenständiges Duplikat mit allen Objekten zur Verfügung.

Bei diesem Vorgehen geht Ihnen allerdings dauerhaft die Information verloren, woher der Prozess mit seinen verwendeten Objekten ursprünglich stammt.

Um diese Information zu dokumentieren, bietet ARIS die Funktion „Variante anlegen".

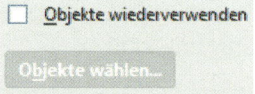

Wählen Sie dazu im ARIS Explorer mit der rechten Maustaste den Prozess aus, der Grundlage für die Änderung ist, und dann im Menü den Punkt NEU ▶ VARIANTE.

Im nächsten Menü geben Sie an, dass Sie ein neues Modell anlegen möchten. Wählen Sie als Nächstes das Zielverzeichnis der Variante (dort wird dann das Ursprungsmodell hineinkopiert).[43]

Der nachfolgende Schritt ist sehr wichtig. Überlegen Sie sich, ob Sie redundante Objekte vermeiden und den abgeänderten Prozess mit den originären Objekten erstellen möchten oder ob Sie eine vollständige Kopie des Prozesses nutzen möchten, der in allen Objekten ohne Nebeneffekte abgeändert werden kann.

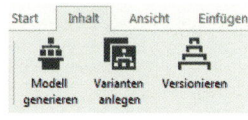

Mit ARIS ist es Ihnen darüber hinaus möglich, komplette Prozesse zu versionieren[44], d. h. unterschiedliche Entwicklungsstände zu sichern. Markieren Sie dazu den zu versionierenden Prozess und wählen dann im ARIS Architect INHALTE ▶ VERSIONIEREN.[45]

Versionierte Prozesse rufen Sie über die Ansicht der Eigenschaften des Modells auf. Über einen Klick auf ein Modell mit der rechten Maustaste können Sie Modell-versionen vergleichen.

---

[43]   Der Ursprungsname wird beibehalten und nummeriert.

[44]   Die Datenbank muss versionierbar und der Nutzer mit entsprechenden Rechten ausgestattet sein.

[45]   Ob eine ARIS-Datenbank versionierbar ist, sehen Sie am Datenbanksymbol

ARIS Architect: ▶ 🗎 Versionierbar   ▶ 🗎 Nicht versionierbar

8.19 Funktion „Schnellmodellierung" (alle Versionen)

Sie werden insbesondere bei der Erstellung von Prozessketten merken, dass sich die Konstrukte bestehend aus Funktion, Ereignis, Organisationseinheit und Ressourcen häufig wiederholen. Um Ihnen die Modellierung dabei zu erleichtern, stehen Ihnen komplette Muster zur Modellierung zur Verfügung. Diese brauchen lediglich im Modell platziert und umbenannt zu werden.

Eigene Muster können nach Belieben hinzugefügt werden. Dazu werden lediglich modellierte Bereiche markiert und mit der rechten Maustaste angeklickt. Nachdem Sie die Auswahl MUSTER ERSTELLEN … gewählt haben, steht die Auswahl als neues Muster bereit.

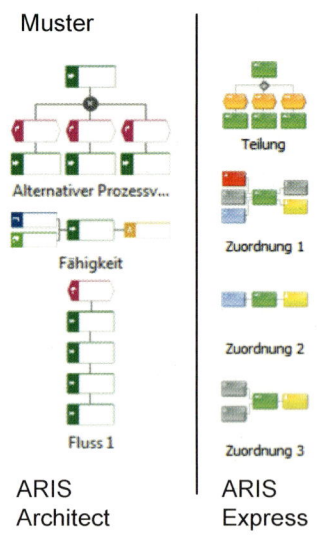

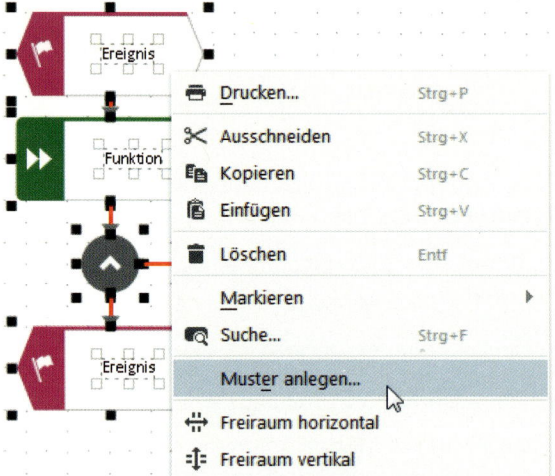

Diese Funktion ist jedoch mit besonderer Vorsicht zu verwenden. Sofern Sie ein eigenes Muster beispielsweise mit der externen Person „Kunde" angelegt haben, wird bei jeder Anwendung dieses Musters ein neues Objekt „Kunde" angelegt. Eine Redundanz (mehrfaches Anlegen eines Objekts, in diesem Fall des Objekts „externe Person"), die in einer Datenbank nicht gern gesehen ist und vor allem im Bereich der Analyse von Prozessen zu nicht unerheblichen Problemen führt.

Doch das ist noch nicht alles. Sofern Sie bereits eine Skizze Ihres Prozesses erstellt oder den Prozessablauf fest vor Augen haben, hilft Ihnen die Funktionalität von SmartDesign.

Mit dieser ist es Ihnen möglich, alle prozessrelevanten Informationen tabellarisch zu erfassen und als entsprechenden Modelltyp darstellen zu lassen.

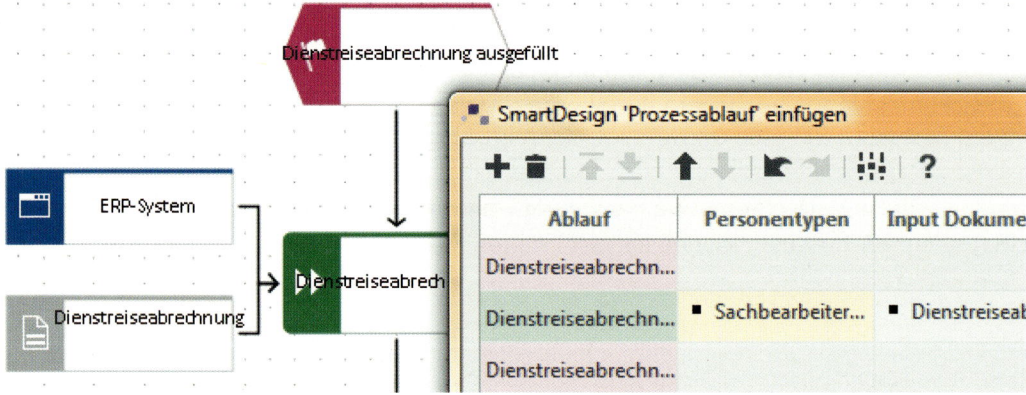

Auch diese praktische Funktion sollte vor Anwendung aufgrund der Bildung von Redundanzen kritisch betrachtet werden.

8.20 Filter wechseln (ARIS Architect)

Standardmäßig sieht die Anmeldung in ARIS Architect die Verwendung des Standard-Filters vor. Für einige Funktionalitäten, Auswertungen und Modelltypen ist aber ein Filter mit erweiterter Funktionalität notwendig. Dieser Filter heißt „Gesamtmethode" und beschreibt mit seinem Namen sehr gut, dass damit der volle ARIS Architect Funktionsumfang nutzbar ist.

Vorausgesetzt, Ihnen wurde das Recht zur Nutzung dieses Filters eingeräumt, melden Sie sich zunächst im Explorer mit einem Klick mit der rechten Maustaste von der aktuellen Datenbank ab.

Anschließend melden Sie sich an der Datenbank erneut an. Klicken Sie dazu mit der rechten Maustaste auf die entsprechende Datenbank und wählen ANMELDEN MIT OPTIONEN. Wählen Sie anschließend den entsprechenden Filter Gesamtmethode.

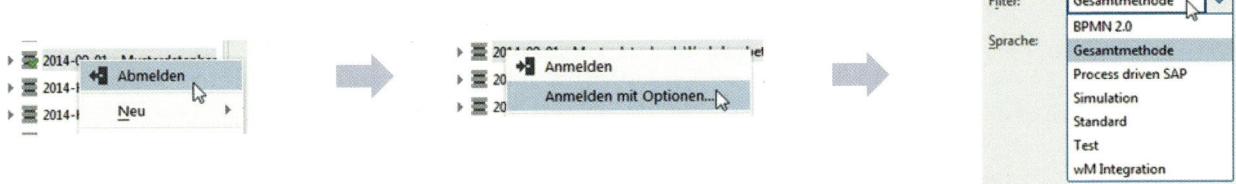

8.21 Auswerten von Prozessmodellen (ARIS Architect)

ARIS untersucht Prozesse oder verwendete Objekte auf zuvor definierte Parameter. Dabei werden die Analysemöglichkeiten in starre (z. B. Reports) und dynamische (z. B. Matrixauswertungen) unterschieden, die im Folgenden produktspezifisch genauer betrachtet werden.

Den vollständigen Bereich der Auswertungen finden Sie zentral organisiert in der Tab-Menüleiste.

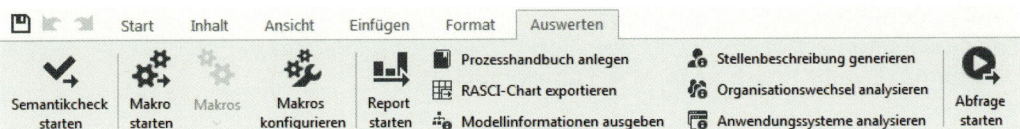

8.21.1 Reports

Ein Report ist eine standardisierte Analyse eines Prozesses oder eines Objekts. Besonders nützliche Reports werden Ihnen bereits auf oberster Ebene angeboten.

Grundsätzlich gibt es zwei unterschiedliche Blickwinkel auf die Analysen. Entweder wird eine Analyse auf einen oder mehrere Prozesse angewendet, oder auf ein oder mehrere Objekte. Eine Stellenbeschreibung verdeutlicht das anschaulich:

- Analyse auf Prozessmodelle oder eine vollständige Gruppe: Sämtliche in den ausgewählten Prozessmodellen involvierten Stellen werden tabellarisch aufbereitet in einer Stellenbeschreibung dokumentiert.
  Ergebnis: eine Auflistung der Tätigkeiten mehrerer Stellen.

- Analyse auf eine Stelle: Sämtliche Prozessmodelle, in denen die definierte Stelle involviert ist, werden tabellarisch aufbereitet in einer Stellenbeschreibung dokumentiert.
  Ergebnis: eine Auflistung einer Stelle in mehreren Teilprozessen.

Einen Report rufen Sie auf, indem Sie im Explorer einen oder mehrere Prozesse oder Objekte auswählen und in der Registerkarte AUSWERTEN einen beliebigen Report starten. In nachfolgenden Dialogen bestimmen Sie den Ausgabeort, Dateityp und Auswertungsparameter.

Einen weiteren Report, der die Bearbeitungszeit und die damit verbundenen Prozesskosten errechnet, finden Sie in Kapitel: „Prozesskosten LIGHT" Auswertungsskript.

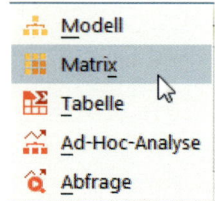

8.21.2 Beziehungsmatrix

Mit der wertvollen Hilfe des Matrixeditors können Beziehungen von Objekten zueinander tabellarisch dargestellt werden.

Eine neue Beziehungsmatrix wird als neues Modell MATRIXMODELL erstellt. In dieses tabellarische Modell können nun die Prozessmodelle aus dem Explorerbaum der Navigation in die Zeilen und Spalten per „Drag & Drop" übernommen werden. Als Ergebnis werden alle Objekte der übernommenen Prozesse angezeigt.

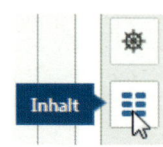

Um die Objekte der Zeilen und Spalten in eine sinnvolle Verbindung zueinander zu bringen, werden im unteren Bereich des Matrixeditors lediglich die Objekte markiert, die in den Zeilen und Spalten angezeigt werden sollen (z. B. Funktionen in den Zeilen, Stellen und externe Personen in den Spalten). Sollten Sie die Auswahl nicht sehen, aktivieren Sie diese im seitlichen Menü.

Anschließend werden die Kantentypen bestimmt, über die die Objekte miteinander in Verbindung stehen. Am leichtesten geht es, indem Sie eine Checkbox des Bereichs ANZEIGEN mit der rechten Maustaste anwählen und ALLE WÄHLEN anklicken. Als Ergebnis werden Ihnen sämtliche zueinanderstehenden

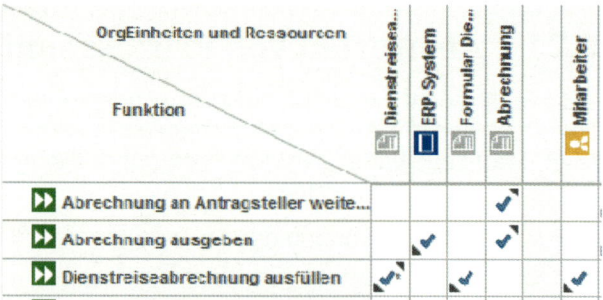

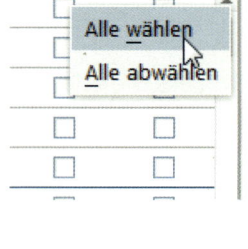

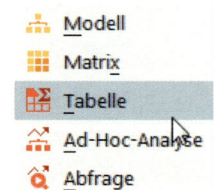

Konstellationen angezeigt. Über den Report BEZIEHUNGSMATRIX EXPORTIEREN überführen Sie Ihr Ergebnis in eine Tabellenkalkulation.

8.21.3 Prozessmodelle in Tabellen überführen

Um Attributwerte in Tabellen auszuweisen, auszuwerten und zu ändern, legen Sie zunächst über NEU eine Tabelle an. Im nächsten Schritt kopieren Sie die Elemente (zum Beispiel Funktionen einer EPK) in die zweite Zeile der Tabelle. Gut funktioniert das, indem Sie eine Funktion der EPK markieren und dann im Kontextmenü MARKIEREN ALLE DIESES TYPS wählen.

Anschließend wählen Sie im Tabellenkopf (1. Zeile), welches Attribut zum entsprechenden Objekt ausgewiesen werden soll. Ein Assistent hilft nach der Eingabe des Zeichens „=".

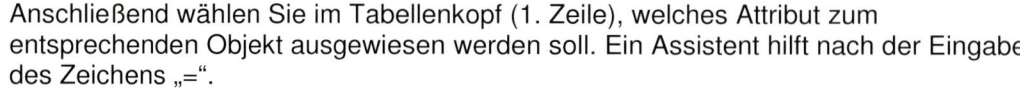

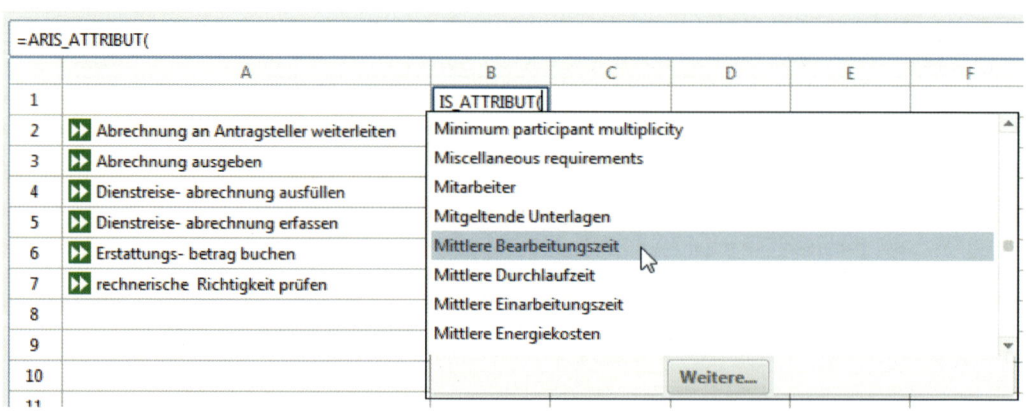

Bei der Auswahl der Attribute hilft die Schaltfläche in der Symbolleiste.

Nachdem nun Zeilen und Spalten definiert wurden, gilt es die Zellen zu befüllen. Geben Sie dazu den Befehl =ARIS_ATTRIBUTWERT(ARIS OBJEKT; ARIS ATTRIBUT) ein. Verweisen Sie dabei auf die Koordinaten der Zelle, z. B. =ARIS_ATTRIBUTWERT(A2; B1).

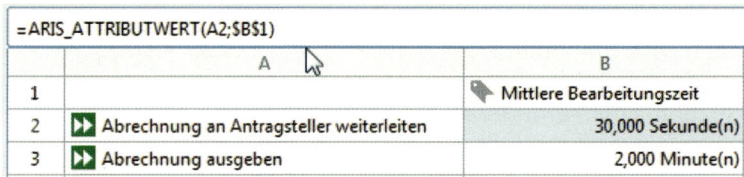

=ARIS_ATTRIBUTWERT(A2;B1)		
	A	B
1		🏷 Mittlere Bearbeitungszeit
2	⏩ Abrechnung an Antragsteller weiterleiten	30,000 Sekunde(n)
3	⏩ Abrechnung ausgeben	2,000 Minute(n)

Einmal angelegte Formeln können auf die übrigen Zellen kopiert werden. Achten Sie bei Bedarf, wie in jeder Tabellenkalkulation, auf eine absolute Adressierung mit dem Dollarzeichen, z. B. =ARIS_ATTRIBUTWERT(A2;B1).

Mit den dargestellten Werten können analog einer jeden Tabellenkalkulation Sortierungen und Berechnungen durchgeführt werden, z. B. =SUMME(B2:B22). Eine Auflistung der Befehle erhalten Sie, sobald Sie „=" in die Formelleiste eingeben.

Werte, die in der Tabelle geändert werden, werden ebenfalls in den Objekten der Modelle geändert! Somit eignet sich die Tabellendarstellung hervorragend, um Zeiten an Funktionen zu pflegen. Ebenso können die Tabellen nach individuellen Wünschen grafisch gestaltet und nach Excel exportiert werden.

8.21.4   Ad-Hoc-Analyse

Die lateinische Phrase ad-hoc bedeutet so viel wie „zu dieser Sache passend", im weiteren Sinne auch „spontan". Demnach hilft diese Analyse, spontan entstandene Analysefragen zu beantworten.

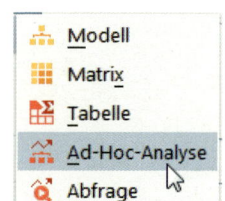

Legen Sie zunächst über NEU eine Ad-Hoc-Analyse an. Anschließend treffen Sie die Wahl zwischen einer automatischen und einer schrittweisen Analyse.

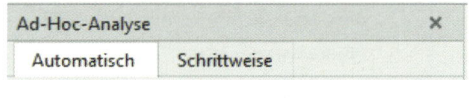

Automatische Analyse: Geben Sie als Start und Ziel zwei Objekte ein, von denen Sie in Erfahrung bringen möchten, ob diese in Verbindung zueinanderstehen.

Als Ergebnis dieser Anfrage erhalten Sie eine Auflistung aller Funktionen, bei denen das ERP-System benötigt wird.

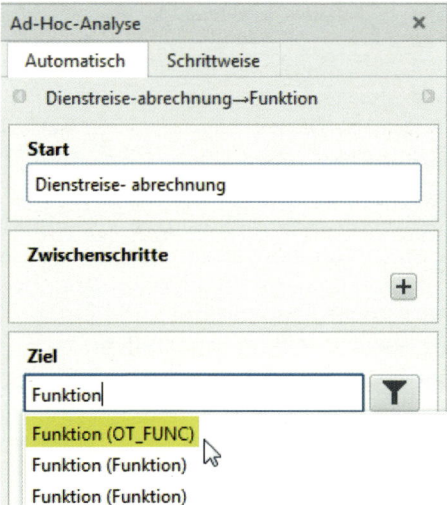

Als Ziel könnte beispielsweise auch die Stelle allgemein (OT_POS), Funktion (OT_FUNC) oder Anwendungssystemtyp (OT_APPL_SYS_TYPE) angegeben werden. Standardmäßig ist die Abfrage auf Beziehungen ersten Grades (Wert 0) angelegt. Zwischen einer Stelle und einem ERP-System kann es bei genauer Betrachtung keine direkte Beziehung (einen direkten Kantenverlauf) geben.

Sobald der Beziehungsgrad über den Schieberegler erweitert wird, ergeben sich Verbindungen über Prozesse und Funktionen.

Schrittweise Analyse: Diese Analyse ermöglicht weiterhin eine einfache, aber dennoch individuellere Auswertung von Objektbeziehungen. Start der Abfrage soll die Stelle Sachbearbeiter Verkauf sein. Alle unmittelbar mit dem markierten Objekt verbundenen weiteren Objekte werden als mögliche Nachfolger angezeigt. Das vorangestellte Dreieck erweitert oder verkleinert die Auswahl der Objekte, ein Klick auf die Kategorie oder auf einzelne Objekte bezieht die ausgewählten Objekte in die Auswertung in Form eines grafischen Baums ein.

Durch die erneute Auswahl eines einzelnen Objekts in dem grafischen Baum können weitere Beziehungen angezeigt und ermittelt werden. Das wiederholen Sie so lange, bis die gewünschte Fragestellung beantwortet ist.

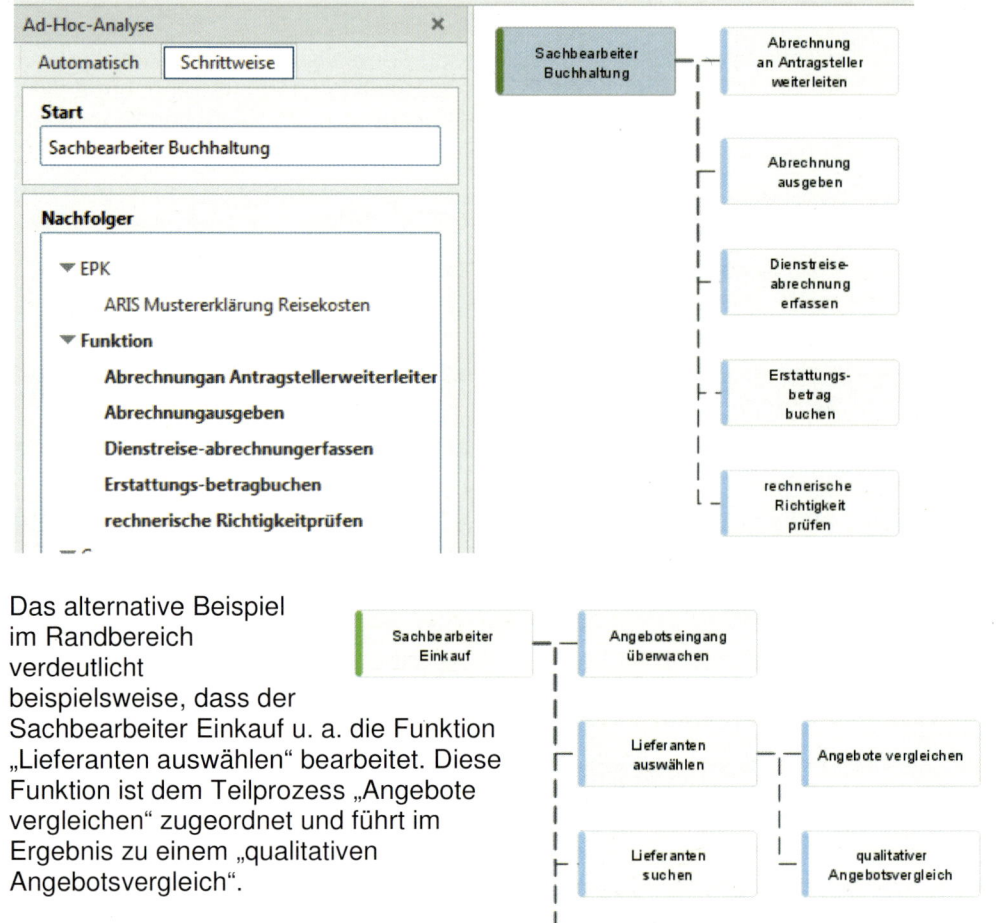

Das alternative Beispiel im Randbereich verdeutlicht beispielsweise, dass der Sachbearbeiter Einkauf u. a. die Funktion „Lieferanten auswählen" bearbeitet. Diese Funktion ist dem Teilprozess „Angebote vergleichen" zugeordnet und führt im Ergebnis zu einem „qualitativen Angebotsvergleich".

8.21.5 Abfrage

Die Abfrage ermöglicht es den ARIS-Administratoren strukturierte Abfragen mit gezielten, aber allgemein verbindlichen Fragestellungen zur Verfügung zu stellen.

Abfrage starten

Diese allgemeingültigen Abfragen können von Anwendern auf ausgewählte Objekte angewendet werden. Dabei stehen den Anwendern diese entweder unternehmensintern oder öffentlich zum Abruf bereit. Das Vorgehen entspricht dem des Aufrufs eines Reports.

Nachdem eine Abfrage ausgeführt wurde, kann sie sowohl mit Hinblick auf die Abfragegestaltung als auch auf die Auswertungstabelle vom Anwender individuell angepasst werden (vgl. auch „Prozessmodelle in Tabellen überführen").

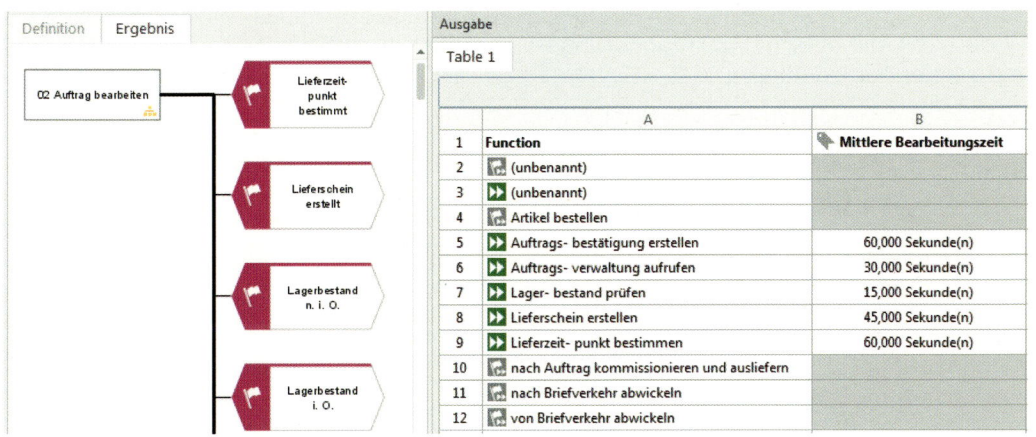

8.22 Automatische Kontrolle von Prozessen – Semantikcheck (ARIS Architect)

Schnell haben sich in Modelle Flüchtigkeitsfehler eingeschlichen. Solche Fehler sind in der Regel fehlende Kanten oder zwei aufeinanderfolgende Funktionen. Da es sich um ganz klare semantische Vorgaben handelt, kann das Modell durch ARIS bezüglich dieser formalen Fehler überprüft werden.

In einem geöffneten und zuvor gespeicherten Prozessmodell wählen Sie im Kontextmenü bzw. in der Menüleiste den Punkt Auswerten ▶ Semantikcheck.

Im Dialogfenster legen Sie die Regelarten fest, das heißt Sie bestimmen, worauf der Prozess überprüft werden soll. Für den Modelltyp EPK eignen sich die Regeln Allgemeine Sturkturregeln für alle Prozessmodelle und Strukturregeln für Prozessmodelle:

Anschließend bestimmen Sie, in welchem Ausgabeformat die Ergebnisse der Prüfungen ausgegeben werden sollen. Am effizientesten ist die Darstellung

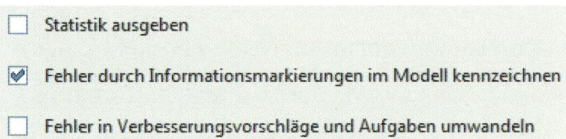

„Fehler durch Informationsmarkierungen im Modell kennzeichnen".

Nachdem die Überprüfung gestartet und die Animation beendet wurde, wird Ihnen das Ergebnis ausgewiesen.[46]

---

[46]   ARIS prüft nach sehr strengen Vorschriften. Eine davon ist, dass ein Prozess am Ende immer mit einem Ereignis aufhören muss. Da macht ARIS auch bei einem Verweis auf einen Teilprozess keine Ausnahme. Daher wird eine Prozessschnittstelle am Ende eines Prozesses, obwohl richtig, als Fehler markiert.

15 Harms - ISBN 978-3-8120-1040-5

Nachdem ggf. aufgetretene Fehler beseitigt wurden, gibt es leider keine andere Möglichkeit, die Informationsmarkierungen zu entfernen, als den Prozess zu schließen und wieder neu zu öffnen.

8.23 Prozessverbesserungen dokumentieren (ARIS Architect)

Selbstverständlich muss ein Programm wie ARIS ein gutes Change Management und ein strukturiertes Verbesserungswesen unterstützen.

Zu jedem Objekt bzw. Modell können Bemerkungen in Bezug auf geplante Verbesserungsvorschläge eingegeben werden. Sie sind Grundlage für Diskussionen und für das weitere Vorgehen.

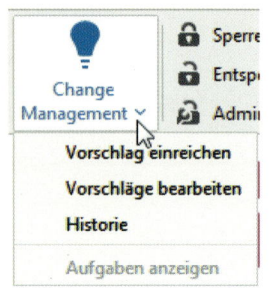

Sie reichen Vorschläge über den Menüpunkt INHALT (ARIS Architect) ein.

Über die Auswahl VORSCHLAG EINREICHEN können Ideen und Verbesserungen von Mitarbeitern eingereicht und gesammelt werden. Um zu vermeiden, dass Vorschläge mehrfach eingereicht werden, zeigt ARIS über die Eingabemaske bereits vorliegende Vorschläge an.

Nachträglich können Vorschläge vom Modellierer nicht mehr entfernt, jedoch bearbeitet werden. Nachdem der Projektleiter (erweiterte Rechte) von Ihrem Verbesserungsvorschlag erfahren und über das Vorgehen diesbezüglich entschieden hat, können die daraus hergeleiteten Maßnahmen ebenfalls über das System koordiniert werden.

Ihnen zugewiesene Verbesserungsvorschläge finden Sie im Modul Explorer unter dem Menüpunkt AUFGABEN.

8.24 „Prozesskosten LIGHT" Auswertungsskript (ARIS Architect)

Der Report „Prozesskostenrechnung light" ist kein regulärer Bestandteil des ARIS Architect, sondern wurde eigens für das Projekt aris@school für Lehrzwecke entwickelt und muss separat installiert werden.

Der Prozesskosten-Report ermöglicht eine vollständige und automatisierte Berechnung der Prozesskosten, die Sie bereits kennengelernt haben. Damit die Prozesskostenrechnung (PKR) durchgeführt werden kann, müssen die mittleren Bearbeitungszeiten (vgl. Kapitel 8.13.4), die Wahrscheinlichkeiten **aller** ausgehenden Kanten der Konnektoren (vgl. Kapitel 8.13.5), die lmn-Kosten, das Jahresgehalt sowie die Gesamtarbeitszeit pro Jahr der jeweiligen Stellen erfasst werden.[47]

Modellierkonventionen für Prozesskosten light:

- Das Modell darf nur ein Startereignis haben.

- Verknüpfungen zu Teilprozessen finden bei der Berechnung der PKR keine Berücksichtigung.

- Die Nutzung des ODER-Konnektors ist aufgrund seiner Mehrdeutigkeit zu vermeiden.

- Achten Sie darauf, dass Organisationseinheiten und Ressourcen innerhalb des Modells als Ausprägungskopien verwendet werden.

Um grundlegende Informationen wie lmn-Kosten und Kostentreiber für den Prozess festzulegen, werden die Attribute HÄUFIGKEIT JAHR (Gruppe HÄUFIGKEITEN) und PARAMETER 1 (Gruppe SYSTEMATTRIBUTE) des ersten Ereignisses des Prozessmodells gepflegt.

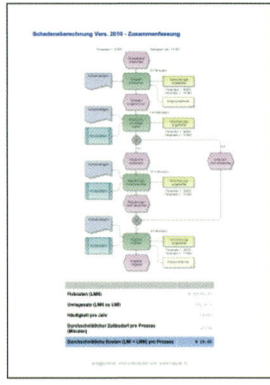

---

[47] Zur Pflege dieser erweiterten Attribute ist die Verwendung des easy-Filters nicht mehr ausreichend. Nutzen Sie bitte den Filter Gesamtmethode.

Zur Pflege aller relevanten Informationen der Organisationseinheit Stelle stehen in der Gruppe SYSTEMATTRIBUTE die Attribute PARAMETER 1 für das Jahreseinkommen und PARAMETER 2 für die Jahresarbeitsminuten zur Verfügung.[48]

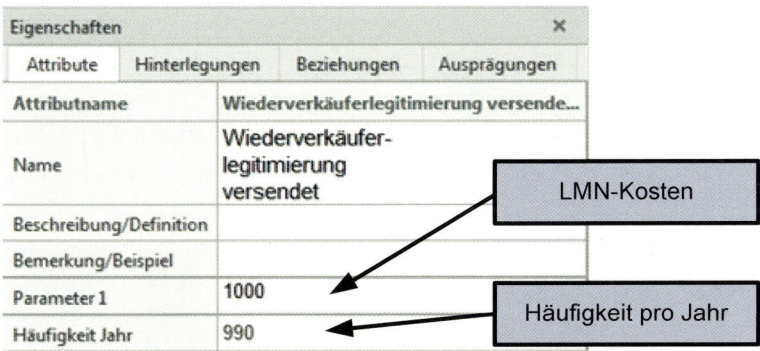

Nach der Pflege aller relevanten Daten wird, wie in Kapitel 8.21.1 beschrieben, der Report PROZESSKOSTEN LIGHT aufgerufen. Nach dem Bestätigen des Nutzungshinweises wird Ihnen das Ergebnis der Berechnung als PDF ausgegeben.

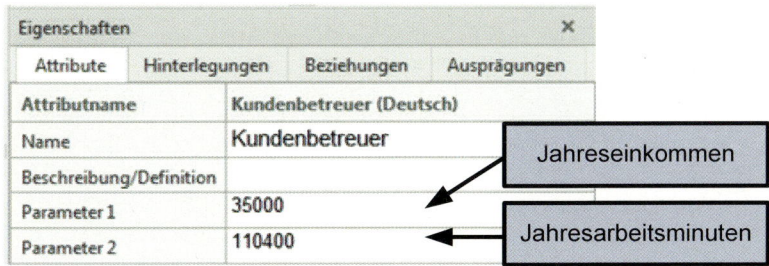

8.25 Weitere Modelltypen

Mit dem mächtigen ARIS Architect ist es möglich, Wissen ganz unterschiedlicher Art in Form von Modellen abzulegen. Hauptaugenmerk dieses Workshops ist die Darstellung der Aufbauorganisation (Organigramm) sowie der Ablauforganisation (EPK, WKD). Weitere ablauforganisatorische, aber informatisch geprägte Modelle stammen aus dem Bereich der bereits erwähnten UML oder BPMN.

Aber auch für andere Fachbereiche bietet ARIS das richtige Modell.

Um algorithmische Abläufe einer Software darzustellen, eignet sich der Programmablaufplan (PAP). Datenbankmodelle können mithilfe des erweiterten Entity Relationship Model (eERM) abgebildet werden. Um die sich ständig im Wandel befindliche Netzwerkstruktur abzubilden, steht den Fachabteilungen ebenfalls ein entsprechendes Modell bereit. Das Fachbegriffsmodell sichert einen einheitlichen Sprachgebrauch innerhalb einer Unternehmung. Spezielle Modelltypen unterstützen die Darstellung von Dialogen mit Anwendungssystemen und die Arbeit innerhalb von Projekten.

Das Handling nahezu aller Modelltypen in ARIS ist identisch mit den bisher erarbeiteten. Sofern es modelltypische Besonderheiten gibt, werden diese neben der Symbolerklärung nachfolgend beschrieben.

8.25.1 Erweitertes Entity Relationship Model – eERM (alle Versionen)[49]

Der Diagrammtyp erweitertes Entity Relationship Model ermöglicht es, Merkmale der realen Welt auf Entitäten mit bestimmten Merkmalen zu reduzieren. Ziel ist dabei die Entwicklung einer vollständigen und konsistenten Datenbank.

---

[48] Arbeitstage/Jahr x Arbeitsstunden/Tag x 60 Minuten/Stunde.

[49] In ARIS Express wird der Modelltyp „Datenmodell" genannt. Hinsichtlich der verwendeten Symbole weicht der Modelltyp vom ERM/ERD ein wenig ab.

Das eERM wird, wie im vorherigen Kapitel bei der EPK beschrieben, durch Setzen der Objekte sowie durch Ziehen von Kanten dargestellt. Das „e" in der Bezeichnung eERM steht dabei übrigens für erweitert und ergänzt das ERM um Fremdschlüssel und Beziehungstabellen, die als Ergebnis aus gegenseitig mehrfach referenzierten Tabellen (m:n-Beziehungen) entstehen:

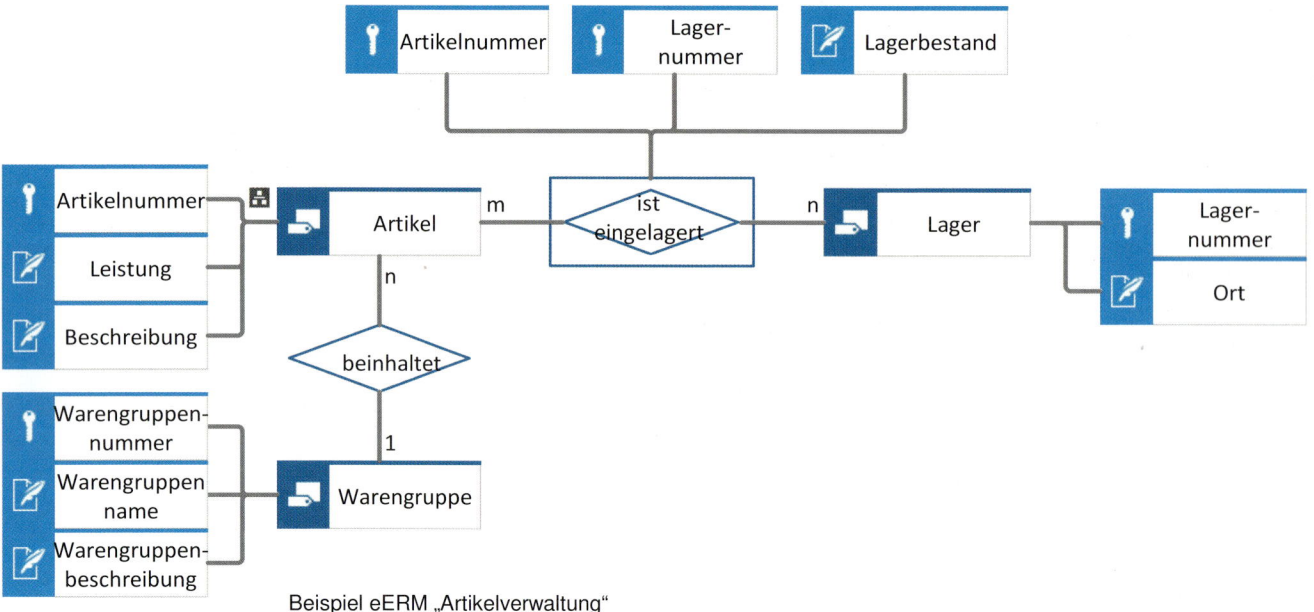

Beispiel eERM „Artikelverwaltung"

Dabei findet folgender Symbolvorrat Verwendung:

ARIS Architect	ARIS Express	Erklärung/Beispiel
Entitytyp	Entität	**Entität (Entitätstyp):** Stellt wesentliche Merkmale (Objekte) der Realität dar. Diese stehen über Beziehungen mit anderen Entitäten in Verbindung. Zum Beispiel ist ein Artikel einer Warengruppe zugeordnet.
Beziehungstyp		**Beziehungstyp:** Dieses Symbol setzt zwei Entitäten in eine Beziehung zueinander. Über die Eigenschaften der Kanten werden die Ausprägungen zueinander dargestellt. Bei ARIS EX wird auf dieses Symbol verzichtet.
umint. Beziehungstyp	Entität	**Beziehungstabelle (uminterpretierter Beziehungstyp):** Sofern zwei Entitäten mehrfach zueinander in Beziehung stehen, wird aus dem Beziehungstyp eine eigene Tabelle in der Datenbank.
b-Attribut	Attribut	**Nicht-Schlüssel Attribut (B-Attribut):** Merkmalsbeschreibungen von Entitäten (z. B. über einen Mitarbeiter wird Name und Vorname gespeichert).
S-Attribut	Primärschlüssel	**Primärschlüssel (S-Attribut):** ein Attribut, das einen Datensatz (Tupel) eindeutig identifiziert.
FS-Attribut	Fremdschlüssel	**Fremdschlüssel (FS-Attribut):** ein Attribut, das einen verbundenen Datensatz eindeutig referenziert.

Zur Darstellung der Beziehungen müssen lediglich die entsprechenden Kanten mit einem Doppelklick ausgewählt werden. Im Auswahlbaum wählen Sie bitte den Bereich Attribute.

Über das Feld Komplexitätsgrad bestimmen Sie nun, in welcher Beziehung zwei Entitäten zueinanderstehen. Das Attribut Komplexitätsgrad wird automatisch an der entitätszugewandten Seite ausgewiesen.

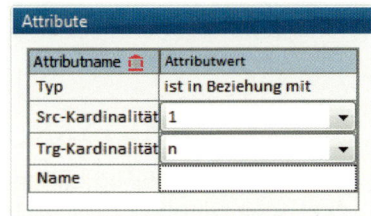

Attributname	definiert (Deutsch)
Typ	definiert
Komplexitätsgrad	n

In ARIS Express reicht ebenfalls ein Klick auf die entsprechende Kante. Da hier jedoch die bereits beschriebene Krähenfußnotation zum Einsatz kommt, erhält die Kante gleich zwei Werte (Quell- und Zielkardinalität). Dieser Modelltyp steht übrigens auch im ARIS Architect als IE-Datenmodell zur Verfügung.

Attribute

Attributname	Attributwert
Typ	ist in Beziehung mit
Src-Kardinalität	1
Trg-Kardinalität	n
Name	

Die Verbindung zu einem Datenbankmodell in Form eines eERM und einer EPK kann über das Objekt Datencluster als Hinterlegung realisiert werden. Beachten Sie, dass die Kantenrichtung angibt, ob etwas aus einer Datenbank gelesen oder in eine Datenbank geschrieben wird.

Sollte die Zahl der Attribute an einer Entität die Darstellbarkeit negativ beeinflussen, kann die entsprechende Entität auch in einem eERM-Attributszuordnungsdiagramm (ARIS Architect) wiederholt und verknüpft und dort um die notwendigen Attribute ergänzt werden. So bleibt das eERM übersichtlich.

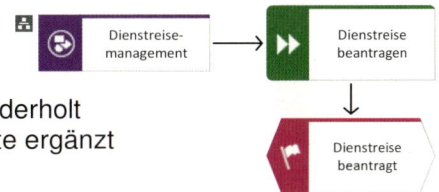

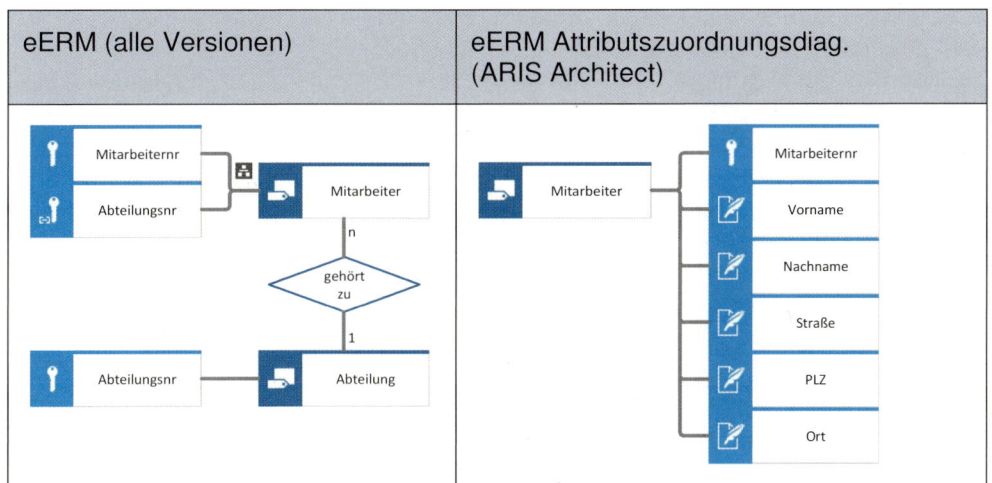

eERM (alle Versionen)	eERM Attributszuordnungsdiag. (ARIS Architect)

Sollen Tabellenstrukturen eines Datenbanksystems abgebildet werden, stellt ARIS Architect ein Tabellendiagramm bereit. In diesem Diagramm können Datenbankkonstrukte bis auf die verwendeten Datenbankfelder inkl. der Datentypen (Attribut Domänentyp des Objekts PHYS. DOMÄNE) beschrieben werden.

117

8.25.2 Fachbegriffsmodell (ARIS Architect)

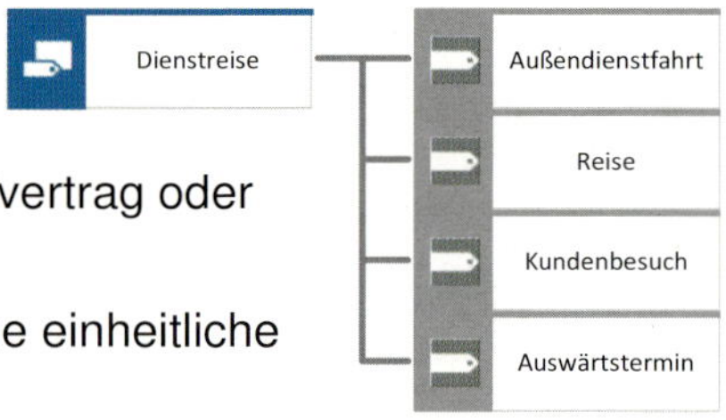

Der Sprachgebrauch kann von Abteilung zu Abteilung völlig unterschiedlich sein. Was für den einen ein Fertigungsauftrag ist, nennen andere vielleicht Kundenauftrag, Kundenspezifikation, Kaufvertrag oder Auftrag.

Daher verfolgt der Modelltyp Fachbegriffsmodell eine einheitliche Begriffsbestimmung:

Dienstreise

- Außendienstfahrt
- Reise
- Kundenbesuch
- Auswärtstermin

8.25.3 UML (ARIS Architect)

Die Unified Modelling Language ist eine vereinheitlichte grafische Notation zur Darstellung von Abläufen, Zuständen, Daten, Rollen mit dem Ziel, vorwiegend objektorientierte Softwareprojekte zu spezifizieren.

Dabei stellt die UML eine ganze Gruppe von Modellen dar, wobei die wesentlichsten das Klassendiagramm, das Zustandsdiagramm, das Aktivitätsdiagramm und das Nutzfalldiagramm sind. So elementar die sichere Anwendung dieser Diagramme im Hinblick auf die industrielle Softwareentwicklung sein mag, würde ihre Darstellung an dieser Stelle den Rahmen sprengen.

UML Activity Diagram
UML Class Description Diagram
UML Class Diagram
UML Collaboration Diagram
UML Component Diagram
UML Deployment Diagram
UML Sequence Diagram
UML Statechart Diagram
UML Use Case Diagram

8.25.4 Netzdiagramm (alle Versionen)

Das IT Service Management (ITSM) verfolgt die optimale Unterstützung der Durchführung von Geschäftsprozessen durch die Bereit- und Sicherstellung von IT-Systemen. Um dahin gehend einen Überblick über die verwendeten Systeme zu behalten, müssen diese dokumentiert werden:

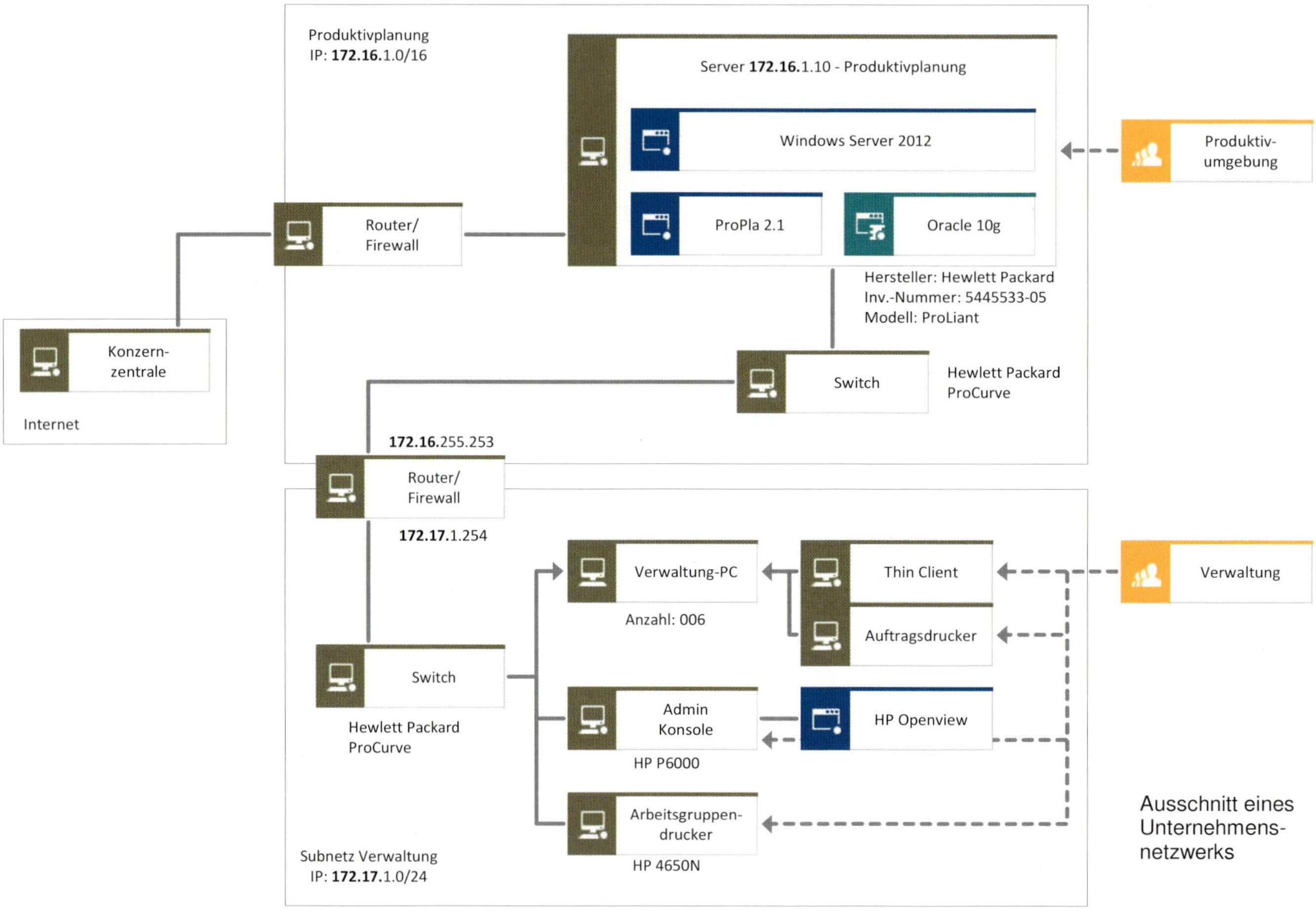

Produktivplanung
IP: 172.16.1.0/16

Server 172.16.1.10 - Produktivplanung

Windows Server 2012

Router/Firewall

ProPla 2.1 — Oracle 10g

Produktiv-umgebung

Hersteller: Hewlett Packard
Inv.-Nummer: 5445533-05
Modell: ProLiant

Konzern-zentrale

Internet

Switch — Hewlett Packard ProCurve

172.16.255.253

Router/Firewall

172.17.1.254

Verwaltung-PC — Thin Client — Verwaltung

Anzahl: 006

Auftragsdrucker

Switch

Admin Konsole — HP Openview

Hewlett Packard ProCurve

HP P6000

Arbeitsgruppen-drucker

Subnetz Verwaltung
IP: 172.17.1.0/24

HP 4650N

Ausschnitt eines Unternehmens-netzwerks

Der Symbolvorrat des Modelltyps Netzdiagramm[50] bietet zur Darstellung der IT-Infrastruktur zwei grundlegend unterschiedliche Möglichkeiten. Der eher logische Aufbau eines Netzes über Netze, Netztypen, Netzklassen, Netzkanten und Knoten deckt dabei eher die Ebene der technischen Informatik ab. Der Ansatz der angewandten Informatik auf Ebene der Dokumentation der IT-Infrastruktur ist der „griffigere" Ansatz, der auch in ARIS Express mit dem Modelltyp IT-Infrastruktur verfolgt wird und der an dieser Stelle etwas genauer betrachtet wird.

ARIS Architect	ARIS Express	Erklärung/Beispiel
T Freiformtext □ Viereck	Netzwerk	**Netzwerk:** Dieses Symbol umrandet die beschriebene Hardware und weist sie als Netzwerk aus. Netzwerkspezifische Attribute ergänzen die optische Darstellung.
Typ HW-Komponente	**Nicht vorhanden**	**Typ Hardwarekomponente:** Dieses Symbol steht für DV-Einheiten, die sich aus mehreren Hardwarekomponenten zusammensetzen. Sie stellen Vorlagen für mehrere DV-Systeme dar.
HW-Komponente	Hardware	**Hardwarekomponente:** Dieses Symbol bezeichnet alle möglichen Arten von Hardware (z. B. Switch, Router, Server, Client etc.). Besondere dokumentationswürdige Merkmale in Form von Attributen ergänzen die Beschreibung.
Anwendungssystem / Betriebssystem	IT-System	**Software:** Zur Darstellung softwarespezifischer Besonderheiten stehen Ihnen diese drei selbstbeschreibenden Symbole zur Verfügung.

8.25.5   Business Process Diagram 2.0 (alle Versionen)[51]

Eine Alternative zur EPK stellt das Business Process Model and Notation (BPMN) dar. Zentrales Element ist der Pool mit seinen Swimlanes, die die Organisationssicht darstellen. Aus diesem Grund platzieren Sie zunächst einen Pool. Durch Klicken auf das [+] Symbol können Sie weitere Lanes anlegen.

Das weitere Setzen von Objekten geschieht analog zur Modellierung von EPK.

Bei dem Verbinden von Objekten über Kanten wählt ARIS automatisch zwischen dem Nachrichten- und Steuerungsfluss. Beim Steuerungsfluss haben Sie, wie bereits dargestellt, die Möglichkeit, einen Default Flow bzw. einem Conditional Flow zu bestimmen. Dies erfolgt über das Kantenattribut „Sequence Flow Condition".

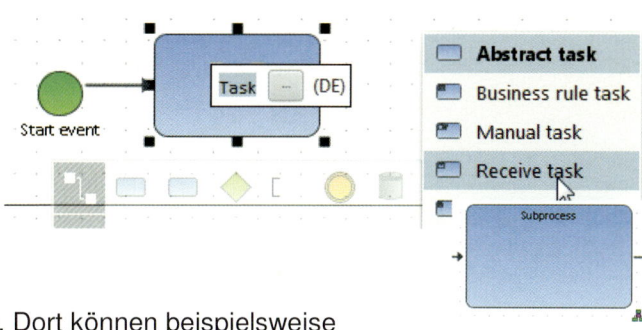

Die Hinterlegung von Teilprozessen erfolgt analog zur EPK.

Die meisten Objekte haben eine eigene Attributgruppe. Dort können beispielsweise der Status eines Dokuments oder die Wiederholungsmerkmale von Aktivitäten festgelegt werden.

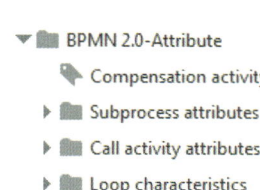

---

[50]   In ARIS Express wird der Modelltyp „IT-Infrastruktur" genannt.
[51]   In ARIS Express wird der Modelltyp „BPMN-Diagramm" genannt.

8.25.6 Projektmanagement (ARIS Architect)

ARIS ist kein Projektmanagementtool und unterstützt somit auch nur rudimentäre Planungsdiagramme.

Wichtigster Diagrammtyp ist dabei der Projektstrukturplan (nebenstehend).

Ganz ohne Einschränkungen können Sie mit dem Casual Model arbeiten. Dieser Modelltyp arbeitet mit 30 Objekten, wobei kaum Restriktionen zueinander bestehen. Somit kann mit diesem Modelltyp alles abgebildet werden, wofür ARIS keinen speziellen Modelltyp anbietet.

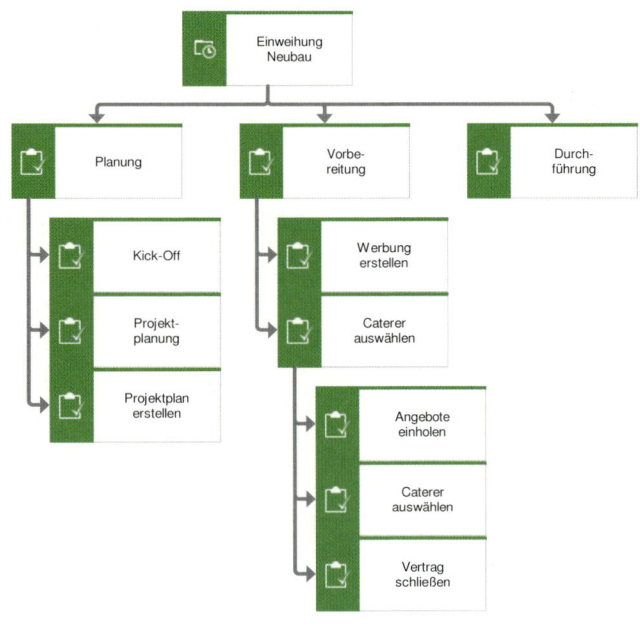

8.25.7 Programmablaufplan (ARIS Architect)

Der Programmablaufplan (PAP) wird auch als Flussdiagramm (engl. Flowchart) bezeichnet. Sobald algorithmische Entscheidungen getroffen werden, kann dieser Diagrammtyp beispielsweise eine EPK sinnvoll ergänzen.

ARIS Architect	Erklärung/Beispiel
(abgerundetes Rechteck)	**Start/Stopp:** Dieses Symbol kennzeichnet Anfang und Ende des Ablaufplans. Dieses Symbol wird auch Kontrollpunkt genannt.
(Rechteck)	**Operation:** Bei Operationen (Tätigkeit) finden Berechnungen durch das System statt.
(Parallelogramm)	**Eingabe/Ausgabe:** Dieses Symbol steht als Synonym für die Ein- und Ausgabe zwischen Mensch – Computer – Mensch.
(Raute)	**Verzweigung:** An dieser Stelle finden wichtige Fallentscheidungen statt. Das Ergebnis der Entscheidung wird über die ausgehenden Kanten (Attribut Kantenrolle) dokumentiert und ausgegeben. Dieses Element realisiert darüber hinaus Schleifenkonstrukte (Wiederholungen).
(Rechteck mit Seitenrändern)	**Unterprogramm:** Bei komplexen Algorithmen werden Teile des PAP in ein Unterprogramm ausgegliedert.

9 Praxiseinheit: Projektmanagement im Betrieb

Frau Hansen ist Projektmanagerin bei VMW GmbH und wird Sie durch dieses Kapitel begleiten:

„So, das Projektmanagement haben Sie ja bereits kennen gelernt. Ich bin eher im Bereich des Projektmanagements zu Hause. Ein fantastisches Tätigkeitsgebiet. Es ist spannend, immer wieder neuartig, lebt von vielen Beteiligten und verlangt eine hohe Flexibilität. Unser gegenwärtig größtes Projekt ist die Errichtung eines Visitor-Centers für Gäste und Besucher unseres Hauses inklusive dem Angebot von Werksbesichtigungen."

Anita Hansen

Während sich das Prozessmanagement um die mehrfache, einheitliche Abarbeitung von standardisierten Abläufen bemüht, ist das Wesen eines Projekts das Lösen einer neuartigen, individuellen und komplexen Aufgabe. Häufig entstehen Projekte aus einer Problemstellung. Die Themengebiete von Projekten unterscheiden sich mannigfaltig in Ziel, Aufgabe und Dauer. Projekte können die Planung einer Festivität, die Einführung eines neuen IT-Systems, ein Umzug der Unternehmung, das Erstellen eines Prozessportals oder auch der komplette Neubau eines Visitor-Centers sein, der am Ende dieses Kapitels noch genauer betrachtet wird.

Je nach Größe und Komplexität der angestrebten Leistung wird ein Vorhaben nicht nebenbei durchgeführt. Müssen doch unterschiedliche Größen (Input) so koordiniert werden, dass das Ergebnis (Output, Projektziel) mit möglichst minimalem Aufwand bzw. binnen kürzester Zeit (ökonomisches Minimal-Prinzip) oder mit gegebenen Aufwand das maximale Ergebnis (ökonomisches Maximal-Prinzip) erreicht wird.

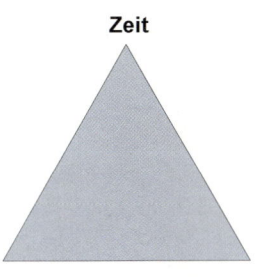

Daraus ergeben sich unterschiedliche Anforderungen, damit von einem Projekt gesprochen werden kann. Ein Projekt

- 🟧 verfolgt ein **Ziel (Ergebnis)**
- 🟧 wird durch **Ressourcen** und **zeitliche Vorgaben** beschränkt
- 🟧 ist komplex
- 🟧 wird einmalig durchgeführt und ist meist innovativ
- 🟧 birgt das Risiko des Scheiterns.

Aus den ersten drei Kriterien der Auflistung lässt sich das sogenannte **Projektdreieck** (siehe Zeichnung) herleiten, anhand dessen sich leicht erkennen lässt, dass die Änderung einer Größe einen unmittelbaren Einfluss auf andere Größen hat. Werden beispielsweise die Ressourcen in einem Projekt gekürzt, verlängert sich bei sonst gleichen Bedingungen die Projektzeit. Soll das Projekt in kürzerer Zeit bei gleichem Ergebnis beendet werden, müssen die Ressourcen vergrößert werden.

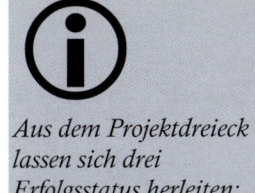

Aus dem Projektdreieck lassen sich drei Erfolgsstatus herleiten:

- *in time*
- *in budget*
- *in scope.*

Der „Ressource" Mensch kommt in Projekten stets eine besondere Bedeutung zu. Viele unterschiedliche Charaktere mit unterschiedlichen Erfahrungen, Einstellungen zum Projekt und interdisziplinärem Vorrat an Wissen sollen schließlich gemeinsam ein Projektziel erreichen.

„Projekte sind immer auf mehreren Ebenen zu betrachten. Die sachliche Ebene beschreibt, was und wie ein Ziel erreicht werden soll, z. B. Einzeltätigkeiten identifizieren. Die methodische Ebene ist wie ein Werkzeugkoffer zu sehen. Es gilt, die richtigen Werkzeuge und Planungstechniken einzusetzen, z. B. das Gantt-Diagramm. Und letztendlich geht es bei der personellen Ebene um die Beziehungen von Projekt- und Teammitgliedern untereinander. Wir haben im Büro ein Plakat hängen, das einen guten Einblick über Probleme beim Projektmanagement gibt."

Anita Hansen

16 Harms - ISBN 978-3-8120-1040-5

Der Kunde schilderte, was am Projektende herauskommen soll

Wie es der Projektleiter aufgefasst hat

Wie es der Projektleiter an das Team weitergegeben hat

Was der Kunde als erstes Teilergebnis zu sehen bekommen hat

Was dem Kunden ausgeliefert wurde

Wie dem Kunden das Ergebnis präsentiert wurde

Wie das Projekt im Verlauf dokumentiert wurde

Wann das Projekt fertiggestellt wurde

Was dem Kunden berechnet wurde

Wie das Projekt im Nachhinein betreut wird

Wie das Risikomanagement des Projekts aussah

Wie sich das Produkt im Produktiveinsatz verhält

Wie sich das Produkt in die übrigen Leistungen integriert

Wie die Zukunft des Produkts aussieht

Was dem Kunden geholfen hätte!

Bildquelle: http://www.projectcartoon.com

---

140. *Welche Probleme in der Projektdurchführung versinnbildlicht das Plakat?*

Die Vereinigte Motorenwerke GmbH hat sich nach reiflicher Überlegung entschlossen, in der Nähe des Unternehmensgeländes in Oldenburg ein „Visitor-Center" zu errichten. Dort können zum einen Kunden beraten, Produkte vorgestellt und Gruppen für Betriebsbesichtigungen begrüßt werden.

Dieser Bau gibt Anlass für Projekte ganz unterschiedlicher Art:

- Bau des Visitor-Centers
- Umzug ins Visitor-Center
- Bewerbung des Visitor-Centers
- Einweihungsfeier des Visitor-Centers

Im Folgenden werden Ihnen diese Projekte wieder begegnen.

---

141. *Was sind die besonderen Merkmale eines Projekts?*

142. *Welches Projektdreieck gibt es bei der Errichtung eines VMW-Visitor-Centers?*

143. *Das Projekt „Darstellung der unternehmensinternen Prozesse mittels eines Prozessportals" gerät ins Stocken, da 2 der 4 Mitarbeiter in ein anderes Projekt abgezogen wurden. Zusätzliche Gelder werden nicht bewilligt. Welche Auswirkungen hat das auf das Projekt? Argumentieren Sie anhand des Projektdreiecks.*

Wie wird ein Projektmanagement nun durchgeführt? Aufgrund der unterschiedlichen Projektanforderungen gibt es keine Pauschalantwort darauf. Vielmehr gibt es zahlreiche Instrumente, die je nach Projektgröße zur Anwendung kommen können. Dieses Vorgehen wird auch Projektierung genannt.

Nachfolgend erfahren Sie, wie klassischerweise Projekte geplant und durchgeführt werden.

9.1 Ziele definieren

In diesem Handlungsschritt werden mit dem internen oder externen Auftraggeber die Projektziele vereinbart. Der Auftraggeber, häufig auch Steuerungsgruppe oder Lenkungsausschuss genannt, kontrolliert Ergebnisse und trifft Entscheidungen, die vom Projektleiter kommuniziert, koordiniert und mit seinem Team planerisch organisiert und umgesetzt werden.

Der Definition der Projektziele kommt eine besondere Tragweite zu, stellt doch das Ergebnis der späteren Vereinbarung die vertraglichen Leistungen dar, die der Auftragnehmer erfüllen muss. Wichtig ist, dass die Projektziele eindeutig und nicht unterschiedlich interpretierbar sind.

Das Lastenheft (auch Anforderungs- oder Kundenspezifikation) wird in der Regel vom Kunden erstellt und beinhaltet eine knappe zusammenfassende Beschreibung der Ausgangssituation, der Zielbeschreibung und der Anforderungen. Das Lastenheft ist somit eine interne oder auch externe Ausschreibung für das Projekt.

Damit Ziele im Anschluss an das Projekt gesichert überprüfbar sind, sollten sie so detailliert wie möglich sein. Das bedeutet nicht, dass jede noch so kleine Funktionalität beschrieben werden muss. Vielmehr sollen die Ziele so beschrieben sein, dass sie den SMART-Kriterien entsprechen:

- unpassendes Ziel: Die Abfertigungshalle soll erweitert werden.
- passendes Ziel: Die Abfertigungshalle mit einer Kapazität von 400 Passagieren pro Stunde soll bis Juni des nächsten Jahres fertiggestellt sein.

Die SMART-Methode kommt im Projektmanagement zum Einsatz, wenn es darum geht, Ziele zu definieren.

Ziele sollten demnach:

- *spezifisch (eindeutig formuliert)*
- *messbar (überprüfbar)*
- *akzeptiert (angemessen und ausführbar)*
- *realistisch (erreichbar)*
- *terminierbar (zeitlich erreichbar)*

sein.

9.2 Planung

Größere Projekte beginnen zunächst mit einer Machbarkeitsstudie. In dieser wird abgeklärt, ob eine Projektidee mit den damit verbundenen Zielen überhaupt vom Auftragnehmer bewältigt werden kann und somit gewollt ist. Mögliche Projektoptionen und Einschätzungen zu Risiken sind ebenfalls in die Betrachtung mit einzubeziehen. Nach dieser grundlegenden Fragestellung beginnt die eigentliche Planung.

Hierunter fallen sämtliche Tätigkeiten, die zur Problemanalyse und zur Projektplanung gehören. Diese können auf einer Anforderungsdefinition des Kunden und einer anschließenden Ist-Analyse der Projektgruppe basieren. Das Lastenheft des Kunden stellt die Anforderungen des Auftraggebers dar, wobei diese durch den Auftragnehmer meist schriftlich fixiert werden.

Das Ergebnis der Planung durch den Auftragnehmer mündet in einem Pflichtenheft (auch Fach- oder Sollkonzept). Das Pflichtenheft ist eine Präzisierung des Lastenheftes und beschreibt detailliert, was am Ende des Projekts zu erwarten ist. In einem Pflichtenheft können bestimmte Leistungen aber auch ausgeschlossen werden, wenn es zur Abgrenzung der Leistungen dienlich ist. Neuerdings wird der Begriff „Pflichtenheft" zunehmend durch den Begriff Gesamtsystemspezifikation abgelöst, der den eigentlichen Sinn besser beschreibt.

Ein Eskalationspfad beschreibt, wer im Falle eines Problems wen informieren muss.

Das Pflichtenheft stellt die Grundlage für den Werkvertrag in der Softwarebranche dar. Es wird sinnvollerweise vor dem Beginn der Implementierung erstellt.

Die Planungsphase beginnt für gewöhnlich mit einer **Kick-Off** Veranstaltung. Bei dieser Veranstaltung steht das gegenseitige Kennenlernen sowie das Vertrautmachen mit dem Projekt an. Eine planerische Auseinandersetzung mit dem Projekt ist nicht Gegenstand des Kick-Off Meetings. Es sollte nach Möglichkeit die Gruppe gut einstimmen und ein nachhaltig offenes und konstruktives Arbeitsklima schaffen. Folgende inhaltliche Punkte könnten auf der Liste der Tagesordnungspunkte (TOP) stehen:

Aufgabenliste (To-Do-Liste) enthält eine Auflistung aller zu erledigenden Aufgaben.

Eine erweiterte To-Do-Liste ist die Offene Punkte Liste (OPL), die als Werkzeug noch thematisiert wird.

Vorstellungsrunde, Rollen der Teammitglieder, Vorstellung des Projekts, Handlungsrahmen und Gruppenregeln festlegen, Verantwortlichkeiten, Entscheidungsbefugnisse, Berichtswesen, feste Termine, Eskalationspfade u. a.

Die detaillierte Projektplanung ist das Kernstück des Projektmanagements. Dabei kommen unterschiedliche Hilfsmittel zum Einsatz (vgl. 9.4), wobei solche Pläne immer vom Projektleiter und seinem Team gemeinsam erstellt werden sollten.

Apropos **Projektleiter**: Jedes Projekt sollte einen Projektleiter haben. Bei dieser Person laufen die Informationen zusammen und sie kann jederzeit adressatengerecht Auskunft über das Projekt geben. Darüber hinaus fallen die Kontrolle sowie die Anpassung von geänderten Rahmenbedingungen in sein Ressort und nicht selten handelt er sich den Unmut von Auftraggebern, Teammitgliedern oder sonstigen externen Partnern ein. Die Rolle des Projektleiters sollte nicht mit der eines (disziplinarischen) Vorgesetzten gleichgesetzt werden, sondern vielmehr mit der eines (weisungsbefugten) Koordinators, der auch in der Lage sein sollte, sich schützend vor sein Projektteam zu stellen. Der Projektleiter kann bei größeren Projekten von Teilprojektleitern unterstützt werden.

Die Planung der Durchführung wird stets mit Teilen oder dem gesamten Projektteam erfolgen, daher ist die Rolle des Projektleiters ebenfalls die eines Moderators. Dafür sprechen mehrere Gründe. Zum einen sind so diejenigen in die Planung involviert, die später die Realisierung übernehmen und unterstützen werden. Zum anderen sind in der Regel Entscheidungen, die durch viele entwickelt werden, sorgsamere Entscheidungen.

Welche Fragestellung gibt es bei einem Projekt zu beantworten?

1. Welche Arbeitspakete sind auszuführen **(Projektstrukturplan)**?
2. Welche Reihenfolge der Arbeitspakete ist notwendig **(Ablaufplan)**?
3. Welche Zeit benötigt jedes Arbeitspaket **(Zeitplan)**?

4. Welche Entscheidungen müssen getroffen werden?

5. Welche Arbeitspakete können parallel ablaufen?

6. Welche markanten Punkte gibt es, die über die Fortsetzung eines Projektes entscheiden **(Meilensteine)**?

7. Welche Ressourcen (Mensch, Technik, Maschine ...) sind mit den Einzeltätigkeiten verbunden **(Ressourcenplan)**?

8. Welche Kosten fallen für die Arbeitspakete an **(Kostenplan)**?

9. Welche Personen oder Organisationen können das Projekt beeinflussen **(Stakeholder Analyse)**?

10. Welche Arbeitspakete sind besonders projektgefährdend **(Risikoanalyse)**?

Der dargestellte 10-Punkte-Plan dient an dieser Stelle lediglich als grobe Übersicht und wird nachfolgend noch eingehender betrachtet.

„Projektmanagement geht nicht mal nebenher. In der Regel werden dafür Mitarbeiter vollständig oder zu einem definierten Prozentsatz ihrer Arbeitszeit abgeordnet. Wenn Sie sich das Vorgehen des 10-Punkte-Plans genau ansehen, werden Sie feststellen, wie aufwendig Projektmanagement ist."

Anita Hansen

144. *Nennen Sie Vorteile, die sich aus diesem 10-Punkte-Plan ergeben können.*

145. *Überlegen Sie sich, welche Stakeholder bei einem Projekt wie dem Bau des Visitor-Centers Risiken bzw. Nutzen bringen können.*

146. *Warum sollten Projekte stets mit Experten verschiedener Fachrichtungen als Team geplant werden?*

147. *Welchen Stellenwert ordnen Sie einem Kick-Off zu?*

Wenn Sie sich die Auflistung anschauen, ist das am häufigsten benutzte Wort das **Arbeitspaket**. Das Arbeitspaket wird von der DIN 69901, die Sie bereits bei der Definition von Prozessen kennengelernt haben, als Teil eines Projekts definiert, der im Projektstrukturplan nicht weiter aufgegliedert wird. Somit können Arbeitspakete **relativ grob** beschrieben sein und durch entsprechende **Aufgaben** verfeinert werden.

Bei der Bottom-Up Methode werden zunächst Arbeitspakete identifiziert und gesammelt, die dann Projektziele werden. Diese eher seltene Methode wird verwendet, sobald einige Arbeitspakete bereits vor der Planung verbindlich vom Auftraggeber festgelegt wurden. Die weitaus häufiger anzutreffende Methode ist die Top-Down Methode, bei der vom Ziel ausgehend Arbeitspakete identifiziert und dann zunehmend verfeinert werden. Zu jedem Arbeitspaket wird immer eine verantwortliche Person bestimmt, die auf die vorgabengerechte Umsetzung achtet.

Unter Stakeholder versteht man alle Interessensgruppen, die durch das Erreichen des Projektziels tangiert werden. Durch eine Analyse können im Vorfeld sowohl Risiken (Risks) als auch Nutzen (Opportunities) für das Projekt identifiziert werden.

Eine sehr schwierige Aufgabe bei der Planung ist die Einschätzung der veranschlagten Zeit für das jeweilige Arbeitspaket. Diese Zeit wird in der Regel über Personentage oder Personenstunden ausgedrückt. Aus diesen Zeitvorgaben werden die Projekttermine ermittelt. Dabei spielt die Anzahl der mit der Aufgabe betrauten Personen eine wesentliche Rolle. Sind für ein Arbeitspaket insgesamt 160 Personenstunden veranschlagt, bei dem 3 Personen zur Bearbeitung bereitstehen, die pro Woche Montag bis Donnerstag 8 Stunden und Freitag 4 Stunden arbeiten, errechnet sich als Endtermin dieses Arbeitspaketes 10 Wochentage nach Start.

Gesamtaufgabe (Projektziel)

Teilaufgaben (Projektphasen)

Arbeitspakete

Arbeitsaufgaben

Tendenziell werden bei der Planung von Zeiten eher zu niedrige als zu hohe Zeitwerte angesetzt. Das liegt oft

Nach dem Eisenhower-Prinzip werden anstehende Aufgaben nach ihrer Dringlichkeit und Wichtigkeit eingeordnet:

Wichtig / dringend: sofort und selbst erledigen.

Wichtig / weniger dringend: auf den Zeitplan setzen.

Unwichtig / dringend: ggf. in Absprache mit anderen übertragen.

Unwichtig / weniger dringend: eliminieren.

- an ohnehin knappen Zeitvorgaben für Projekte,
- an der Tatsache, dass längere Projekte teurer werden und das wiederum Einfluss auf die Projektvergabe haben kann,
- an der Neuartigkeit der Aufgaben ohne Erfahrungswerte,
- an einer schlechten Einschätzung von Risikofaktoren,
- an externen Zeitfaktoren und
- an der Missachtung, dass auch das Projektmanagement selbst Zeit kostet.

Nicht selten ist daher zu lesen, dass zu jeder ermittelten Zeit eines Arbeitspakets rund 20 % bis 30 % als Puffer summiert werden sollte.

Als genauere Methode bietet sich die PERT-Formel an, die von einer Aufwandabschätzung ausgeht, welche die beste, schlechteste und zu erwartende Ausführungszeit berücksichtigt.

$$\frac{minimale\ Dauer\ +\ 4\ x\ wahrscheinliche\ Dauer\ +\ maximale\ Dauer}{6}$$

Um abschließend verlässlich Aussagen zu den veranschlagten und letztendlich kumulierten Gesamtzeiten zu machen, reicht es nicht, die Einzelzeiten zu summieren. Der vor dem Zeitplan zu erstellende Ablaufplan ordnet die Arbeitspakete in eine sachlogische Reihenfolge und berücksichtigt daher auch **parallel** ablaufende Pakete. Als Ergebnis wird auch deutlich, über welche Tätigkeiten ein kritischer Pfad verläuft.

Zur Berechnung solcher Zeit- und Mengengerüste empfiehlt sich die Verwendung einer geeigneten Methode, wie zum Beispiel die Netzplantechnik und der Einsatz von Projektmanagementtools wie MS Project, oder für kleine Projekte das kostenfreie Open-Source Produkt Gantt-Project.

Auf Grund der Tatsache, dass jedes Projekt auch **Risiken** hat, müssen diese bei der Planung bereits identifiziert und bei der Durchführung überwacht werden. Risiken könnten sein: Probleme bei Zulieferern von Teilleistungen oder Materialien, steigende Kosten, schlechte Planungsgrundlage, schlechte Zeitplanung, schlechte Zielbeschreibungen, rechtliche Unwegsamkeiten, mangelnde Kooperation des Auftraggebers u. a.

Solche identifizierten Risiken sollten auf ihre Reichweite und die Wahrscheinlichkeit ihres Auftretens überprüft werden. Sinnvoll ist es bei solchen Risiken, bereits im Vorfeld die Eintritts-Wahrscheinlichkeit zu senken und, für den Fall des Eintretens, die Auswirkung zu minimieren („Plan B").

Anita Hansen

„Kaum etwas ist so schwierig zu planen, wie der Faktor Zeit. Sehr viele Ereignisse können die beste Projektplanung zunichtemachen."

148. *Die Vernetzung eines Terminals dauert mindestens 1,5 Tage, schlechtester angenommener Wert sind 4 Tage. Die Planer sind aber überwiegend der Meinung, dass die Vernetzung in 2 Tagen bewerkstelligt werden kann. Welcher Wert ist gemäß PERT-Formel anzusetzen?*

149. *Man sagt, dass Projektleiter zuvor viele Erfahrungen als Teammitglied gesammelt haben sollten. Warum scheint das so wichtig zu sein?*

150. *Erstellen Sie eine Art Stellenbeschreibung, die die Aufgaben und Anforderungen eines Projektleiters wiedergibt.*

„Zeiten, Personen, externe Projektpartner, Risiken, Kundenanforderungen, Beziehungen zwischen Partnern, Abgleich von Soll- und Ist-Zeiten, Meilensteine und vieles mehr müssen bei einem Projekt beachtet werden. Ohne Hilfsmittel ist das kaum möglich. Diese gilt es zu erarbeiten."

9.3   Meilensteine

Sie haben bereits etwas über spezielle Ergebnisse von Arbeitspaketen, so genannten Meilensteinen, kennengelernt, die weitreichenden Einfluss auf den weiteren Projektverlauf haben. Ein Meilenstein endet in der Regel mit einem manifestierten Ergebnis (Dokument, Werkstück oder Systemkomponente), und hat ein festgelegtes Datum und einen Verantwortlichen, der auf die Erreichung achtet. Mit dem Meilenstein werden bis dahin zu erbringende Teilergebnisse spezifiziert. Nach Erreichen eines Meilensteins wird dieser in der Regel von den Auftraggebern abgenommen und protokollarisch bestätigt.

Ein Meilenstein kann bei der Abnahme einen der folgenden drei Status annehmen:

- **Go Ahead:** der Meilenstein wurde abgenommen
- **Rework:** der Meilenstein muss nachgearbeitet werden
- **Stop:** der Meilenstein wurde nicht erreicht und das Projekt daraufhin als nicht erreichbar eingestuft (absolute Ausnahme).

Erst nach einem Go Ahead können die nachfolgenden Arbeitspakete beginnen.

Der erstellte Projektplan, gleich welcher Couleur, sollte nach Fertigstellung dem Auftraggeber oder dem Lenkungsausschuss zur Bestätigung vorgelegt werden.

Grundlegend müssen sich alle Beteiligten darüber im Klaren sein, dass ein Projektplan lebt und keinesfalls statisch ist. Fortlaufend muss der Projektplan an neue Situationen angepasst werden. Trotz dieser stetigen Änderungen ist eine Konstanz, die auf einer sorgsamen und fundierten Planung basiert, anzustreben.

> *Immer dann, wenn zeitlich unterschiedlich lange Arbeitspakete parallel zueinander verlaufen, gibt es mindestens einen Weg, bei dem die Arbeitspakete ohne Leerlauf direkt nacheinander ausgeführt werden. Dieser Weg wird als **kritischer Pfad** (Critical Path) bezeichnet.*

---

151. Welchen Stellenwert haben Meilensteine?

9.4   Hilfsmittel zur Planung

Ob ein Projekt mit Stift und Papier oder einem Projektmanagementtool (PM-Tool) geplant wird, die Tätigkeiten zur Planung sind immer die gleichen. Bewährt hat sich für die Grobplanung von Projekten das Netzplandiagramm, für kleinschrittige und detaillierte Planungen das Gantt-Diagramm. Beide werden an entsprechender Stelle noch eingehend dargestellt.

9.4.1   Projektstrukturplan (PSP)

Nachdem unter Anwendung von Kreativitätstechniken die Arbeitspakete identifiziert wurden, geht es im PSP darum, diese zu strukturieren.

Daher stellt der PSP eine hierarchische Anordnung aller notwendigen Schritte dar, wobei, ähnlich wie bei einem Organigramm, der Detaillierungsgrad zu den Ästen hin feiner wird.

Diese Darstellung soll die Vollständigkeit der Arbeitspakete sichern und auch der Planungsgruppe und außenstehenden Personen einen strukturierten Einblick bieten. Durch die minimalistische Grundstruktur bleibt der Blick für das Wesentliche erhalten.

---

152. Erstellen Sie einen Projektstrukturplan für die Planung einer eintägigen Studienfahrt nach Berlin, München oder Hamburg.

9.4.2   Ablauf- und Zeitplan

Der Ablauf- und Zeitplan ist im Grunde genommen lediglich die schriftliche Auflistung der jeweiligen Einzeltätigkeiten bzw. Arbeitspakete mit den dafür vorgesehenen Zeitvorgaben. Unter Umständen werden die kompakten Arbeitspakete des PSP weiter aufgeschlüsselt.

9.4.3   Funktionen- und Rollendiagramm

Das Funktionen- und Rollendiagramm stellt die Zuständigkeiten einzelner Arbeitspakete in einer Tabelle dar. Dabei stehen in den Zeilen die Tätigkeiten und in den Spalten die am Projekt beteiligten Organisationseinheiten.

Eine Möglichkeit, solche Zuständigkeiten in Projekten und Prozessen strukturiert darzustellen, ist die RACI-Technik. RACI steht dabei für:

- **R**esponsible (verantwortlich): ist verantwortlich für die Durchführung durch andere oder durch sich selbst

- **A**ccountable (rechenschaftspflichtig): ist kaufmännisch verantwortlich und genehmigt somit finanzielle Aufwendungen

- **C**onsulted (fachverantwortlich): steht mit fachlichem Rat zur Verfügung

- **I**nformed (informations-berechtigt): wird über den Verlauf oder ein Ergebnis informiert

Beispiel für die Einführung eines neuen Produkts:

	Geschäftsführer	Abteilungsleiter F&E	Entwickler	Verkauf
Genehmigung	A	R	C	I
Analyse & Design	I	A	R	
Prototyp		A	R	
Test	I	A	R	
Bewertung	A	R	I	
Freigabe	AR	R		I
Produktvorstellung	I	I		AR

9.4.4   Kostenplanung

Auf Basis des Ablauf-, Zeit- und Rollenplans muss eine Einschätzung bzgl. der Personal-, Material-, Betriebsmittel- und sonstigen Kosten vorgenommen werden.

9.4.5   Balkendiagramm/Gantt-Diagramm

Das Balkendiagramm (auch Zeitbalken- oder Querbalkendiagramm) hat sich zum Standarddiagramm im Projektmanagement entwickelt. Seine Beliebtheit resultiert aus der leichten Verständlichkeit sowie aus seiner hohen Aussagekraft. Es vereinigt das Ablauf- und Zeitdiagramm mit dem Funktionen- und Rollendiagramm.

Der Aufbau ist einfach. Die Zeilen markieren die zeitlich geordneten Einzeltätigkeiten. Die Spalten stellen Tage, Wochen oder Monate dar, wodurch die Einzeltätigkeiten durch horizontale Balken sichtbar gemacht werden können. Die Abhängigkeiten einzelner Tätigkeiten werden durch Verbindungen der Balken dokumentiert. Durch eine Erweiterung der Spalten können Ressourcen und Verantwortliche den einzelnen Tätigkeiten zugeordnet werden. Meilensteine werden klassischerweise mit dem Zeitwert null als ein auf der Spitze stehendes Dreieck ▼ oder eine Raute ◆ dargestellt. Zahlreiche Softwaretools unterstützen diese Organisationstechnik.

Als Beispiel sehen Sie einen Ausschnitt des Projekts „Einweihung eines neuen Visitor-Centers" als Gantt-Diagramm, über dessen Bedienung Sie im **Handbuch GanttProject** mehr erfahren:

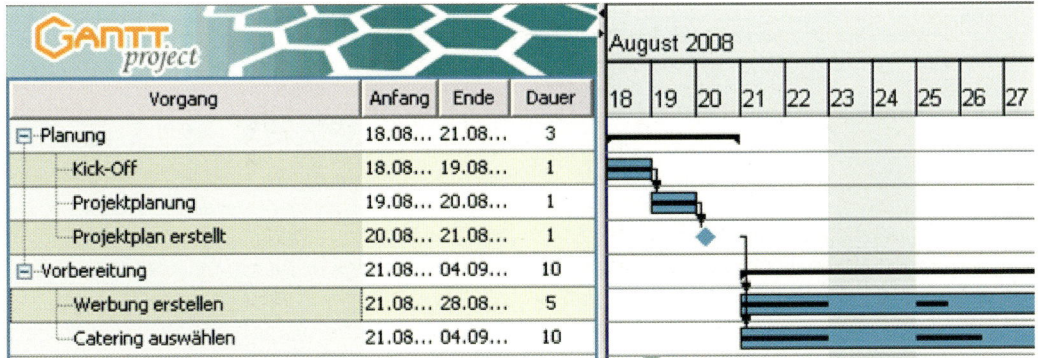

Aus dem Balkendiagramm lässt sich durch die Bewertung der Ressourcen Personal, Betriebsmittel, Betriebsstoffe sowie weiterer Kosten ein Kostenplan herleiten.

*„Nun folgt die Praxis. Folgendes Teilprojekt für das Visitor-Center muss geplant werden. Das Gantt-Diagramm ist in weiten Teilen der Unternehmen als Standardplanungswerkzeug eingeführt. Daher gilt es, nachfolgendes Szenario im Gantt-Diagramm anzuwenden. Damit wir bei unserer planerischen Tätigkeit optimal unterstützt werden, nutzen wir eine Projektmanagementsoftware wie GanttProject, das näher im **Handbuch GanttProject** beschrieben wird."*

Anita Hansen

Zur Übung – Szenario „Umzug ins Visitor-Center": Das nachfolgende Projekt verlangt von Ihnen, dass Sie sich vollständig in das Projekt hineindenken und selbstständig identifizierte Vorgänge in die sachlogisch beste Reihenfolge bringen.

Ausgangssituation: Die Abteilung Kundendienst, die zukünftig das Visitor-Center mit betreut, soll in das neu gebaute Gebäude umziehen.

Die Planungen sind im vollen Gange. Um den Umzug soll sich als Projektverantwortliche Frau Lürsen samt ihrer beiden Kollegen Schulz und Meyer kümmern. Der Umzug soll binnen kürzester Zeit durchgeführt werden. Die drei zuverlässigen Angestellten werden komplett für den Umzug abgestellt.

Das Vorhaben „Umzug" setzt sich aus drei Aufgabenblöcken zusammen.

Vorbereitung > Transport > Einzug

Nachfolgend sehen Sie die notwendigen Aufgaben pro Block, wobei diese noch nicht in der optimalen Reihenfolge vorliegen. Ebenso muss von Ihnen die Entscheidung getroffen werden, ob Aufgaben ggf. parallel ablaufen können. Das Projekt soll am **2. März** starten.

Für die **Vorbereitung** sind folgende Tätigkeiten (Vorgänge) zu berücksichtigen:

- Ablaufplan erstellen. Dauer: 2 Tage.
- Besprechung und Vertragsabschluss mit der Umzugsspedition. Dauer: 1 Tag.
- Kartons von der Spedition NW-Movers Logistik anliefern lassen. Zeitfenster: maximal 7 Tage nach der Besprechung.
- Büros ausräumen. Dauer: 1 Tag.
- Büroeinrichtung abbauen und verpacken. Dauer: 1 Tag.

Für den Projektabschnitt **Transport** zeichnet allein die Firma NW-Movers Logistik verantwortlich. Es ist dafür 1 Tag eingeplant.

Die Phase **Einzug** beginnt mit einer gründlichen Reinigung:

- Grundlegende Reinigung. Dauer: 1 Tag.
- Büroeinrichtung auspacken und aufbauen. Dauer: 1 Tag.
- Büros einräumen. Dauer: 2 Tage.
- PC installieren und testen. Dauer: 1 Tag

17 Harms - ISBN 978-3-8120-1040-5

153. Zeichnen Sie das Projekt „Umzug ins Visitor-Center" in Ihre Gantt-Diagramm-Vorlage. Wie viele Tage sind für das Projekt anzusetzen? Beachten Sie, dass an Samstagen und Sonntagen nicht gearbeitet wird.

154. Ihr Puffer für die Kartonanlieferung wurde nicht vollständig benötigt. Die Kartons stehen bereits nach 3 Tagen zur Verfügung. Das Projekt läuft in etwa so wie geplant. Bis die Firma Top-Clean feststellt, dass die Verschmutzungen durch Malerarbeiten im Büro doch sehr gravierend sind. Der Teppich erfährt eine Intensivbehandlung, wodurch sich die Büroreinigung um zwei Tage verlängert. Die Spezialmaschine ist jedoch auf einer Messe und steht erst wieder am 20. März zur Verfügung. Dokumentieren Sie die Änderung. Welche Auswirkungen auf das Projekt hat diese unerwartete Änderung? Nutzen Sie zur Dokumentation die Zeile „Ist-Zeit" in der Tabelle.

155. Übertragen Sie das Projekt „Umzug ins Visitor-Center" in eine Projektmanagementsoftware. Wählen Sie als Startdatum 2. März 2017 (entspricht der Wochenendverteilung im Beispiel).

Vorgang	Dauer	1	2	3	4	5	6	7	8	9	10	11	12	13	14	15	16	17	18	19	20	21	22	23	24	25	26	27	28	29	30	31
Projekt planen	Soll: *2*																															
	Ist:																															
	Soll:																															
	Ist:																															
	Soll:																															
	Ist:																															
	Soll:																															
	Ist:																															
	Soll:																															
	Ist:																															
	Soll:																															
	Ist:																															
	Soll:																															
	Ist:																															
	Soll:																															
	Ist:																															
	Soll:																															
	Ist:																															
	Soll:																															
	Ist:																															

9.4.6 Netzplantechnik (NPT)

Bei der Netzplantechnik werden Arbeitspakete (z. B. Regale einräumen, Befragung durchführen) in Form eines horizontal gerichteten Graphen beschrieben. Durch die Verbindung der Blöcke durch Kanten können Vorgänger und Nachfolger identifiziert werden. Durch die Berechnung von Zeiten ist es möglich, sowohl Aussagen zur Gesamtprojektlänge als auch zu Pufferzeiten[52] zu treffen. Das genaue Vorgehen lernen Sie in **Handbuch Netzplantechnik** kennen.

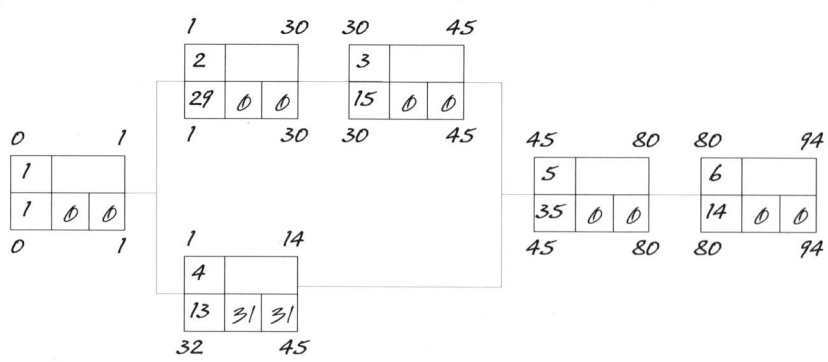

---

[52] Blöcke, die zu einem späteren Zeitpunkt beginnen können, ohne dass sich das Projektende verzögert.

156. *Welche Fragestellungen können mit einem Netzplan beantwortet werden?*

157. *Erklären Sie den Unterschied zwischen dem freien Puffer und dem Gesamtpuffer.*

158. *Warum ist der kritische Pfad so wichtig?*

159. *Vervollständigen Sie den nachfolgenden Netzplan.*

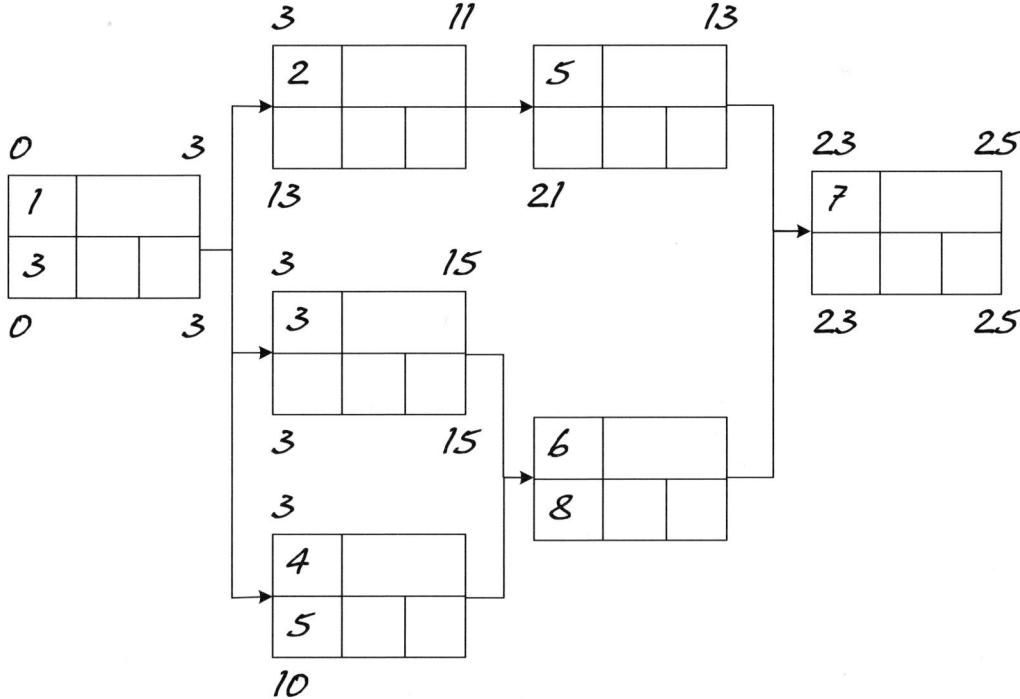

160. *Überführen Sie das vorangegangene Projekt „Umzug ins Visitor-Center" in einen Netzplan.*

161. *Erstellen Sie zunächst eine Vorgangstabelle mit den direkten Vorgängern und Nachfolgern, anschließend einen Netzplan für das Szenario „Visitor-Center bewerben". Tragen Sie sämtliche Zeiten, Puffer und den kritischen Pfad ein.*

162. *Übertragen Sie das Projekt „Visitor-Center bewerben" in eine Projektmanagementsoftware (Startdatum: 1. Juli dieses Jahres).*

Szenario „Visitor-Center bewerben": Das neue Visitor-Center soll medienwirksam beworben werden. Das Konzept dazu sieht wie folgt aus:

Zunächst definiert die Geschäftsführung gemeinsam mit den Verantwortlichen des Visitor-Centers die Ziele der Werbekampagne (1 Tag).

In der Vorbereitungszeit laufen die Phasen „Werbeagentur wählen" (29 Tage) und unmittelbar anschließend „Werbekampagne entwickeln" (15 Tage) zeitgleich zur Phase der „Presseinformation" (13 Tage).

Sind sämtliche Vorbereitungen abgeschlossen, folgt Phase „Werbekampagne durchführen" (35 Tage). Da keine Werbemaßnahme ohne eine „Erfolgskontrolle" (14 Tage) stattfinden darf, schließt das Projekt mit dieser wichtigen Phase ab.

163. *Erstellen Sie einen Netzplan für das Szenario „Visitor Center einrichten". Tragen Sie sämtliche Zeiten, Puffer und den kritischen Pfad ein.*

164. *Übertragen Sie das Projekt „Visitor-Center einrichten" in eine Projektmanagementsoftware (Startdatum: 1. Juli dieses Jahres).*

165. *Welcher Nutzen könnte mit der Verwendung einer Projektmanagementsoftware verbunden sein?*

Szenario „Visitor-Center einrichten": Zur Einrichtung des Visitor-Centers sind umfangreiche Vorbereitungen zu treffen, die Sie der nachfolgenden Tabelle entnehmen können:

NR	Vorgangsbezeichnung	Dauer in Tagen	Unmittelbarer Vorgänger	Unmittelbarer Nachfolger
1	Gewerkebesprechung	1		*2, 3, 12*
2	Stromverkabelung installieren	3	1	
3	Netzwerkverkabelung installieren	2	1	
4	Parkettfußboden verlegen	7	2, 3	
5	Wände streichen	3	4	
6	Beleuchtung installieren	2	5	
7	Multimediatechnik installieren	1	5	
8	Beschilderung/Tafeln anbringen	1	7	
9	Infotresen montieren	2	6	
10	PC aufbauen und anschließen	1	9	
11	Mobiliar aufbauen	2	6, 7	
12	Ausstellungsstücke vorbereiten	7	1	
13	Ausstellungsstücke einräumen	1	11, 12	
14	Testphase und Abnahme	1	8, 10, 11, 13	

166. *Erstellen Sie einen Netzplan für das Szenario „Sanitäranlagen modernisieren". Tragen Sie sämtliche Vorgänge und Zeiten ein. Berücksichtigen Sie sachlogische Vorgänger bzw. Nachfolger. Gehen Sie als Starttermin für Ihr Projekt vom ersten Montag des nächsten Monats aus. Wie lange dauert das Projekt?*

167. *Das Team der Hauselektroniker ist durch die zahlreichen Baustellen zeitlich sehr ausgelastet. Steht für die Arbeiten dieses Teams ggf. ein gewisser Puffer zur Verfügung, der es erlaubt, die anstehenden Arbeiten etwas verspätet zu beginnen?*

168. *Übertragen Sie das Projekt „Sanitäranlagen modernisieren" in eine Projektmanagementsoftware (Startdatum: 1. Juli dieses Jahres).*

Szenario „Sanitäranlagen modernisieren": Über die Jahre entsprechen die Sanitärbereiche für Mitarbeiter der Fertigung nicht mehr dem allgemeinen Standard. Aus diesem Grund soll im Rahmen des Baus des Visitors-Centers die Sanierung dieser Räumlichkeiten in der Fertigung vorgenommen werden. Das Projekt muss straff geplant werden, damit die Mitarbeiter für möglichst kurze Zeit auf Alternativangebote ausweichen können. Das Projekt sieht folgende Tätigkeiten vor:

Zunächst werden die Fliesenleger den gesamten Sanitärbereich fliesen (3 Tage) und verfugen (1 Tag). Im Anschluss daran werden die Malerarbeiten durchgeführt (1 Tag). Nun folgt das Installieren der Heizkörper durch die Anlagenmechaniker für Sanitär-, Heizungs- und Klimatechnik innerhalb eines Tages. Zeitgleich können von der gleichen Firma die Keramikelemente wie Waschbecken und WCs installiert werden (2 Tage). Im Anschluss daran vervollständigt die Firma ihr Werk, indem die Armaturen angeschlossen werden (1 Tag). Parallel zu den Arbeiten der Anlagenmechaniker bringen die Elektroniker für Energie- und Gebäudetechnik die Lampen und Steckdosen an (1 Tag). Bevor zu guter Letzt das Reinigungs-unternehmen gemeinsam mit dem Hausmeisterdienst der VMW GmbH den Sanitärbereich mit Reinigungs- und Toilettenartikeln ausstattet (1 Tag), erfolgt eine Abnahme des Werkes (Meilenstein).

9.5   Entscheidungen

Es gibt Projekte, bei denen folgt auf Grundlage der Ziele und Planung (Soll-Konzept) erst in dieser Phase die endgültige Entscheidung über die Realisierung des Projekts und somit die Auftragsvergabe seitens des Kunden.

---

169. Diskutieren Sie, wie es weitergeht, wenn eine Entscheidung gegen die Durchführung gefällt wird. Was passiert mit den bereits entstandenen Kosten?

9.6   Realisierung und Kontrolle

Die nachfolgende Phase bezeichnet die Ausführung des Projekts auf Grundlage der Planung. Hier laufen zwei Kernbereiche parallel ab, denn neben der eigentlichen Durchführung ist die Kontrolle des Projekts ebenso unabdingbar. Frühindikatoren sollen dabei rechtzeitig Schwachstellen, falsche Zielorientierungen, Zeitverzug, „Kostenexplosionen" oder Minderleistungen deutlich machen und Maßnahmen zur Gegensteuerung einleiten.

„Projekte durchführen heißt immer zu kommunizieren. Neben der Kommunikation mit den Teammitgliedern ist die eindeutige und unmissverständliche Kommunikation mit dem Auftraggeber bzw. der Steuerungsgruppe äußerst wichtig. Diese Anspruchsgruppe hat ein Recht darauf, hinreichend über den Fortgang des Projektes informiert zu werden."

Anita Hansen

Ein wesentliches Merkmal von gut geführten Projekten ist, dass zwischen den Teammitgliedern ein regelmäßiger Austausch zum Projektverlauf stattfindet. Solche regelmäßigen Treffen werden als jour fixe bezeichnet. Für solche Treffen gilt, dass sie dokumentiert werden und zeitlich beschränkt sind und dass alle Teammitglieder teilnehmen, pünktlich und vorbereitet sind. Sinnvoll können auch äußerst zeitlich begrenzte tägliche „Briefings" (Einsatzbesprechungen) oder ein Daily Standup-Meeting sein, bei dem alle Projektmitglieder binnen 5 bis 15 Minuten ein Projekt-Update erhalten. Das Stehen soll alle Teilnehmer ermuntern, das Treffen möglichst kurz zu halten.

Damit alle Projektbeteiligten stets auf dem aktuellsten Stand sind, ist ein entsprechendes Dokumentationswesen notwendig:

- **Projektorganisation:** Festhalten der Beteiligten, der Kommunikationswege, der Gruppenrichtlinien, der Verfahrensvorschriften, der Regeln zur Entscheidungsfindung, der Eskalationswege, der Kommunikationswege zum Kunden und weiterer organisatorischer Punkte.

- **Projektpläne:** Pläne, die die Struktur des Projekts verdeutlichen. Dies sind z. B. der Projektstrukturplan, das Gantt-Diagramm oder die Netzplantechnik (vgl. Kapitel 9.4).

- **Meilensteinberichte:** Dokumentation dezidierter Abnahmepunkte von Ereignissen mit besonderer Bedeutung.

- **Statusberichte:** Kurzprotokolle, die Aufschluss über den gegenwärtigen Status, die anstehenden Anforderungen und Probleme beschreiben. Ein Statusbericht kann sich auf die allgemeine gegenwärtige Situation zu einem Zeitpunkt (zum Beispiel monatlich) oder den Status bestimmter Arbeitspakete beziehen.

   Der Statusbericht besteht aus Informationen zum Projektfortschritt, zur Einschätzung von Soll/Ist-Zuständen, Problemen, Maßnahmen. Um einen guten Überblick zu geben, wird häufig eine grafische Notation zum schnellen Erfassen des Status genutzt.

Der Begriff Jour Fixe stammt aus dem Französischen und bezeichnet einen festen Tag, an dem sich ein Team periodisch wiederkehrend trifft. Dieser Jour Fixe ist fest eingeplant und von den Teammitgliedern freizuhalten.

Projektstatus

Das Ampelsystem zeigt auf schnelle Art und Weise an, wie der Status des Projekts oder der Aufgabenpakete eingeschätzt wird. Dabei ist grün als planmäßiger Verlauf, gelb als nicht-projekt-gefährdende und rot als projektgefährdende Abweichung (Zeit und/oder Ergebnis) zu verstehen. Bei roten Ampeln kann der Statusbericht um einen Sonderbericht, der die Probleme, Folgen und Lösungsansätze genauer darstellt, ergänzt werden.

Bearbeitungsfortschritt

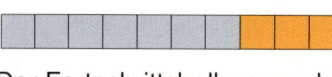

Der Fortschrittsbalken macht deutlich, wie viele Anteile (ggf. Prozent) eines Aufgabenpakets oder einer Aufgabe bereits bearbeitet wurden.

Ergebnisfortschritt

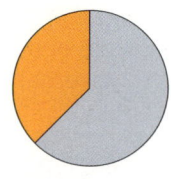

Das Kreisdiagramm zeigt, wie viel vom geplanten Ergebnis bereits erreicht wurde. Es gibt keine Auskunft darüber, ob der aktuelle Status der gegenwärtigen Planung entspricht. Es ist also eine rein quantitative Einordnung.

Die Dokumentation von Projekten sollte nicht zu viel der eigentlichen Projektzeit in Anspruch nehmen. Nutzen Sie daher Formulare. Diese sollten:

- *verständlich*
- *gegliedert*
- *identifizierbar*
- *verfügbar*
- *datiert*

sein.

Sitzungsprotokolle: Beschreibung von Vereinbarungen, Arbeitspaketen, Problemen, Risiken und Verantwortungen, die sich aus einer Projektsitzung ergeben haben.

Offene Punkte Liste (OPL): Die OPL ist ein Werkzeug, das gleichermaßen eine Liste von noch zu erledigenden Aufgaben (ähnlich einer To-Do-Liste) und eine Dokumentation bereits erledigter Aufgaben darstellt. Durch den retrospektiven Charakter ist die OPL nicht nur ein Planungs- sondern auch ein Dokumentationsinstrument. Sie setzt sich aus einer laufenden Nummer, dem Status (z. B. in Arbeit, geplant, abgeschlossen, angefragt …), dem Erfassungsdatum, einer Priorität, einer Kategorie, einer Beschreibung, einer geplanten Maßnahme, der Verantwortlichkeit und einer Zeitvorgabe zusammen. Die Kategorie beschreibt aus einem vorgegebenen Vorrat, was der Kern des offenen Punktes ist, z. B. Information, Problem, Risiko, Frage, Idee, Beschluss oder Sonstiges.

Die OPL punktet durch eine enorme Arbeitserleichterung, da diese in der Regel in Meetings geführt wird. Der Listencharakter zwingt zum kurzen Protokollieren. Der leichte Zugang und somit die Einsichtnahme für alle Teammitglieder lässt diese auf dem aktuellen Stand sein und verhindert, dass einzelne Punkte übersehen und vergessen werden.

	A	B	C	D	E	F	G	H
1	lfd. Nr.	Status	Aufgabe	Kategorie	Maßnahme	Verantwortlich	Erfassungsdatum	Terminierung
2	1							
3	2	offen		Aufgabe				
4	3	in Bearbeitung		Information				
5	4	abgeschlossen		Problem				
6	5	angefragt		Risiko				
7	6	in Diskussion		Frage				
8	7	auf Kundenantwort wartend		Idee				
9	8	liegt vor		Beschluss				
10	9	steht bereit		Sonstiges				
11	10	verpackt						
12	11	verworfen						
13	12							
14	13							

Abschlussbericht: Dieser Bericht ist im Wesentlichen ein Rechenschafts-bericht gegenüber dem Auftraggeber und Teil der Projektabnahme. Der Abschlussbericht sollte von allen Teammitgliedern gebilligt worden sein. Inhaltlich umfasst er beispielsweise den Auftrag, das Ziel, den Verlauf, Soll-Ist-Vergleich der vereinbarten Ziele und Termine sowie eine wirtschaftliche Erfolgskontrolle.

Um es an dieser Stelle noch einmal ganz deutlich zu machen: Die Dokumentation von Projekten ist weder Selbstzweck noch als „Arbeitsbeschaffungsmaßnahme" zu verstehen. Sie ist unabdingbare Grundlage für das Gelingen eines Projekts.

Anita Hansen

> *„Ich gebe zu, die Dokumentation ist in Projekten manchmal etwas aufwendig und es gibt mit Sicherheit Arbeiten, die mehr Spaß machen. Aber das ändert nichts an der Notwendigkeit der Dokumentationen. Sie geben Überblick, informieren die Zielgruppen, regeln Aufgaben und Verantwortlichkeiten, sorgen dafür, dass nichts Wesentliches vergessen wird, sichern die Abnahme von Ergebnissen und sind Grundlage für Leistungsvergütungen. "*

---

170. *Entwickeln Sie jeweils ein geeignetes Formular für Meilensteinberichte, Statusberichte und Sitzungsprotokolle. Nutzen Sie ggf. das Internet zur Recherche.*

171. *Setzen Sie die Offene Punkte Liste mit einer Tabellenkalkulation um.*

172. *Überführen Sie die Aufgaben des Szenarios „Umzug ins neue Visitor-Center" in die Offene Punkte Liste.*

173. *Insbesondere bei gemischten Gruppen aus Vollzeit- und Teilzeitprojektmitgliedern ist ein angemessenes Dokumentationswesen wichtig. Begründen Sie, warum dem so ist.*

9.7 Projektabnahme und -abschluss

Die Projektabnahme beendet das Projekt gegenüber dem Auftraggeber. Die Erreichung der Ziele wird vom Auftraggeber unter anderem mithilfe des Projektabschlussberichts überprüft. Nach Abnahme werden nachzubessernde Tätigkeiten dokumentiert. Sind die Projektergebnisse abgenommen, hat das Projektteam die Arbeit erledigt und löst sich auf.

Leider traurige Realität: Häufig werden Projekte nach erfolgreichem Abschluss abgenommen, aber nicht ganzheitlich abgeschlossen. Das bedeutet, dass sie ohne entsprechende Reflexion und ohne angemessenen Ausklang beendet werden.

Zur Reflexion von Projekten gehören u. a. folgende Punkte:

- positive und negative Punkte während des Projektverlaufs (spezifiziert auf die unterschiedlichen Projektphasen)
- Einordnung erreichter Ziele
- Arbeit der Gruppe
- Ideen für die Zukunft.

Zur Methodik solcher Gespräche erfahren Sie mehr in Kapitel Projektkommunikation.

9.8 Abrechnung von Projekten

In der Praxis sind zwei elementar unterschiedliche Abrechnungsmodelle für Projekte zu finden.

- **Festpreisprojekte:** Bei Festpreisprojekten wird ein fest kalkulierter Preis für ein Projekt vereinbart. Dem zu Grunde liegt ein fein ausgearbeiteter Anforderungskatalog, der das zu erreichende Ziel genau spezifiziert. Problematisch bei diesem Modell ist jegliche Art von Änderung zu werten, da diese den Festpreis für die Kernleistung zwar beibehält, aber dieser um den Aufwand der Änderungen steigt.

So titelte die Süddeutsche Zeitung am 21. Mai 2012: **Flughafen in Berlin Terminal wird doppelt so teuer wie geplant** || […] Der SPD-Regierungschef gibt auch bekannt, dass das Terminal des neuen Großflughafens deutlich teurer wird als ursprünglich angenommen: Das Gebäude werde mehr als 1,22 Milliarden Euro kosten. Die *Erweiterung des Terminals durch Pavillons sowie Umbauten innerhalb* *des Gebäudes* würden voraussichtlich weitere 50 Millionen Euro kosten. Ursprünglich waren für das Gebäude 620 Millionen Euro veranschlagt worden.

Eine weitere Gefahr bei diesem Modell für den Kunden liegt darin, dass bei einer deutlich schnelleren Erreichung eines Projektziels, die Kosten dennoch gleichbleibend sind.

- **Aufwandsprojekte:** Bei diesem Modell zahlt der Kunde lediglich den Aufwand, der zur Erreichung des Ziels notwendig ist. Insbesondere bei Projekten, die zeitlich schwer einzuschätzen sind, kann sich dies jedoch auch als Kostenfalle erweisen.

Neben diesen Modellen gibt es noch zahlreiche Abwandlungen. Darüber hinaus können unterschiedliche Zahlungsmodalitäten, wie Abschlagzahlung, Gesamtzahlung oder Zahlungsobergrenzen (Deckelung) vereinbart werden.

9.9 Projektkonventionen

Es gibt den unsäglichen Spruch „Nur das Genie überblickt das Chaos". Das mag sogar begrenzt richtig sein, solange ein Ein-Personen-Projekt durchgeführt wird. Doch ab zwei Personen sieht es schon anders aus. Damit alle Beteiligten planvoll miteinander arbeiten können, ist ein gewisses Maß an einheitlichem Vorgehen notwendig:

- Nutzen einer Projektmailadresse, die auch bei Abwesenheit Einzelner gesichtet und deren Mails beantwortet werden. Diese kann über eine Weiterleitung alle betreffenden Teammitglieder über eintreffende Mails informieren.

- Nutzen Sie in Mails bezeichnende Betreffzeilen (z. B. Einladung zum Kick-Off des Projekts „Neubau Visitor-Center").

- Dateien über den Dateinamen versionieren (jj-mm-tt). Beispiel: 2012-07-01 Zwischenbericht Auftraggeber.doc.

- Zum Schutz der Umwelt sollte vor dem Druck von elektronischen Dokumenten gut überlegt werden, ob dieser unabdingbar notwendig ist.

- Vermeidung zeitlicher Floskeln wie zeitnah, demnächst oder bald bei Vereinbarungen. Besser kalendarische Terminvorgaben vereinbaren und schriftlich bestätigen lassen.

- Gegenüber dem Auftraggeber immer penibel an zeitliche Vereinbarungen halten. Sollte ein Termin nicht gehalten werden können, muss der Projektpartner informiert und ihm rechtzeitig ein Alternativtermin angeboten werden.

- Einhalten von Kommunikations-, Entscheidungs- und Eskalationspfaden.

- Vereinbarungen, die innerhalb der Projektlaufzeit mit externen Partnern getroffen wurden, kurz als Mail festhalten und den betroffenen Personen zukommen lassen (Änderungsmanagement).

- Bei Einladungen zu einem Treffen mit den Projektpartnern im Vorfeld immer deutlich machen, worum es gehen wird.

- Sensible Daten von oder an Partner niemals über unsichere Medien verschicken (z. B. unverschlüsselte Mails).

- Nutzen Sie Cloud-Dienste und kooperative Arbeitsumgebungen. Damit können Sie im Team Termine planen, Dokumente ablegen, zeitgleich pflegen und für andere freigeben, Videokonferenzen abhalten, Abstimmungen durchführen und Meinungsbilder einholen, mailen, im Echtzeitchat Dinge klären oder auch Projekt-Webseiten oder Wikis erstellen. Die so verwalteten Daten stehen Ihnen dann sowohl am PC als auch auf Smartphones und Tablett-PC zur Verfügung.

Ein Anbieter dieser Dienste ist beispielsweise Google. Bereits mit einem regulären Gmail-Account stehen Ihnen die o. g. Tools zur Verfügung.

Die Dokumentation von Projekten sollte nicht zu viel der eigentlichen Projektzeit in Anspruch nehmen. Nutzen Sie daher Formulare. Diese sollten:

- *verständlich*
- *gegliedert*
- *identifizierbar*
- *verfügbar*
- *datiert*

sein.

Eine Mailingliste stellt eine Art Verteiler auf E-Mailbasis dar. Dabei wird eine Mail an eine Adresse geschickt und von dort automatisch an alle eingetragenen Mitglieder versendet.

9.10 Der Faktor Mensch im Projekt

„Immer dann, wenn mehrere Menschen zusammen etwas erreichen wollen, gibt es neben gemeinsamen Ideen auch gegenläufige Ansichten. Diese unterschiedlichen Einstellungen zu dem bestmöglichen Ergebnis zu führen, ist nicht leicht. Darum ist es wichtig, sich der unterschiedlichen Charaktere und der Wichtigkeit jedes einzelnen Teammitglieds bewusst zu werden. "

Anita Hansen

Projektarbeit ist Teamarbeit. Dabei werden die Mitglieder eines Projektteams gänzlich oder teilweise für ein Projekt von ihren sonstigen Tätigkeiten freigestellt. In größeren Projekten hat es sich als vorteilhaft erwiesen mit einem Kernteam zu arbeiten, bei dem Mitarbeiter vollständig für ein Projekt eingeplant sind, wobei sie vom erweiterten Projektteam mit überwiegend bzw. teilweise abgestellten Mitarbeitern unterstützt werden.

Der Faktor Mensch spielt in Projekten eine entscheidende Rolle. Überall dort, wo unterschiedliche Charaktere aufeinandertreffen und miteinander arbeiten sollen, zeichnet sich ein großes Potenzial aus Synergien ab, es drohen aber auch zwischenmenschliche Konflikte. Um den verschiedenen Rollenverhalten gerecht zu werden, bedarf es neben viel Selbstdisziplin auch einer Menge Gespür des Projektmanagers.

Der Begriff Synergie (oder auch Synergismus) stammt aus dem Griechischen und bedeutet das Zusammenwirken von Subjekten in Form der gegenseitigen Hilfe.

Häufig laufen Projekte aus dem Ruder, da Projektteilnehmer nicht informiert, fachlich oder sozial über- oder unterfordert sind bzw. sich im Projekt nicht verwirklichen können. Aus diesen Problemen leiten sich Maßnahmen ab, die die Gefahr eines Projektmisserfolgs verringern können:

- Transparenz der Informationen: Nutzung kooperativer Arbeitsumgebungen (mit gemeinsamer Aufgabenliste, Team-Kalender, virtuellen Ordnern und Mailinglisten), protokollieren von Zwischenständen, Problemen und Entscheidungen.

- Gemeinsames Starten und Beenden von regelmäßigen Projektsitzungen (Jour Fixe); festlegen, wer in welcher Phase was zu tun hat und wie weit diese Aufgabe schon vorangekommen ist.

- Jedem Anliegen der Projektmitglieder ein Forum geben.

- Fortlaufendes Protokollieren des Projekts, so fällt die Enddokumentation leichter und jedes Teammitglied kann sich schnell einen Überblick verschaffen.

- Nutzen von entsprechenden Interaktionsformen, wie themenzentrierte Interaktion (vgl. Kapitel 9.12.1).

- Nutzen von webbasierten Kommunikationsformen, wie Projektwiki, E-Mail (mit CC-Kopien) und Instant Message (IM) für virtuelle Konferenzen, Cloud-Systeme, kooperative Datenspeicher.

Die geschilderten Tipps zum Gelingen eines Projekts spiegeln weniger die fachlichen als vielmehr die sozialen Fähigkeiten der Teammitglieder und insbesondere des Projektleiters wider. Dieser sollte gleichermaßen fachlich, methodisch und sozial kompetent sein. Dazu ist eine ausgeprägte Führungsqualität unabdingbar, gilt es doch ganz **unterschiedliche Persönlichkeiten** im Sinne eines optimalen Projektverlaufs einzusetzen. Nachfolgend wird eine Auswahl von Projektcharakteren beschrieben:

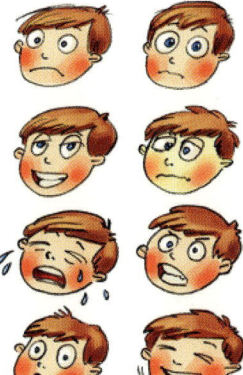

Stille Mäuschen: Dieses Projektmitglied tritt kaum in Erscheinung und scheint die Diskussion lieber abzuwarten. Das stille Mäuschen bringt sich kaum ein und wird daher oft als desinteressiert „abgestempelt". Dabei wird oft verkannt, dass Zurückhaltung nicht mit fehlendem Interesse gleichzusetzten ist. Manchmal braucht es nur die richtigen Methoden, wie zum Beispiel eines Brainwritings, um das Potenzial der stillen Mäuschen zu erkennen.

18 Harms - ISBN 978-3-8120-1040-5

Eckensteher: Der Eckensteher hält sich sehr zurück. Im Gegensatz zum stillen Mäuschen aber nicht, weil er sein Wissen aus Ängstlichkeit oder Scheu nicht mitteilen möchte, sondern weil er sich nicht oder nicht mehr mit dem Projekt identifizieren mag. Vielleicht gelingt es der Gruppe, einen Eckenstecker wieder ins Boot zu holen?

Hitzkopf: Sobald es nicht richtig vorangeht oder die eigenen Ideen nicht auf fruchtbaren Boden stoßen, gerät der Hitzkopf in Wallung. Ebenso, wenn es einmal hektisch wird und die Person das Gefühl hat, die Situation nicht mehr im Griff zu haben. Solche Personen gilt es wieder in sichere Fahrwasser zu bringen und das energiegeladene Potential zu nutzen.

Entdecker: Wer nicht wagt, der nicht gewinnt – das ist das Motto des Entdeckers und da werden auch schon mal Wege abseits des regulären Pfads gesucht. Der Entdecker ist mutig und manchmal auch im Alleingang zu mutig.

Analytiker: Diese Person beleuchtet alle Positionen ganz genau und trifft abgesicherte und umsichtige Entscheidungen. Manchmal dauert das ein wenig länger und in seltenen Fällen mag sich der Analytiker auch nicht ohne direkte Anweisung festlegen.

Berufs-Skeptiker: Hinter jeder Ecke könnte der Feind lauern. Daher ist zunächst jede neue Idee zu hinterfragen. Im Vergleich zum Analytiker schaltet er aber grundsätzlich erst einmal in den „nein" und „geht nicht" Modus, was das Leben in der Gruppe schwierig werden lässt. Schnell kann es zu der Situation kommen, dass er aus der Gruppe ausgeschlossen wird, da in seinen Augen sowieso alles nicht richtig ist. Dabei vergibt sich dann die Gruppe die Chance, auf tatsächlich berechtigte Einwände aufmerksam gemacht zu werden.

Supermann: Wie der Name schon sagt, dem Alleskönner ist nichts zu schwer. Er kann alles – meint er zumindest. Er sieht sich dabei gerne als heimlichen Projektleiter und als „Macher"-Typ. Dabei übersieht die Person schnell, dass es auch noch andere Gruppenmitglieder gibt, die sich ebenfalls mit Sachverstand und Initiative in das Projekt einbringen wollen.

Ameisen: Sie sind die Stütze eines Projekts und leisten ohne großes Aufsehen einen riesigen Beitrag zum Gelingen. Doch auf sie muss man aufpassen. Der Fleiß kann so groß sein, dass sie zu Beginn des Projekts so viel Energie einbringen, dass diese in der „heißen" Endphase fehlt.

Anarchist: Diese Person kennt kaum Regeln oder nur die, die ihm gerade nützlich erscheinen. Durch das grenzenlose Tun und Streben können Anarchisten auch Visionäre sein, doch der Grad zum unkooperativen „Macher-Typ" ist schmal.

Charismaten: Völlig egal, welchen Standpunkt die Person hat und wohin die Reise gehen mag, sie vermag es, viele Menschen auf diese mitzunehmen. Rationale Gründe spielen gerade bei thematisch unentschlossenen Teammitgliedern dabei eher eine nebensächliche Rolle, was emotionale statt sachliche Entscheidungen zur Folge hat.

Krawallmacher: Diese Person könnte aus ähnlichen Gründen wie der Eckensteher agieren, jedoch wird sie von der Gruppe weitaus anders wahrgenommen. Diese Person interessiert sich nicht nur nicht mehr für das Vorankommen des Projekts, sondern konterkariert die Bestrebungen zum Teil und stört. Krawallmacher können ganze Projekte zum Scheitern bringen.

Sie merken schon, der Umgang mit so vielen Charakteren ist es, was Projektmanagement auf seine ganz spezielle Weise so interessant macht.

---

174. *Aus welchem Grund ist das Wissen über die unterschiedlichen Charaktere für Projektmitglieder mit Planungs- und Moderatorenaufgaben von großer Wichtigkeit?*

175. *Erstellen Sie eine Aufstellung, aus der die Ihrer Meinung nach wichtigsten Soft Skills (soziale Kompetenzen) für Teammitglieder hervorgehen.*

> 176. *Betrachten Sie die nachfolgenden Ausführungen von Frau Hansen. Welche Phase bedarf einer besonderen Betreuung mittels einer guten Moderation durch den Projektleiter?*

„Besonders interessant sind die Arbeiten in Gruppen, wenn sich die Teilnehmer zum ersten Mal sehen. Da werden Kompetenzen eingeschätzt, erste Kontakte geknüpft und manchmal stellen Teilnehmer schon sehr früh fest, wer ihnen besonders gefällt und mit wem es schwieriger bei der Arbeit werden könnte. Dieses Phänomen hat der Psychologe Bruce Tuckman aus den USA in den sechziger Jahren näher untersucht"

Anita Hansen

Die Teambildung wird häufig in fünf Phasen eingeteilt:

1. **Forming** (Einstiegs- und Findungsphase):
    Die Gruppe wirkt noch unsicher und verwirrt. Ziel ist es, die Teammitglieder miteinander bekannt zu machen und Mitglieder in die Gruppe zu integrieren. Dazu werden Ziele, Regeln, Aufgaben und Methoden definiert.

2. **Storming** (Auseinandersetzungs- und Streitphase)
    In dieser Phase zeigen sich Unstimmigkeiten über Prioritäten. Die Teammitglieder verfolgen eventuell unterschiedliche Ziele. Die Führungsrolle und weitere Gruppenstatus werden erkämpft bzw. neu verteilt, wodurch Spannungen entstehen können. Moderierte Abstimmungen über organisatorische Regelungen können diese Phase erleichtern.

3. **Norming** (Regelungs- und Übereinkommensphase)
    Normen und Regeln werden von der Gruppe diskutiert und weitestgehend von allen akzeptiert. Rollen werden eingenommen und ein kooperatives Arbeitsklima stellt sich ein. Gruppenmitglieder akzeptieren sich gegenseitig.

4. **Performing** (Arbeits- und Leistungsphase)
    Das Arbeitsklima ist gefestigt und die Leistungsbereitschaft pendelt sich auf ein homogenes Niveau ein. Die Mitglieder sind zu einer Gruppe geworden. Ein offenes Klima bestimmt die Arbeit.

5. **Adjourning** (Auflösungsphase)
    Die Gruppe wird darauf vorbereitet, sich wieder zu trennen. Mitglieder werden darauf eingestimmt, sich aus der gefestigten und eingespielten Gruppe zu lösen und sich wieder in andere Arbeiten oder Projekte einzufinden. Der Rückblick (Retrospektive) auf Geleistetes sowie auf positive und negative Erfahrungen ist ein wichtiger Bestandteil und sichert ein stetiges Verbessern durch gewonnene Erkenntnisse (Lessons Learned).

9.11 Kreativitäts- und Strukturierungstechniken

Wie können so viele Ideen, Meinungen und Vorstellungen strukturiert zu einem Konsens gebracht werden? Was, wenn die Ideen ausbleiben? Wie kann dafür gesorgt werden, dass möglichst viele Aspekte berücksichtigt werden?

Zur strukturierten und planvollen Darstellung von Gedanken gibt es dutzende unterschiedliche Techniken, die mal mehr und mal weniger die individuellen Vorlieben von Menschen berücksichtigen. In der Info-Box sehen Sie eine Auswahl von Methoden, die Sie leicht im Internet recherchieren können. Im Folgenden werden drei Techniken beschrieben, die insbesondere bei Projekten als Standard bezeichnet werden.

Im Internet finden Sie zahlreiche Kreativitäts- und Arbeitstechniken wie:

- *Entscheidungsmatrix*
- *Kopfstandtechnik*
- *SQ3R Methode*
- *Methode 635*

9.11.1 Mindmapping

Das Mindmapping[53] ist eine Methode, um Gedanken durch die kreative Komponente des Zeichnens zu strukturieren. Physiologisch werden bei dieser Technik sowohl die linke als auch die rechte Gehirnhälfte zum Arbeiten angeregt.

Zentrales Element dieser Methode ist die Kernaussage, die in die Mitte des Arbeitsblattes geschrieben wird. Weitere damit verbundene Ideen werden als Äste an die zentrale Aussage geschrieben, detaillierte Aspekte den jeweiligen Ästen zugeordnet. So entsteht eine Art Landkarte, die alle Ideen zum Thema strukturiert darstellt. Querverbindungen sind dabei erlaubt. Ein Mindmapping lebt im Übrigen von der aktiven Nutzung, das heißt, dass Äste durchgestrichen oder die Zeichnung durch thematisch passende Skizzen aufgelockert werden darf.

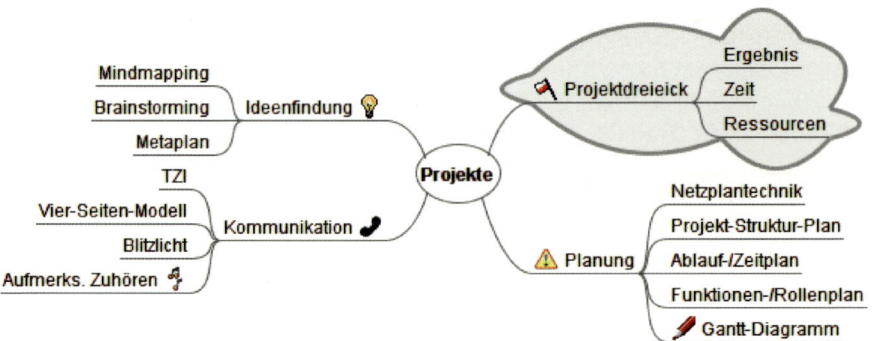

9.11.2 Brainstorming/-writing

Beim Brainstorming geht es darum, möglichst viele Eindrücke, Impulse und Ideen zu einem Thema zu sammeln. Damit das Sammeln nicht ins Uferlose wächst, ist die Gruppengröße erfahrungsgemäß auf 10 bis 15 Teilnehmer zu begrenzen. Die Grundregeln des Brainstormings sind einfach. In der ersten Phase wird jede geäußerte Idee von einem Moderator auf einem Medium gesammelt. Die bereits erfassten Ideen können Impulse für weitere Ideen sein. Keinesfalls darf in dieser Phase kommentiert oder der Ideenfluss durch Diskussionen gebremst werden. Trotz alledem muss der Moderator für einen Rahmen sorgen, der ein strukturiertes Sammeln zulässt, bei dem auch stillere Teilnehmer zu ihrem Recht kommen. In der zweiten Phase werden die gesammelten Ideen diskutiert und die besten Lösungen gefunden.

Das Brainwriting unterscheidet sich vom Brainstorming dadurch, dass die Ideen nicht von den Teilnehmern offen an den Moderator gegeben, sondern anonym auf Kärtchen fixiert werden. Durch die namenlose, schriftliche Niederlegung gehen keine Ideen verloren und auch zurückhaltende Projektteilnehmer finden einen Weg, ihre Ideen einzubringen.

9.11.3 Metaplantechnik

Bei der Metaplantechnik schreiben die Teilnehmer der Planungsrunde ihre Ideen auf ein Kärtchen. Die Beschreibungen sollen gut lesbar und sehr knapp formuliert sein. Anschließend sammelt der Moderator die Karten ein. Gemeinsam werden nun die Karten an der Metaplanwand/Tafel zu thematischen Einheiten zusammengefasst (clustern). Die isoliert zu betrachtenden Karten können dabei jederzeit umsortiert werden, wodurch sich eine optimale Struktur entwickeln kann. Zum Schluss werden zu den Themengebieten passende Überschriften entwickelt. Auf Wunsch können die anonym verarbeiteten Karten zur Diskussion gestellt und von den Erstellern kommentiert werden.

---

[53] Der Begriff MindMap ist gesetzlich geschützt durch Tony Buzan, buzanworld.com bzw. durch Maria Beyer, mindmap.de.

9.12 Projektkommunikation

Projekte jeglicher Art können ins Stocken geraten. Die Gründe sind vielschichtig: angefangen von einer schlechten Zeitplanung über mangelhafte Schnittstellen bis hin zu sozialen Problemen.

Sollten sich in einem Projekt fachliche und damit verbundene zeitliche Probleme einstellen und nach gründlicher Prüfung und Abwägung aller Alternativen mit dem gesamten Planungsteam nicht lösen lassen, bleibt nur ein Weg. Das Projektteam muss sich mit dem Auftraggeber in Verbindung setzen und die neue Situation erörtern. Alles andere wäre fahrlässig und unprofessionell. Dabei ist zu beachten, dass es in dieser Situation denkbar ungünstig wäre, nach Schuldigen zu suchen. Zum einen ist man der Problemlösung keinen Schritt nähergekommen, zum anderen wird dadurch ein ggf. konstruktives Arbeitsklima nachhaltig gestört.

Um im Vorfeld bereits mögliche Gefahren zu identifizieren, ist eine Risikoanalyse zu erstellen. Dabei werden neben der Analyse besonders prädestinierter Arbeitspakete auch allgemeine risikobelastete Rahmenbedingungen berücksichtigt. Folgende Risiken können als gängig erachtet und sollten somit besonders überwacht werden.

- Absentismus (Fernbleiben) von Projektmitgliedern
- zu „sportliche" Planung
- fehlende Teilergebnisse von projektexternen Partnern oder Zulieferern

Ein Projektrisiken-Portfolio ordnet proaktiv Arbeitspakete in Bezug auf die Wahrscheinlichkeit und die Auswirkung in die Ausprägungen gering, mittel und hoch ein. Sollte ein Arbeitspaket in beiden Kategorien mit dem Wert hoch definiert werden, ist über das Vorhalten eines präventiven Notfallplans nachzudenken.

Abgesehen von planerischen Problemen sind zwischenmenschliche Kommunikationsprobleme als eine häufige Ursache zu sehen. Die nachfolgenden Modelle und Methoden sollen Schwachstellen dieser Art minimieren bzw. bei entstandenen Problemen eine kommunikative Hilfestellung bieten.

9.12.1 Themenzentrierte Interaktion

Die Methode der themenzentrierten Interaktion (TZI) wurde von Ruth Cohn entwickelt, um die Kommunikation in Gruppen durch ein Regelwerk zu erleichtern. Im Mittelpunkt des Modells steht das Gleichgewicht der Komponenten Ich, Wir, Es und Globe. Ich bedeutet dabei die eigene Persönlichkeit, Wir die Gruppe, Es das Thema oder auch die Aufgabe. Das System Unternehmung, Gesellschaft, Schule etc. wird als Globe bezeichnet und umgibt die drei vorherigen Komponenten.

Durch das Gleichgewicht der Selbst-, Sozial-, Fach- und Feldkompetenz entsteht ein wirkungsvolles Arbeitsumfeld für Projekte. Damit das Gleichgewicht bestehen bleibt, gibt es einige Regeln (siehe Schaukasten).

177. Erstellen Sie ein Plakat mit einem Verhaltenskodex für Gruppenarbeiten.

9.12.2 Das Vier-Seitenmodell

Ohne vertiefend ins Detail zu gehen, soll an dieser Stelle kurz die Kommunikationstheorie von Schulz von Thun angerissen werden. Friedemann Schulz von Thun geht davon aus, dass jede Nachricht auf unterschiedliche Weise gesagt bzw. aufgenommen werden kann.

Beispiel: Eine Teilnehmerin macht bei der Projektskizzierung auf einer Kick-Off Veranstaltung durch fortlaufende Einwände auf sich aufmerksam. Daraufhin sagt der Moderator genervt einen Satz wie „...und wieder ein Kommentar!", welcher die Empfängerin stark verärgert. Die Nachricht kann mehrere Botschaften beinhalten, die im Folgenden kurz erläutert werden.

Auf der Sachebene wird lediglich eine Tatsache festgestellt, dementsprechend kann die Nachricht bedeuten, dass erneut ein Hinweis beigesteuert wurde. Die

Verhärtete Fronten: Sollten sich soziale Probleme in der Gruppe nicht intern lösen lassen, muss externer Rat eingeholt werden. So genannte Mediatoren helfen, auch solche Krisen zu bewältigen.

Die wichtigsten Gesprächsregeln:

- *gegenseitig ausreden lassen*
- *kurz fassen*
- *konzentriert zuhören*
- *nachfragen erwünscht*
- *Nebengespräche unerwünscht*
- *weitere Gesprächsregeln leiten sich durch das Modell der themenzentrierten Interaktion von Ruth Cohn ab (vgl. Kapitel 9.12.1)*

Beziehungsebene drückt die Gefühle zum Gegenüber aus, was für unser Beispiel bedeuten könnte, dass sich der Sender der Nachricht unwohl und sich ggf. durch andauernde Kommentare des anderen herabgesetzt bzw. gestört fühlt. Die Ebene des Appells ist als Aufforderung zu verstehen und könnte bedeuten, dass sich das Gegenüber etwas ruhiger und der Situation angepasst verhalten soll. Die schwierigste Ebene ist die Selbstoffenbarungsebene, in der die eigene Position dargestellt wird. In unserem Beispiel könnte das bedeuten, dass der Sender das Gespräch gern diszipliniert und strukturiert führen möchte und permanente Zwischenbemerkungen nicht wünscht.

Was bringen nun aber diese Erkenntnisse für die tägliche Kommunikation, in der kaum Zeit bleibt, einen Satz auf die vier Seiten einer Nachricht hin zu untersuchen? Das Modell soll darauf sensibilisieren, klare und zielgerichtete Aussagen als notwendig zu empfinden. So hätte die direkte freundliche Ansprache, dass Hinweise und Einwände am Ende des Vortrags zu geben sind, wahrscheinlich zu einem besseren Ergebnis geführt.

Unter den Suchkriterien „Aktives Zuhören" und „Feedbacktechnik" finden Sie im Internet zahlreiche Methoden, die das aufmerksame Zuhören systematisieren.

178. *Einem Autofahrer wird der Parkplatz von einem anderen Verkehrsteilnehmer direkt vor der Nase weggeschnappt. Der verärgerte Fahrer öffnet das Fenster und sagt „super geparkt!" Untersuchen Sie diese Aussage auf die vier Seiten einer Nachricht.*

179. *Ein Leitsatz der Kommunikationstheorie lautet „Das, was man sagt, ist nicht das, was gehört wird. Das, was gehört wird, ist nicht das, was gemeint ist". Was bedeutet dieser Ausspruch im Hinblick auf das Modell von Schulz von Thun?*

180. *Was könnte der Satz von Paul Watzlawick „Man kann nicht nicht kommunizieren" bedeuten und was hat das mit Projektmanagement zu tun?*

9.12.3   Aufmerksam Zuhören

Methoden wie die TZI oder das Blitzlicht ermöglichen es, ein Gespräch oder eine Feedbackrunde in Bahnen zu lenken und ein konstruktives Arbeitsklima zu schaffen. Doch sollte der Fokus nicht allein beim Nachrichten Senden bleiben, sondern sich ebenfalls auf den Nachrichtenempfang konzentrieren. Jedoch muss die Fähigkeit, sich auf den anderen einzulassen und dessen codierte Nachrichten zu decodieren, geübt werden. Wichtig ist, dass Sie Ihrem Gegenüber konzentriert zuhören, Rückmeldung geben, ob die Nachricht von Ihnen verstanden wurde und ggf. auch Ihr Verständnis der Botschaft durch Nachfrage überprüfen.

9.12.4   Rückmeldungen (Feedback)

Eine offene und wertschätzende Feedbackkultur sollte Bestandteil eines jeden Projektmanagements sein. Dabei gilt es ebenso positive Rückmeldungen als Bestätigung und Motivation als auch negative Einschätzungen als Aufforderung zur Besserung zu geben. Kritik sollte dabei immer sachlich und respektvoll und niemals persönlich oder beleidigend ausgelegt sein. Für ein zielgerichtetes Feedback sind Grundtechniken wie das Vier-Seitenmodell oder das aufmerksame Zuhören elementar.

9.12.5   Blitzlicht

Das Blitzlicht dient zur Verbesserung der Kommunikation innerhalb einer Gruppe und stellt eine Art Spielregel zum Gesprächsverlauf dar. Sinn und Zweck des Blitzlichtes ist es, jedem Teilnehmer die ungestörte Darstellung seiner Ideen, Gedanken und Gefühle zu ermöglichen. Die Methode lebt dabei von ihrer Einfachheit und klaren Regeln. Nur die Person, die die Redeberechtigung hat (symbolisiert durch einen beliebigen Gegenstand, den Sprechstein, der weitergereicht wird), darf sprechen. Keiner in der Gesprächsrunde darf vorherige Aussagen kommentieren und jeder darf, aber keiner muss etwas sagen. Nach der eigenen Aussage wird der Sprechstein und somit auch das Rederecht weitergegeben.

9.12.6   Meetings

Treffen dienen unterschiedlichen Zwecken. Es können Ideen ausgetauscht, Organisatorisches geplant, Ideen vorgestellt, erarbeitet oder erörtert oder auch Konflikte behoben werden.

Organisatorisch wichtig ist, dass ein Meeting einen festen Start- und Endtermin hat, der Teilnehmerkreis klar festgelegt wird und dass Sitzungen pünktlich starten und auch zum festgelegten Zeitpunkt enden. Daher haben sich Rollen wie Moderator, Protokollant und Zeitnehmer als vorteilhaft erwiesen.

Damit sich jeder auf das Meeting einstellen kann, sollte immer rechtzeitig und gleich mit einer entsprechenden Tagesordnungspunkteliste (TOP-Liste) eingeladen werden. Dabei dürfen die TOP nicht zu großzügig verfasst sein. Lieber weniger TOP, aber dafür wichtige Punkte mit der Gelegenheit zum Austausch einplanen. Sofern die TOP-Liste schon sehr voll ist, sollten Sie es vermeiden, Ergänzungen von Teilnehmern zur TOP-Liste zuzulassen. Bei längeren Besprechungen sollte eine entsprechende Gesprächsatmosphäre (Getränke, Flipchart, Beamer o. ä.) geschaffen und ggf. Pausen eingeplant werden. Unter Umständen kann es sinnvoll sein, einen Tag vor dem Meeting eine Erinnerung zu schicken.

Dem Moderator kommt eine große Bedeutung bei solchen Besprechungen zu. Diese Person ist dafür verantwortlich, dass das Meeting eine Struktur aufweist, alle Beteiligten wunschgemäß zu Wort kommen und dass eine konstruktive Gesprächs-kultur herrscht. Der Moderator animiert Ruhigere, sich zu beteiligen. Obwohl sich der Moderator mit der eigenen Meinung zurückhält, steht es ihm am Ende zu, das Meeting noch einmal kurz zu resümieren und die Teilnehmer zu entlassen.

Doch nicht nur dem Moderator, sondern auch den Teilnehmern wird ein entsprech-endes Verhalten bei Besprechungen abverlangt. Dazu gehört es, sich gemäß der TOP-Liste vorzubereiten. Damit die Teilnehmer nicht abgelenkt werden und die Sitzung nicht durch akustische Signale gestört wird, sollte auf die Nutzung von Handys verzichtet werden. Es versteht sich zudem, dass ein Meeting ebenso wenig vorzeitig verlassen wie von außen durch Fremde gestört werden sollte.

Ganz wichtig ist, dass solche Gespräche ein gemeinsames Ziel verfolgen. Teilnehmer sollten daher für ihre Meinung einstehen, diese verteidigen, andere davon überzeugen, aber auch so offen anderen Meinungen gegenüber sein, dass kooperativ die beste Lösung gefunden werden kann. Keinesfalls sollten einsame Monologe mit Hinblick auf eine Selbstprofilierung das Ziel sein und persönliche Anfeindungen gilt es tunlichst zu vermeiden.

Damit Meetings nicht ins uferlose ausgedehnt werden, sollten klare Regeln bezüglich Organisation, Ablauf und Gesprächskultur aufgestellt werden.

Der Einsatz eines Zeitnehmers kann sich neben der obligatorischen Rolle des Moderators als vorteilhaft erweisen.

Themenspeicher: Der Themenspeicher ist eine geeignete Methode, Randbemerkungen oder Off-Topic Themen zu notieren (z. B. auf einem Flipchart), um sie später separat zu erörtern.

---

181. Entwickeln Sie ein Plakat, das die wichtigsten Sitzungsregeln textuell und visuell darstellt.

9.12.7   Reflexion von Situationen

Die Reflexion von Situationen, Momenten, Phasen oder Störungen ist fester Bestandteil eines guten Projektmanagements. Eine geeignete Methode ist das „Mad Sad Glad", was als eine Art Standortbestimmung oder Meinungsbild verstanden werden sollte. Dabei schreibt jedes Teammitglied bis zu drei Punkte zu erfreulichem (glad), zu traurigem (sad) und zu Punkten auf, die einen „wahnsinnig" machen (mad) auf. Diese Methode kann auch um den Punkt Furchtsames (scared) erweitert werden. Mit diesem Meinungsbild kann eine Aufbereitung des Erfahrenen beginnen.

Durch die Möglichkeit ihre Gefühle aufzuschreiben, empfinden die Teilnehmer die Situation eher als anonym, was sich positiv auf die Reflexionskultur auswirken kann. Wichtig ist, dass, ähnlich wie beim Blitzlicht, Teammitglieder nicht direkt angegriffen werden, sondern sich Kritiken eher auf Situationen beschränken.

Für Teilnehmer von Besprechungen gilt das KISS-Prinzip:

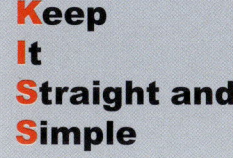

**Keep
It
Straight and
Simple**

9.13   Praxisbeispiel Flughafen Berlin Brandenburg

Probleme beim Berliner Flughafen lange bekannt

Blamage mit Ansage

Süddeutsche Zeitung: 26.05.2012 || Von Constanze von Bullion, Berlin, und Klaus Ott

Wer ist verantwortlich für die geplatzte Eröffnung des neuen Hauptstadtflughafens? Berlins Regierender Bürgermeister Klaus Wowereit, der Aufsichtsrat des Projekts, will keine Schuld tragen. Dabei offenbaren Prüfberichte: Die Aufseher wussten frühzeitig von großen Problemen.

Manchmal ist es nur ein einziges Wort, das verrät, was keiner verraten will. Die Terminplanung und Eröffnung des neuen Berliner Großflughafens "gilt weiterhin als gesichert" - so steht es, nicht nur einmal, in Prüfberichten über die Großbaustelle. So wurde es, nicht nur einmal, den Aufsichtsräten vorgelegt. Und so haben diese es, nicht nur einmal, weitergewunken.

Aber was heißt das eigentlich: Die Eröffnung "gilt als gesichert"? Warum steht da nicht: Sie "ist gesichert"?

Berlin, Großflughafen Willy Brandt. Ein Quader aus Glas und Beton steht hier inmitten von Baugerät und Containern beim alten DDR-Flughafen Schönefeld. Die Rollbahnen sind geteert, der Tower ist in Betrieb, und eigentlich sollte am kommenden Wochenende eine neue Ära für die Region anbrechen. Der Flughafen mit dem Kürzel BER ist Ostdeutschlands wichtigstes Infrastrukturprojekt und wird Europas modernster Flughafen, dachten viele. Das Milliardenprojekt sollte einer wirtschaftlich benachteiligten Region den nötigen Anschub geben.

Endlich.

Inzwischen steht das Kürzel BER nicht mehr fürs Vorwärts, sondern für ein spektakuläres Bremsmanöver - und ein politisches Fiasko. Es ist nicht nur dem landestypischen Schlendrian zu verdanken, sondern auch einem Konstruktionsfehler, der schon vielen Staatsbetrieben und Landesbanken zum Verhängnis wurde: der Kontrolle vor allem durch Politiker. Im Aufsichtsrat der Flughafengesellschaft - die Anteile gehören Berlin, Brandenburg und dem Bund - sitzen 15 Leute. Acht sind Regierungschefs, Minister, Staatssekretäre; dazu kommen ein Hotelmanager, ein Banker sowie fünf Belegschaftsvertreter, meist Betriebsräte.

Mal davon abgesehen, dass einer der Politiker im Aufsichtsrat - Rainer Bomba, Staatssekretär im Bundesverkehrsministerium - Ingenieur vom Fach ist: Warum wird ein solches Kontrollgremium nicht von Spezialisten dominiert, denen selbst kleinste Hinweise auf drohende Probleme auffallen? Die mit dem nötigen Fachwissen nachbohren und frühzeitig Alarm schlagen, wenn etwas nicht läuft? Fingerzeige gab es ja genug.

Kostenexplosion war absehbar - Drei Controllingberichte, die vom April 2012 bis in den September 2011 zurückreichen und der Süddeutschen Zeitung vorliegen, erzählen die Geschichte einer angekündigten Blamage. Demnach gab es schon im Frühherbst 2011 zahlreiche Hinweise auf technische Probleme. Sie weiteten sich aus wie eine Lawine. Auch eine Kostenexplosion auf der Baustelle zeichnet sich da ab, weil wieder und wieder umgeplant wurde und immer neue Verzögerungen mit immer mehr Personal aufgeholt werden sollten. Der Flughafen, dessen Bau erst 2,4 Milliarden Euro kosten sollte, liegt jetzt bei 2,9 Milliarden Euro. Verluste durch den kurzfristig verschobenen Umzug sind da noch gar nicht mitgerechnet.

Der Aufsichtsratchef der Flughafengesellschaft, Klaus Wowereit, will an dem Schlamassel keine Schuld tragen, seine Aufsichtsräte stellen das ähnlich dar. Erst am 6. Mai wollen sie erfahren haben, dass der Eröffnungstermin am 3. Juni nicht zu halten sei. Was folgte: lange Gesichter, Entschuldigungen, der Rausschmiss eines Geschäftsführers und einer Planungsgemeinschaft - und die Behauptung, man sei von Planern, externen Beratern und Geschäftsführern an der Nase herumgeführt worden. Diese hätten den Aufsichtsräten zwar von Problemen und einem kritischen Terminplan berichtet, nie aber davon, dass die Eröffnung ernsthaft in Gefahr war.

"Dass die nicht rechtzeitig Alarm schlagen, dafür hat mir die Phantasie nicht ausgereicht", sagte Wowereit vor versammelter Presse. "Die", das sind selbstverständlich die anderen.

Man muss kein Experte für Bauwesen sein, um in Prüfberichten wie dem mit der Nummer 03/11 über das dritte Quartal 2011 Alarmzeichen zu erkennen. Das Dokument, das von der unabhängigen Ingenieurfirma WSP/CBP erstellt und - wie die Controllingberichte der Flughafengesellschaft - im Oktober 2011 im Aufsichtsrat diskutiert wurde, analysiert den Baufortschritt. Neben dem Text sind Ampeln zu sehen. Stehen sie auf Grün, läuft alles nach Plan. Stehen sie auf Gelb, wird es kritisch. Stehen sie auf Rot, ist der Zeitplan wohl nicht zu halten. In den vorliegenden Berichten stehen alle Ampeln auf Gelb oder Grün - während aus dem Text hervorgeht, dass keineswegs alles zum Besten stand.

Neben einer grünen Ampel ist da von "verzögerten Bauleistungen" die Rede. Nun sei die Baukapazität zu steigern, dazu brauche man eine "zusätzliche Ergänzungsvereinbarung". Um "Rissbildungen" in Sandsteinböden geht es und um Probleme mit der "Gebäudeautomatik". Anfang Juli 2011 meldet eine

Firma, die Brandschutztüren liefern sollte, Insolvenz an . Ende Juli kommt es in der Feuerwache Ost zu einer Havarie. Der Wasserschaden ist so groß, dass der "Komplettrückbau der betroffenen Estrichflächen inklusive Kabelverlegung" angeordnet wird.

So was passiert schon mal auf einer Baustelle, auch anderswo. Im Bericht ist zu lesen, die Kabelzugarbeiten für das IT-Netz seien "in Verzug". Das sei auf "erhebliche Wassereinbrüche" zurückzuführen. Beim Stichwort "Entrauchung" kommen gleich vier kritische Anmerkungen vor. Allerdings über den ganzen Report verstreut. Das fällt wohl nur jemandem auf, der das gründlich liest, und nicht von einer Sitzung zur nächsten eilt. Auf der Baustelle müssen damals Rauchschutzklappen wieder ausgebaut werden, weil sie nicht zertifiziert sind.

Kampf der Ingenieure: Weit gravierender gestaltet sich bald die Steuerung des kilometerlangen Kanalsystems, das bei Feuer den Rauch aus dem Terminal absaugen und durch Tausende Öffnungen ins Freie befördern soll. Die Koordination der Anlagenteile klappt nicht. Gleichzeitig werden in der Haupthalle die Sicherheitsschleusen umgebaut, weil jetzt breitere Flüssigkeitsscanner vorgeschrieben sind. Die Halle im Stockwerk darunter muss ebenfalls umgeplant werden - was dazu führt, dass die Deckenabhängung mit der Sprinkleranlage und den zu verlegenden Kabeln nicht vorankommt.

Die Ingenieure kämpfen jetzt. Ihnen werden "fortwährend Planungsunterlagen nachgereicht", heißt es im Controllingbericht. Die Entrauchungsanlage liegt schon zwölf Wochen hinter dem Zeitplan, weshalb man nun "Interimsmaßnahmen" anstrebt. Wie die aussehen, wird nicht verraten. Wowereit hat inzwischen bestätigt, dass 700 Helfer in drei Schichten an Brandschutztüren gestellt werden sollten, die sich womöglich nicht öffnen. Bei Feuer sollten sie einen Hebel umlegen und Alarm schlagen.

Was aber, wenn es brennt und die Helfer rennen weg? Dann könnte Tausenden von Menschen der Fluchtweg versperrt sein. "Die Helfer dürfen nicht weglaufen", sagt ein Ingenieur dazu. Ein Aufsichtsrat verweist auf "externe Fachleute", die man gefragt habe. Ob solch eine "Mensch-Maschine-Lösung" denn machbar und verantwortbar" sei? Ja, habe der Experte geantwortet. Also nickte der Aufsichtsrat den Plan ab. Eine genauere Analyse der Probleme beim Brandschutz forderte keiner. Hätte man tun können, "das kann man so sehen", sagt der Aufsichtsrat. Hat man aber nicht.

Wenn stimmt, was im Controllingbericht vom April 2012 steht, signalisierte das Bauordnungsamt sogar Bereitschaft, die "Mensch-Maschine-Lösung" mitzutragen, sofern Sicherheitsnachweise erbracht werden. Sie wurden nie erbracht. Am Flughafen kämpft man jetzt an vielen Fronten: Die Entrauchungsanlage entraucht nicht, weshalb Decken nicht geschlossen werden. Also können Bodenplatten nicht repariert werden, die wieder neue Risse haben.

Arbeiter behindern sich gegenseitig - Die Leitsysteme sind um 15 Prozent im Rückstand, manche Netze um 16 Prozent. Jede dritte Automatiktür will nicht gehorchen. "Vor allem die Fertigstellung der Gebäudefunktionsautomatik, welche alle sicherheitsrelevanten Anlagen des Flughafens miteinander verbindet und untereinander steuert, ist absolut kritisch", heißt es. Und dass mehr Geld her muss, viel mehr, und mehr Personal.

7500 Menschen arbeiten jetzt auf der Großbaustelle, so viele, "dass sie sich gegenseitig im Wege stehen", sagt ein Insider. Er gehört zu den vielen, die sahen, lasen, und doch nicht Alarm geschlagen haben. Er streitet auch nicht ab, dass man, nun ja, früher hätte aufwachen können. Wollte man es nicht, trotz all der Risiken? Er will das nicht direkt beantworten. "Der Eröffnungstermin war sakrosankt. Dem wurde alles untergeordnet."

Am 17. März 2013 wird der neue Großflughafen in Berlin eröffnet. Ganz sicher.

---

182. *Was ist die Aufgabe des Aufsichtsrats und welche Kritik wird an dem Aufsichtsrat geübt?*

183. *Wie viele Monate vor der Veröffentlichung des Artikels gab es schon die ersten Hinweise auf Probleme innerhalb der Projektdurchführung?*

184. *Wie viel teurer soll das Projekt im Gegensatz zur Ankündigung werden?*

185. *Welche Probleme, die das Projekt zum terminlichen Fiasko werden ließen, werden in dem Zeitungsartikel konkret benannt?*

186. *Sie kennen die Abhängigkeiten innerhalb des Projektdreiecks. Bei diesem Projekt sollen Terminprobleme bei gleichem Projektergebnis durch die Erhöhung von Ressourcen kompensiert werden. Warum will diese Idee nicht so richtig fruchten?*

19 Harms - ISBN 978-3-8120-1040-5

10 Handbuch: Netzplantechnik

Wie bei der EPK handelt es sich bei der NPT um einen gerichteten Graphen.

Netzpläne in der heutigen Zeit? Diese Frage ist zweifelsfrei berechtigt. Als Standarddarstellung für Projekte hat sich mittlerweile das Zeitbalkendiagramm zur Koordination von Einzeltätigen in Verbindung mit Ressourcen und Zeiten etabliert. Sehr filigran lassen sich planungsrelevante Größen darstellen. Doch auch die Netzplantechnik bietet große Vorteile.

Die Netzplantechnik[54] (engl. network analysis) nach der DIN 69900[55] (NPT) spielt gerade in Strukturierungsphasen ihre Trümpfe aus, in denen übersichtlich grobe Planungsschritte (z. B. Bauabschnitte) in ihrer Gesamtheit erfasst werden müssen.

Es ist nach wie vor ein geeignetes Mittel, Auswirkungen paralleler Ausführungen zu erkennen. Deutlich zeigt ein Netzplandiagramm dem Projektplaner, an welchen Stellen ein Projekt „klemmen" kann, das heißt, bei welchen Arbeiten verstärkt auf die Einhaltung von Zeiten geachtet werden muss, damit das Projekt fristgemäß fertiggestellt werden kann. Es ermöglicht einen Überblick über Teilschritte, Termine und Abhängigkeiten.

10.1 Vorgangsplanung

V.-Nr.	Beschrei-bung

Der Symbolvorrat zur Darstellung von Netzplänen ist sehr reduziert und gerade das macht seinen Reiz aus. Im Wesentlichen besteht diese Darstellungsform aus Vorgangsbeschreibungen (Netzplanknoten) und Verbindungen dieser Elemente (Kanten).[56] Die Ablaufplanung beschreibt zunächst die Darstellung der einzelnen Vorgänge. Zur sachlogisch richtigen Darstellung von Abhängigkeiten werden mehrere Vorgänge aneinandergereiht.

Der gezeigte Netzplanknoten beinhaltet in der Grundform eine Vorgangsnummer sowie eine kurze Beschreibung des Vorgangs.

10.2 Ablaufplanung

Ein Projekt lebt davon, Abläufe so zu planen, dass diese nicht linear[57], sondern u. U. auch parallel ablaufen können. Das spart Zeit. Demnach können in einem Netzplan Verzweigungen[58] eingeplant werden, an denen sich der Ablauf trennt bzw. wieder zusammengeführt wird.

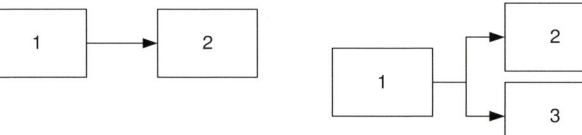
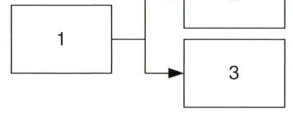
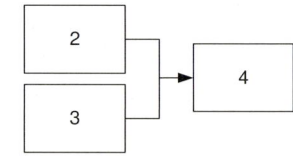

Fall 1: Ein Vorgang hat genau einen Nachfolger

Fall 2: Ein Vorgang hat zwei oder mehr Nachfolger

Fall 3: Ein Vorgang hat zwei oder mehr Vorgänger.

---

[54] In unserem Fall Vorgangsknoten-Netzplan. Oftmals fälschlicherweise auch als PERT-Diagramm (Program Evaluation and Review Technique) bzw. Ereignisknoten-Netzplan bezeichnet. Dieser geht entgegen unserer Praxis von erreichten Fertigstellungszeitpunkten (Meilensteinen) aus.

[55] DIN 69900-1 definiert: "alle Verfahren zur Analyse, Beschreibung, Planung, Steuerung, Überwachung von Abläufen auf der Grundlage der Graphentheorie".

[56] Bei der NPT handelt es sich um die Darstellung mittels eines gerichteten Graphen.

[57] Streng nacheinander ablaufend.

[58] Mathematisch: Konjunktionen.

10.3 Vorgangstabelle

Vor dem Erstellen des eigentlichen Netzplans ist es hilfreich, sich eine Vorgangstabelle anzulegen. Diese enthält die eigentliche Planungsleistung, nämlich das Erfassen aller notwendigen Einzelvorgänge und deren zeitliche Gewichtung. Zudem macht sich der Projektplaner Gedanken darüber, welche Vorgänge vor- und nachgelagert sind.

Um das gesamte Verfahren zu verdeutlichen, werden die nachfolgenden Erstellungsschritte anhand des Beispiels „Einführung einer mobilen Datenerfassung" aufgezeigt. Projektziel ist, dass bei der Warenannahme der Wareneingang mit Handscannern erfasst wird. Die Handscanner (mobiles Datenerfassungsgerät - MDE) werden zum Auslesen in so genannte MDE Hubs gesteckt und ausgelesen. Diese sind über LAN-Dosen an das Computernetzwerk angeschlossen und können darüber Informationen an das ERP-System senden.

Projekt: Einführung mobiler Datenerfassungsgeräte

NR	Vorgangsbezeichnung	Dauer in Tagen	Unmittelbarer Vorgänger	Unmittelbarer Nachfolger
1	Planung des Projekts	1	-	2, 4
2	MDE-Geräte beschaffen	25	1	3
3	MDE-Geräte einrichten	10	2	6
4	LAN Dosen installieren	6	1	5
5	Netzwerk einrichten	1	4	6
6	MDE-Hubs einrichten	2	3, 5	7
7	Tests und Nachbesserung	1	6	-

Unter Berücksichtigung der Vorgaben aus den Kapiteln 10.1 und 10.2 sieht der Netzplan unseres Beispiels folgendermaßen aus:

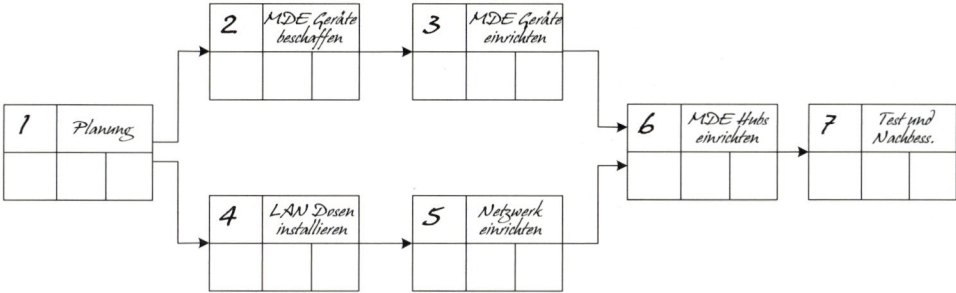

10.4 Zeitplanung

10.4.1 Frühester Anfangs- und Endzeitpunkt

Grundvoraussetzung für eine Zeitplanung ist zunächst einmal die Erfassung der Einzelzeiten der jeweiligen Vorgänge.

FAZ		FEZ
V.-Nr.	Beschreibung	
Zeit		

Im Anschluss daran folgt das Berechnen und Ausweisen der frühesten Anfangszeiten (FAZ) und frühesten Endzeiten (FEZ).

Der erste Vorgang eines Projekts hat immer den FAZ null. Bei einer Dauer von einem Tag ergibt sich daraus ein FEZ von eins. Der darauf folgende Vorgang kann demzufolge erst beginnen, sobald der Vorgänger beendet ist (Kapitel 10.2 – Fall 1). Der FEZ vom Vorgänger ist deshalb der FAZ des Nachfolgers.

Folgen auf einen Vorgang zwei oder mehrere Nachfolger (Kapitel 10.2 – Fall 2), beginnen alle nachfolgenden Vorgänge ebenfalls mit dem FEZ des Vorgängers. Das bedeutet, dass direkte Nachfolger erst dann beginnen können, wenn der Vorgänger vollständig abgearbeitet ist.

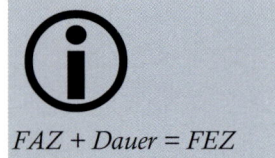

FAZ + Dauer = FEZ

Hat ein Vorgang zwei oder mehrere Vorgänger (Kapitel 10.2 – Fall 3), wird der höchste FEZ übertragen. Dies ist dadurch zu erklären, dass der nachfolgende Vorgang erst gestartet werden kann, wenn sämtliche direkte Vorgänger abgearbeitet sind.

In unserem Beispiel sieht der Netzplan bisher wie folgt aus:

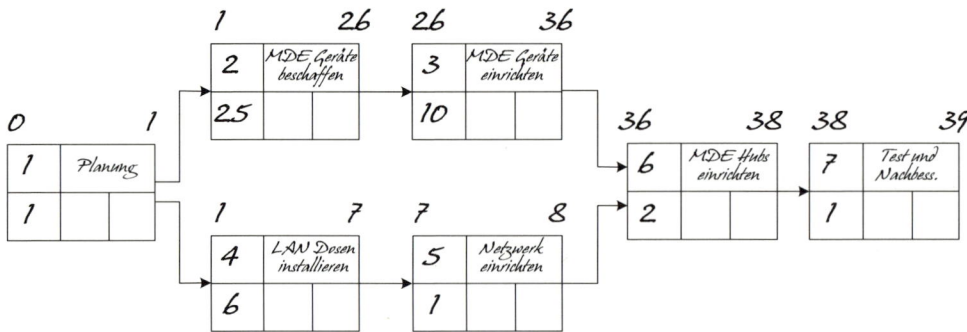

Eine erste wichtige Erkenntnis ist aus dem Netzplan gewonnen. Der Projektplaner weiß, wie lange das Projekt dauert. In unserem Beispiel dauert das Projekt 39 Kalendertage[59].

10.4.2   Spätester Anfangs- und Endzeitpunkt

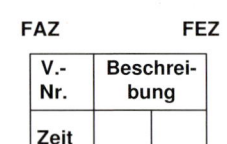

Das Zwischenergebnis in Kapitel 10.4.1 verdient eine nähere Betrachtung. Die Vorgänge vier und fünf laufen parallel zu den Vorgängen zwei und drei. Dabei fällt auf, dass die beiden Vorgänge der MDE Gerätebeschaffung und Einrichtung mit insgesamt 35 Zeiteinheiten angesetzt sind. Es würde also nichts dagegen sprechen, wenn der Startzeitpunkt des Vorgangs vier und fünf (insgesamt 7 Zeiteinheiten) später beginnt. Die einzige Voraussetzung ist, dass dieser nicht später endet, als Vorgang zwei und drei, da sich sonst die Gesamtprojektzeit verlängert.

Demnach lässt sich also ein Projekt auch von hinten nach vorne durchrechnen, um festzustellen, wann Vorgänge spätestens beginnen müssen. Die Zeitmarken werden spätester Anfangszeitpunkt (SAZ) und spätester Endzeitpunkt (SEZ) genannt.

Der FEZ des letzten Vorgangs ist gleichzeitig der SEZ des letzten Vorgangs. Durch Subtraktion der jeweilig benötigten Zeit von der SEZ errechnet sich die SAZ.

Entsprechend der Vorwärtsrechnung in Kapitel 10.4.1 wird bei der Rückwärtsrechnung der SAZ des Nachfolgers als SEZ des Vorgängers übertragen. Gibt es mehrere Vorgänger, wird sie an alle direkten Vorgänger übertragen.

Haben mehrere Nachfolger einen gemeinsamen Vorgänger, wird die kürzeste zur Verfügung stehende Zeit (SAZ) übertragen.

Sie können Ihre Rückrechnung zum Schluss selbst kontrollieren, denn rechnerisch muss am SAZ beim Vorgang eins wieder eine Null herauskommen.

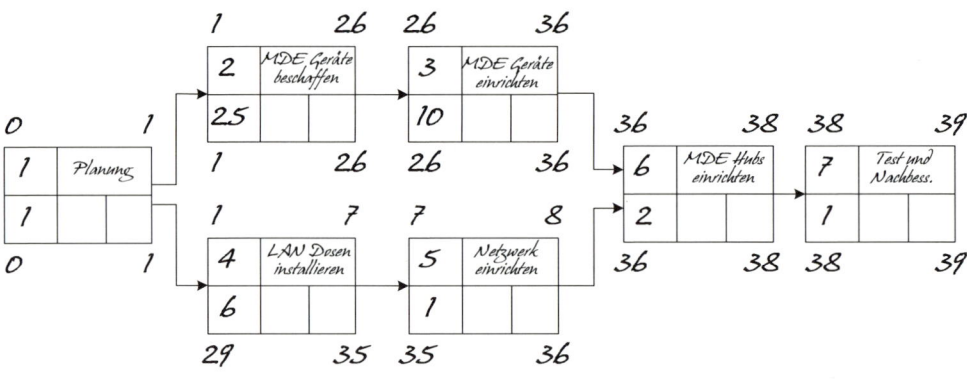

---

[59]   In Planungen wird oftmals auch in Arbeitstagen gerechnet. Um Nettozeiten auszuweisen, werden häufig auch die Begriffe Personentage (PT) bzw. Personenjahre (PJ) verwendet.

10.4.3 Pufferzeiten

Wie im vorherigen Kapitel bereits angedeutet, gibt es beim Vorgang vier und fünf (Netzwerk installieren und einrichten) durchaus einen Spielraum beim Vorgangsstart. Dieser wird als Puffer bezeichnet.

Wird dieser Zeitpuffer vom Projektleiter in Anspruch genommen, ergibt sich daraus keine Gefährdung für das Gesamtzeitziel.

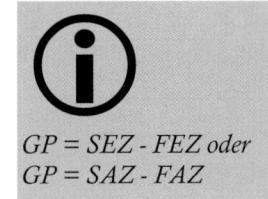

FAZ		FEZ
V.-Nr.	Beschrei-bung	
Zeit	GP	FP
SAZ		SEZ

Der zur Verfügung stehende Gesamtpuffer (GP) ergibt sich aus der Differenz zwischen dem SEZ und dem FEZ.

Der freie Puffer existiert an Vorgängen, bei denen der Gesamtpuffer in Anspruch genommen werden kann, ohne dass dies auf andere benachbarte Vorgänge Auswirkungen hat.

Das ist leicht zu erkennen, denn der freie Puffer berechnet sich aus dem FAZ des nachfolgenden Vorgangs abzüglich des FEZ des Vorgängers. In unserem Beispiel gibt es beim Vorgang fünf (Netzwerk einrichten) einen gesamten Puffer von 28 Zeiteinheiten und ebenfalls einen freien Puffer von 28 Zeiteinheiten.[60] Wird dieser Puffer im Projekt genutzt, steht er dem vorherigen Vorgang nicht mehr zur Verfügung. Daher hat der Vorgang vier (Netzwerk installieren) einen freien Puffer von null Zeiteinheiten.

GP = SEZ - FEZ oder
GP = SAZ - FAZ

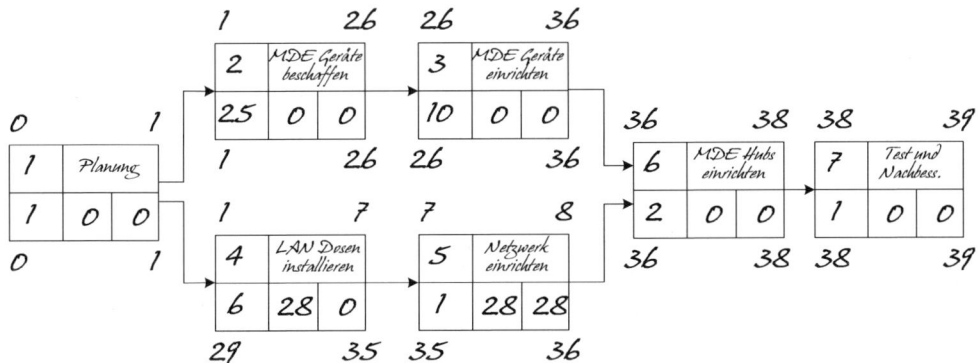

10.4.4 Kritischer Pfad

Der kritische Pfad ist der Projektverlauf, bei dem keine Pufferzeiten zur Verfügung stehen. Das hat die Auswirkung, dass sich eine Verzögerung innerhalb dieser Projektvorgänge auf das komplette Projekt auswirkt und das Projekt zeitlich nicht eingehalten werden kann.

Der kritische Pfad wird für gewöhnlich durch eine variable Kantenzeichnung dokumentiert.

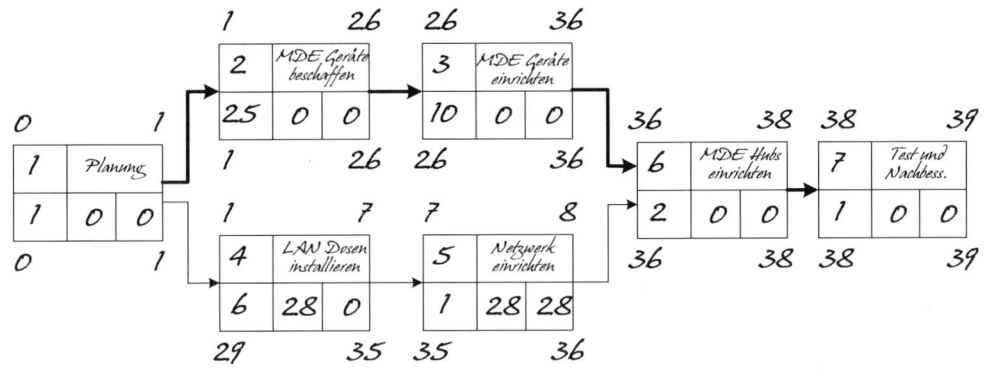

Neben der grafischen Darstellung des kritischen Pfads kann dieser auch als Zahlenreihe dargestellt werden. Das bedeutet für unser Beispiel: 1, 2, 3, 6, 7.

---

[60] FAZ Vorgang Nr. 6 = 36, FEZ Vorgang Nr. 5 = 8

11 Exkurs: Projektmanagement für die IT-Fachabteilung

Ausgehend von der Entwicklung von Software haben sich unterschiedliche Planungsmodelle für Projekte entwickelt, die sich grundlegend in drei Vorgehensweisen einordnen lassen:

- sequentielle Modelle: laufen streng nach zuvor geplanten Phasen ab

- iterative Modelle: laufen in wiederkehrenden kleinen Phasen mit festgelegten Schnittstellen ab

- leichtgewichtige Modelle: werden in kurzen Iterationen aufgebaut und zerteilen Projekte in kleine agile Einheiten.

11.1 Phasenmodell

Zum Thema wie Software bzw. Datenbankensysteme getestet werden, hält das Internet zahlreiche Informationen bereit. Nutzen Sie zur Suche beispielsweise die Suchbegriffe „Testverfahren Software".

Grundüberlegungen, wie nun das vereinbarte Ergebnis des Pflichtenheftes in bewertbare Resultate überführt werden kann, sind einheitliche Erstellungskonzepte, denen allen gemein ist, dass sie mehr oder weniger gleichartig die Vorphase, den Entwurf, die Realisierung, die Tests sowie die Einführung beinhalten. Lediglich die Größe und die Anordnung von Arbeitspaketen, die nach diesem Muster bearbeitet werden, können variieren.

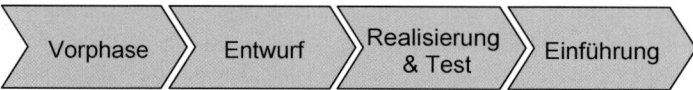

Was bedeuten die Phasen im Einzelnen?

Vorphase: In dieser Phase werden das Ergebnis und insbesondere der Erstellungsaufwand abgeschätzt und im Lastenheft dargestellt. Die Vorphase begründet die Durchführung und zeigt, ob sich das Projekt lohnt bzw. nach welchem Zeitraum sich das Projekt voraussichtlich amortisieren wird. Des Weiteren wird im Pflichtenheft das zu erstellende Ergebnis definiert. Demnach beinhaltet diese Phase im Wesentlichen die Planung des Projekts.

Entwurf: Modelle und grobe Entwürfe werden in dieser Phase erstellt. Insbesondere die abstrahierte Darstellung der Realität in Form von IT-Modellen wie ERM, UML und EPK stellt einen Schwerpunkt dieser Phase dar. Darüber hinaus werden die ersten sichtbaren Ergebnisse wie das GUI-Design entwickelt.

Test und Abnahme:

FAT – Factory Acceptance Test – Überprüfung des Produkts beim Hersteller. Entspricht im Phasen-Modell der Testphase.

SAT - Site Acceptance Test – Überprüfung des Produkts beim Empfänger. Entspricht im Phasen-Modell der Einführung.

Realisierung und Test: In dieser Phase findet die „handwerkliche" Erstellung des Produktes statt. Es werden Datenbanken erstellt und Anwendungssysteme programmiert. Als Ergebnis entstehen Quellcode, kompilierte Anwendungssysteme oder auch Datenbanksysteme sowie Dokumentationen.

Interne Tests sollen das Laufzeitverhalten und die Systemausgaben des erstellten Systems auf die Richtigkeit überprüfen. Im Hinblick auf spätere Regressansprüche bei Fehlverhalten entstehen in dieser Phase Fehlerprotokolle.

Einführung: Die Einführung beinhaltet nicht nur die Übertragung des Produktes im Sinne einer Eigentumsübertragung, sondern vielmehr auch das Installieren des Produktes auf dem System des Auftraggebers. Unter Umständen finden in dieser Phase Nachbesserungen durch Fehler, die auf dem Zielsystem entdeckt werden, statt. Zur Übergabe gehören Übergabeprotokolle, Handbücher und technische Dokumentationen.

Zur Phase der Einführung zählt ebenfalls die Wartung, die häufig auch als After-Sales Phase bezeichnet wird und die die Anpassung des Systems an zukünftige Gegebenheiten beinhaltet. Je nach Umfang entstehen neue Systeme mit entsprechendem Quellcode, Dokumentationen und Protokolle.

Nachfolgend sehen Sie einige Teilprozesse des Wertschöpfungskettendiagramms „phasenorientierte Anwendungssystementwicklung" in Anlehnung an die DIN 69901.

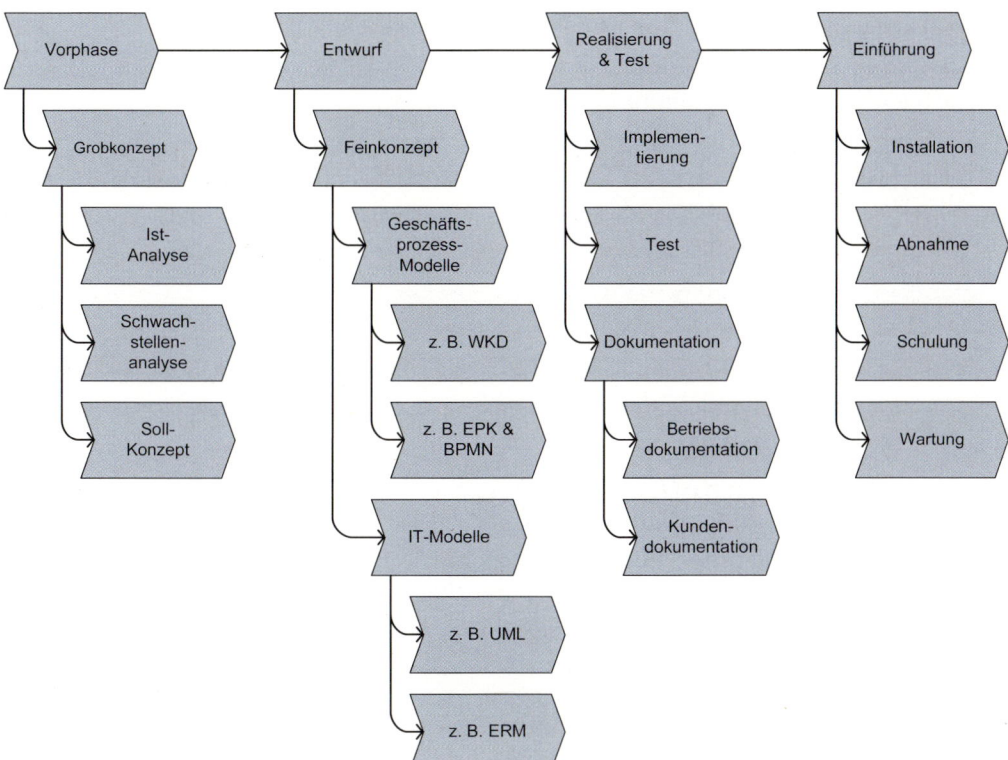

Anwendungsprogramme, Webseiten oder auch Datenbanksysteme müssen so gestaltet sein, dass der Dialog zwischen dem Nutzer und dem System einigen Bedingungen entspricht. Diese sind in der ISO 9241, Teil 110 verbindlich festgelegt.

Gemäß der Wertschöpfungskette werden die beschriebenen Phasen relativ statisch und sequenziell abgearbeitet. Rücksprünge zwischen unterschiedlichen Phasen sind nicht vorgesehen. Aus dieser Problematik heraus haben sich, vom Phasenmodell ausgehend, zahlreiche Entwicklungsmodelle wie u. a. das Wasserfallmodell, entwickelt.

---

187. Welche Nachteile können sich aus dem statischen Phasenmodell ergeben?

11.2 Wasserfallmodell

Das Wasserfallmodell ist ein phasenorientiertes Modell, das ein Vorgehen der Softwareentwicklung beschreibt. Ähnlich wie bei einem nachgelagerten Schleusensystem gehen Teilergebnisse als Vorgabe von oben nach unten (Top-Down) in die nächste Projektphase ein.

Das wesentliche Merkmal des Wasserfallmodells ist, dass die einzelnen Phasen definierte Start- und Endmarken haben (Meilensteine), deren Ergebnisse schriftlich fixiert werden. Daher spricht man bei diesem Modell auch von einem „dokumentgetriebenen" Modell. Vor dem Start der nachfolgenden Phase muss die „zuliefernde" Phase vollständig abgearbeitet sein.

Die Phasen des Wasserfallmodells sind:

- Initialisierung: Gemeinsam mit dem Kunden wird das Projekt gestartet.

- Analyse: Im Wesentlichen werden hier die Anforderungen des Projekts untersucht.

- Entwurf: Design des Modells sowie des Systems. Dies kann vom Modell über ein GUI-Design bis hin zum Prototypen reichen.

- Realisierung: Eigentliche Implementierungsphase, die mit einer Testeinheit endet.

- Einführung: Installation und Systemtests in der eigentlichen Laufzeitumgebung.

 Nutzung: Übergabe des Projekts an den Kunden sowie Wartung.

Problematisch ist beim Wasserfallmodell, dass der Endanwender des Systems lediglich in der Initialisierungsphase miteinbezogen wird.

Damit der Fall, dass ggf. etwas in einer Phase nicht optimal gelaufen ist, berücksichtigt werden kann, wurde das ursprünglich gerichtete (sequentielle) Modell um eine Variante mit Rücksprungmöglichkeit erweitert.

---

188. *Welche Vorteile ergeben sich aus dem Wasserfallmodell?*

189. *Welche Probleme können beim Wasserfallmodell auftauchen?*

11.3 Spiralmodell

Im Gegensatz zum Wasserfallmodell setzt das Spiralmodell keine vollständige und einmalig durchgeführte Phase voraus, sondern basiert auf einem fortlaufenden Entwicklungsprozess mit vier ständig wiederkehrenden Bearbeitungsphasen und entsprechenden Teilergebnissen.

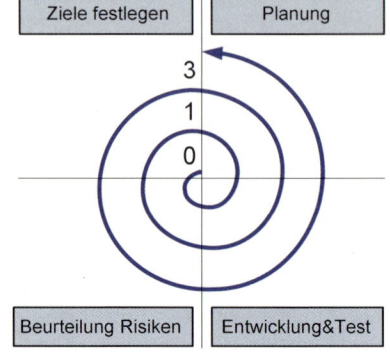

Die vier Grundphasen sind die Zielfestlegung, die Beurteilung der Risiken, die Entwicklung und der Test sowie die Planung der nächsten Phase.

Die Stärke des Modells zeigt sich dabei durch die fortlaufende Beurteilung möglicher Risiken sowie durch die kontinuierliche Entwicklung von Prototypen. Diese sind das Ergebnis der jeweiligen Risikoanalyse.

Die fortlaufende Bearbeitung der Phasen unterstützt eine enge Bindung zum Kunden und sichert eine hohe Qualität durch die Abnahme von Zwischenergebnissen.

Die Grundschritte, die im Wasserfallmodell Verwendung finden (Analyse, Entwurf, Realisierung, Einsatz/Test) werden im Spiralmodell durch das sukzessive Durchlaufen der Phasen bis hin zum Feinentwurf mehrfach aufgegriffen.

11.4 Das V-Modell

Das V-Modell hat seinen Ursprung im wehrtechnischen Bereich und ist dort seit Anfang der 90er Jahre als verbindliches Vorgehensmodell zur Entwicklung von Systemen unterschiedlichster Art im Einsatz.

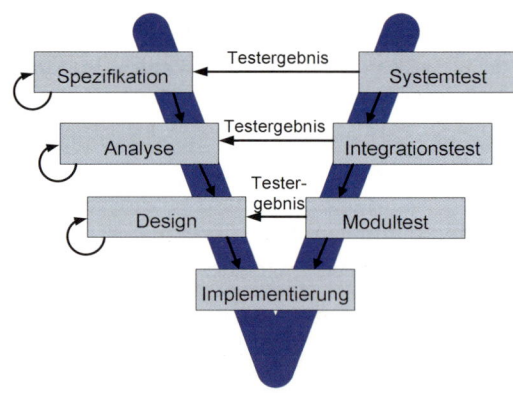

Das V-Modell hat kontinuierliche Prüfverfahren in den Bereichen Anforderungsübereinstimmung (Verifikation) und Leistungsfähigkeit (Validierung) zum Ziel. Grundlage sind definierte Aktivitäten mit den damit verbundenen Ergebnissen. Entsprechen diese Ergebnisse nicht den vereinbarten Zielen, erfolgt solange eine Nachbesserung und erneute Prüfung, bis diese den Vereinbarungen entsprechen. Eine zeitliche sequentielle Abfolge der Phasen ist beim V-Modell nicht vorgesehen.

---

190. *Aus welchem Grund hat dieses Modell seinen Ursprung im wehrtechnischen Bereich?*

191. *Was unterscheidet es von den bisherigen Modellen?*

11.5   Rational Unified Process (RUP)

Die bisherigen Modelle berücksichtigten die Idee, Anwendungssysteme oder auch Datenbanken auf Basis eines analysierten Geschäftsprozesses zu entwickeln, nur unzureichend.

Anders verhält es sich beim kommerziellen, objektorientierten Vorgehensmodell Rational Unified Process (RUP), das 1996 das erste Mal vorgestellt wurde. Grundlage dieses Entwicklungsmodells ist die Notation der Unified Modelling Language (UML).

Kernideen des RUP sind die Beschreibungen der Anwendungsfälle in Form einer Geschäftsprozessmodellierung. Ausgehend von dieser Beschreibung werden die Anforderungen entwickelt. Nach Analyse und Design wird das System implementiert und getestet. Neben einem besseren Verständnis für die Funktionalität, die das Ergebnis leisten soll, wird ein Less-Coding (eine teilweise automatisierte Programmierung) angestrebt.

Aus diesem Vorgehen lassen sich die Phasen des RUP bestimmen:

- Konzeptionsphase
- Entwurfsphase
- Konstruktionsphase
- Übergabephase.

Diese Phasen sind in Iterationen unterteilt, die als Meilensteine abgeschlossen werden. Diese Wiederholungen verleihen dem Vorgehensmodell seine Dynamik.

11.5.1   eXtrem Programming (XP)

Wenn man es genau betrachtet, ist XP kein Modell des Projektmanagements, sondern vielmehr eine Methode zur Softwarentwicklung. Im Gegensatz zu formal gestalteten Arbeitsweisen wird das XP als agile Methode bezeichnet. Ohne zu sehr auf das Detail eingehen zu wollen, besteht die grundlegende Idee des XP darin, im Team zu arbeiten und zu allen Beteiligten fortlaufend eine offene Kommunikation zu pflegen.

Der Kommunikationsgedanke äußert sich beispielsweise in täglichen Treffen des Entwicklungsteams. Ebenso ermöglichen kurze Zyklen, dass der Kunde fortlaufend über das entstehende Produkt auf dem Laufenden ist. Dazu erhält der Kunde inkrementelle Lösungen, die kostspielige Fehlannahmen und Missverständnisse nicht erst am Ende des Projekts offenbaren, sondern schon in der Entstehung.

Dabei wird das Produkt in Iterationen, also kleineren Zyklen entwickelt. Somit wird dem Kunden besser zu seinem Produkt verholfen, da im Laufe des Projekts fortlaufend die Anforderungen und das Produkt angepasst werden. Diese Anpassung resultiert auf den stetem Erfahrungs- und Erkenntniszuwachs des Kunden hinsichtlich seines Produkts.

Bei der eigentlichen Kodierung der Software kommt das Prinzip des Pair-Programming, also das paarweise Entwickeln, zum Einsatz. Die sonst eher isolierte und monotone Arbeit wird aufgewertet, Probleme können sofort zu zweit angegangen werden und Fehler werden schneller erkannt und ausgeschlossen. Entwickelte Ergebnisse werden schnellstmöglich in das Gesamtsystem eingebunden (testgetriebene Entwicklung) und auf Lauffähigkeit getestet.

20 Harms - ISBN 978-3-8120-1040-5

11.6 Scrum

Die Urspünge von Scrum liegen in den USA der 90er-Jahre. Scrum wurde von Alistair Cockburn, James Coplin, Jim Highsmith, Ken Schwaber, Kent Beck und weiteren entwickelt.

Scrum ist ein Framework, also ein Ordnungsrahmen und ein **Prozess** für die Durchführung von agilen Projekten. Es zeichnet sich grundsätzlich dadurch aus, dass Projektziele von einem **Projektteam** in kleinen überschaubaren und somit auch leichter **planbaren Einheiten** verfolgt werden. Jede Einheit endet mit jeweils fertigen und abgeschlossenen, funktionsfähigen Produkten. Dabei setzt Scrum auf eine maximale Transparenz, hohe Flexibilität und einfachste Hilfsmittel zur Planung, Durchführung und Kontrolle.

Scrum bietet dem **Kunden** immense Vorteile. Der Auftraggeber und das Projektteam können sich über den Projektverlauf in kleineren Einheiten an das Ziel „heran-pirschen". Überforderung des Kunden und falsche Entscheidungen bzw. Anforderungsdefinitionen zu Beginn eines Projekts werden aufgrund einer weiterhin offenen und erweiterbaren Anforderungsliste minimiert. Die gemeinsame Produkt-entwicklung, -änderung und -erweiterung über den gesamten Projektzeitraum ist Teil des Scrum-Konzepts. Daher werden Änderungen des Kunden vom Scrum-Team nicht mehr als störend empfunden, sondern als Chance gesehen, **dem Kunden genau das zu entwickeln, was er tatsächlich benötigt**, denn:

„Der Kunde weiß, was er will, wenn er sieht, was er bekommt."

Organisatorisch werden die geänderten Anforderungen während eines Projekts durch einen offenen, priorisierten „Wunschzettel" realisiert. Dieser Wunschzettel wird in Zyklen vom existenziell wichtigen (hoher Geschäftswert) zum eher unwichtigen hin abgearbeitet.

Ein weiteres **aufbauorganisatorisches** Erfolgskriterium bei agilen Projekten ist ein Paradigmenwechsel vom klassischen, hierarchischen Master & Slave Gedanken, der einen Projektleiter mit weitreichenden disziplinarischen Befehlsstrukturen vorsieht, hin zu einem **kooperativen**, **eigenverantwortlichen** und **selbst gesteuerten Entwicklerteam**. Fortlaufende Lernprozesse sind in Scrum als fester Bestandteil eingeplant und sorgen dafür, dass das Scrum Team zunehmend effektiver und effizienter arbeitet. Einen Projektleiter, der dem Kunden Dinge verspricht, die die Entwickler gar nicht in der Lage zu leisten sind, gibt es bei Scrum nicht.

Mehr zu diesen Grundideen und den damit verbundenen positiven Effekten, wie z. B. eine erhöhte Identifikation der Entwickler mit dem Projekt, valide Vorhersagen über Zeiten und Produktversprechen, sowie zur Integration des Kunden, erfahren Sie in der nachfolgenden Detailbetrachtung.

Die Anforderungen im Scrum sollen, wie in vielen anderen Projekten, nach Möglichkeit Eigenschaften nach dem INVEST-Schema aufweisen:

- *independent (unabhängig, für sich selbst stehend)*

- *negotiable (verhandelbar / änderbar bis zu dem Zeitpunkt, an dem sie Teil einer Iteration sind)*

- *valuable (werthaltig, Mehrwert für den Nutzer)*

- *estimatable (schätzbar, zeitlicher Aufwand bestimmbar)*

- *small (klein, angemessen groß)*

- *testable (testbar, Erreichbarkeit muss prüfbar sein).*

11.6.1 Das Scrum Framework

Der Begriff Scrum stammt aus dem Bereich des Sports. Beim Rugby stellt es den Moment dar, in dem die Spieler im Kreis mit der gegnerischen Mannschaft rangeln, um in den Ballbesitz zu gelangen. In diesem Scrum ist nur erfolgreich und schnell, wer im Team als Einheit flexibel auftritt. So die Herleitung des Begriffs.

Das agile Scrum lebt von nur drei internen Rollen, wenigen Artefakten (Hilfsmitteln) und einem festgelegten Entwicklungsprozess.

Dabei arbeitet Scrum mit Wiederholungen und abgeschlossenen Produkten. Wiederholungen (Iterationen) werden hierbei als **Sprint** bezeichnet. Ein Sprint wird als eine zeitlich festgelegte Einheit (Time-Box) definiert. Die Sprintdauer bleibt über die gesamte Projektdauer gleich (ein bis vier Wochen). Da ein laufender Sprint weder verkürzt noch verlängert wird, stellt sich ein verlässlicher und vertrauter Rhythmus für alle Beteiligten ein.[61]

Bei Scrum entstehen als Ergebnis der Sprints **funktionsfähige Teilergebnisse** (Inkremente), die anders als Zwischenstände eines Gesamtprodukts, als

---

[61] Im Bedarfsfall kann ein einzelner Sprint vorzeitig abgebrochen werden, wenn klar ist, dass dieser nicht mehr erreicht wird. Das sollte die absolute Ausnahme sein.

abgeschlossen gelten. Ein Beispiel: In klassischen Projekten werden dem Kunden von Zeit zu Zeit unterschiedliche Entwicklungsstände des Gesamtprodukts präsentiert. Das Produkt wächst dabei, ist als Zwischenstand aber nicht produktiv einsetzbar. Bei Scrum wird zum Beispiel die Funktion „Kundenregistrierung" als auslieferbares Produkt definiert, sofern es die Kriterien für die Fertigstellung (Definition Of Done[62]) erfüllt hat. Dieses „deliverable product" wird entwickelt, getestet, abgenommen und für ausgeliefert erklärt. Auf diesem Weg entsteht ein Produkt, das stets den gegenwertigen Endzustand darstellt und somit einsetzbar ist.

11.6.2 Rollen

Scrum ist ein „schlankes" Konzept und kommt mit drei internen Rollen aus.

- **Scrum Team (ST):** Die Gruppe besteht aus Product Owner, Scrum Master und Entwicklerteam.

- **Development Team (DT):** Das Entwicklerteam bearbeitet das Projekt taktisch (was wird als Nächstes umgesetzt?) und operativ (wie wird das ausgewählte umgesetzt?). Als ideale Gruppengröße dieses Teams werden häufig 5 bis 7 (ggf. auch 3 bis 9) Teammitglieder genannt. Beim Team liegt die vollständige Entscheidungsmacht, wie das Projekt bearbeitet wird. Es organisiert sich demnach selbst und hat die volle Eigenverantwortung in Bezug auf die fristgerechte Umsetzung der Produktanforderungen innerhalb eines Sprints. Optimalerweise setzt sich ein Entwickler- oder auch Umsetzungsteam aus Mitgliedern unterschiedlicher Fachbereiche zusammen (z. B. Programmierer, Analytiker und Modellierer). Ein Team verpflichtet sich mit einem Versprechen (Commitment) der Erreichung eines Sprintziels (Sprint Goal).

- **Scrum Master (SM):** Der Scrum Master ist zwar Teil des Scrum Teams, gehört aber nicht zum Entwicklerteam. Die Person darf keinesfalls als Vorgesetzter der Gruppe interpretiert werden, denn sie versteht sich als Mediator oder Coach und moderiert zahlreiche Sitzungen, die im weiteren Verlauf noch beschrieben werden. Daher ist die Hauptaufgabe des Scrum Masters, das Team kommunikatorisch zu begleiten, Scrum-Werte und -Regeln zu sichern und dem Team den Rücken bei Problemen (Impediments) frei zu halten. Der Scrum Master ermöglicht dem Entwicklerteam ein konzentriertes Arbeiten und kann somit als die „gute Seele" des Teams bezeichnet werden.

- **Product Owner (PO):** Der Product Owner ist für die Erreichung der Produktfunktionalitäten verantwortlich. Diese Person ist ebenfalls kein Vorgesetzter, sondern als Vertreter des Kunden zu sehen. Somit arbeitet sie mit dem Kunden Hand in Hand und ist Ansprechpartner des Entwicklerteams für Fragen rund um das Produkt. Als Vertreter des Kunden legt der Produktverantwortliche den Geschäftswert (Wichtigkeit) von Produktfunktionalitäten fest, hat das "letzte Wort", wenn es um die Festlegung dieser geht und kontrolliert und bewertet die entstandenen Ergebnisse. Darin begründet sich auch die Tatsache, dass der Product Owner kein Mitglied des Entwicklerteams sein kann, da sonst die eigene Arbeit bewertet werden müsste.

- **Stakeholder (Kunde, Anwender, Management, u. a.):** Kunden können, wie in jedem Projekt, betriebsintern oder -extern angesiedelt sein. Dabei ist der Kunde die Person, die den Vertrag mit einem Unternehmen schließt, während die Gruppe der Anwender die tatsächlichen Nutzer des Produkts sind.

Um der Gruppe Sicherheit zu geben, Transparenz herzustellen und ein effizientes Arbeiten zu ermöglichen, helfen nachfolgende Artefakte.

---

[62] Da jede Person unter der Erreichung eines Ziels etwas anderes versteht, hilft eine „Definition Of Done". Diese gibt an, wann eine Aufgabe als erledigt gilt. Das könnte beispielsweise bedeuten, dass ein Produkt getestet und dokumentiert sein muss, bevor es als „abgeschlossen" bezeichnet werden kann.

11.6.3 Artefakte (Hilfsmittel/Dokumente)

Die Artefakte sind die Dokumentations- und Planungswerkzeuge, die im Vergleich zum klassischen Projektmanagement die vielen ausschweifenden Dokumente, wie beispielsweise das Pflichtenheft, Tages-, Wochen-, Monatsberichte, Ganttdiagramm etc. ersetzen, ohne dabei auf Transparenz oder geforderte Dokumentationspflichten zu verzichten.

▶ **Vision:** Grundlegende und gröbste Formulierung des Kundenwunsches, z. B. „Erstellung eines Abfertigungssystems für Fluggäste".

▶ **User Story (US):** User Stories sind Funktionsmerkmale des zu entwickelnden Produkts. Eine User Story beschreibt eine Anforderung aus Sicht des Kunden/Anwenders. Sie sollte offen gestaltet und abschließbar sein:

- „Als Sachbearbeiter möchte ich Entgelte für Spesen berechnen können"
- „Als Redakteur kann ich im CMS über aktuelle Aktionen berichten"
- „Als Außendienstmitarbeiter kann ich Kundenumsätze auswerten".[63]

Diese User Stories werden als Product Backlog Items (PBI) im Product Backlog (PBL) gesammelt.

▶ **Product Backlog (PBL):** Anforderungskatalog an das zu entwickelnde Produkt innerhalb des Projekts. Das Product Backlog ist für Veränderungen innerhalb des Projektverlaufs offen. Es fängt unter Umständen mit wenigen Anforderungen an, die im Laufe des Projekts mehr und vor allem spezifizierter werden. Die einzelnen **Product Backlog Items (PBI)** werden nach Aufwand (Story Points) bewertet und nach dem angestrebten Geschäftswert priorisiert (**Priorisiertes Product Backlog**). Die im aktuellen Sprint anstehenden User Stories werden im **Selected Product Backlog** erfasst.

▶ **Sprint Backlog (SBL):** Ausgewählte Aufgaben innerhalb eines anstehenden Sprints.

▶ **Task:** Detaillierte Aufgaben, die zur Bearbeitung von User Stories im aktuellen Sprint notwendig sind. Diese werden für alle sichtbar auf einem **Taskboard** fixiert. Das Taskboard ist Visualisierungs- und Organisationsinstrument für anstehende Aufgaben innerhalb eines Sprints. Für jedes Teammitglied ist leicht ersichtlich, welche User Stories mit entsprechenden Tasks noch anstehen (Tasks To Do), in Bearbeitung sind (Work in Progress), sich im Test (To Verify) befinden bzw. schon erledigt (Done) wurden. Durch die Einfachheit (zum Beispiel Flipchart Papier mit Klebezetteln) fällt das fortlaufende Aktualisieren sehr leicht.

▶ **Burn Down Chart (BDC):** Grafik, aus der der Fortschritt in Relation zur verbleibenden Zeit des Sprints ersichtlich wird (Soll/Ist-Dokumentation).

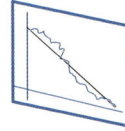

▶ **Impediment Backlog (IBL):** Liste mit Störungen, die vom Scrum Master gelöst werden sollten. Diese finden Einzug in den Sprint Endbericht.

▶ **Sprint Endbericht:** Wird vom Produkt Owner im Sprint Review erstellt. Der Sprint Endbericht ist relativ kurz gehalten und dokumentiert einen kurzen Sprintverlauf, die Sicherstellung der Qualität (zum Beispiel durch Tests) und die Abnahme des Produkts.

▶ **Release Bericht:** Der **Release Plan** ist die globale Übersicht über das Gesamtprojekt, die Zeiten und Kosten. Er wird vom Product Owner entwickelt und nach jedem Sprint aktualisiert (Release Bericht). Mit jedem Sprint wird der Plan präziser und mögliche Risiken werden deutlicher (Risikomanagement). Der regelmäßige Release Bericht dokumentiert den Gesamtverlauf des Projekts.

---

[63] Da die Umsetzung der Anforderung vom Entwicklerteam getroffen wird und somit zum Zeitpunkt der Erfassung noch offen in der Umsetzung ist, wäre es falsch, die Anforderung als konkrete Funktion zu modellieren: „Installation eines »Newsmodul« im CMS System".

11.6.4   Prozessbeschreibung

Kernelement von Scrum ist ein fest definierter Prozess, der über die Projektdauer gleichbleibend eingesetzt wird. Nach der einmalig stattfindenden Vorphase werden im Sprint Planning die Aufgaben festgelegt, die das Entwicklerteam im Lauf des Sprints erreichen will. Ein Sprint schließt immer mit der Abnahme des Produkts (Sprint Review) und einer Rückbesinnung des Teams auf den zurückliegenden Sprint, mit dem Ziel noch besser zu werden (Sprint Retrospektive) ab. Im Anschluss daran beginnt ein neuer Sprint. Durch diesen Zyklus laufen Scrum Projekte trotz der Agilität in festen Bahnen und geben allen Beteiligten einen sicheren „Fahrplan":

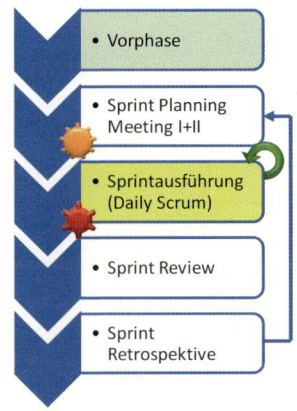

■ **Vorphase:** In der Vorphase entwickelt der Product Owner mit dem Kunden eine Vision mit allen grundlegenden Absprachen. Des Weiteren findet die wichtige Einstimmung des Kunden auf die Scrum Methode statt. Anschließend wird eine erste Version des → Product Backlog mit entsprechenden User Stories erstellt. Es entsteht eine nach Geschäftswert und Aufwand priorisierte Auflistung, die einen Überblick über alle „Wünsche" des Kunden, die zum gegenwärtigen Zeitpunkt identifiziert wurden, gibt. Da ein Scrum Projekt im Vergleich zum klassischen Projektmanagement nicht vollständig bis zum Ende durchgeplant werden muss, starten Scrum Projekte mit dem anschließenden ersten Sprint schon sehr schnell mit der produktiven Umsetzung.

■ **Sprint Planning Meeting 1 (SP1):** Im Sprint Planning Meeting 1 wird festgelegt, welche Product Backlog Items im nächsten Sprint bearbeitet werden sollen. Zunächst präsentiert der Product Owner dem Entwicklerteam die Backlog Items und klärt sämtliche Fragen. Es ist wichtig, dass alle Mitglieder des Entwicklerteams die Anforderungen vollständig verstanden haben. Grundlage für dieses Planungstreffen ist ein nach Aufwand und Geschäftswert priorisiertes Product Backlog. Zum Abschluss des Sprint Planning Meeting 1 wählt das Entwicklerteam der priorisierten Reihe nach so viele Product Backlog Items und damit User Stories aus, wie es glaubt, im anstehenden Sprint schaffen zu können (→Selected Product Backlog). Die Einschätzung der Anzahl von Story Points pro Sprint wird durch Erfahrungswerte von Sprint zu Sprint besser.

■ **Sprint Planning Meeting 2 (SP2):** Unmittelbar nachdem das "Was" geklärt wurde, macht sich das Entwicklerteam an die Arbeit und bestimmt das "Wie". Dazu werden feingliedrige Aufgaben (Tasks) inkl. einer Priorität und einer Zeitaufwandsabschätzung entwickelt (→Sprint Backlog) und auf dem Taskboard fixiert. Durch das Taskboard sind die anstehenden Aufgaben stets für jeden präsent. Dienlich für die abschließende Dokumentation ist das Übertragen des Task Boards in eine angepasste Offene Punkte Liste (OPL), die spätestens am Ende eines Sprints aktualisiert wird und als Nachweis der Tätigkeiten dient.

■ **Daily Scrum Meeting (DSM):** An jedem Arbeitstag findet ein Daily Scrum Meeting statt, dass vom Scrum Master moderiert wird. Dies ist eine Hilfe, damit sich das Team selbst organisieren kann. Es werden der Status Quo sowie sprintgefährdende Probleme identifiziert (→ Impediment Backlog). Ziel dieser Zusammenkunft ist nicht die Information des Scrum Masters oder Product Owners, sondern die Schaffung eines gleichen Wissensstandes für alle Mitglieder des Entwicklerteams. Dies zu erreichen ermöglichen die drei nachfolgenden Fragen, die jedem Mitglied des Entwicklerteams vom Scrum Master gestellt werden:

• Was hast du in der letzten Sitzung geschafft?
• Was willst du bis zur nächsten Sitzung schaffen?
• Welche Probleme gibt es, die sprintgefährdend sind?

Die Lösung etwaiger Probleme obliegt ebenfalls dem Scrum Master (zum Beispiel fehlende Rahmenbedingungen). Sollten weitere Informationen in Bezug auf auftretende Probleme erforderlich sein, befragt der Scrum Master im Anschluss an das Meeting das entsprechende Teammitglied eingehender und versucht dann das Problem zu lösen. Zu Beginn des nächsten Daily Scrum Meetings informiert er als Erstes über den Status der Problembeseitigung und anderer Einträge des

Impediment Backlog. Fragestellungen zur Produktfunktionalität werden im Daily Scrum Meeting nicht erörtert, sondern direkt mit dem Product Owner geklärt.

- **Sprint Review:** In diesem Meeting wird dem Product Owner und ggf. dem Kunden das Ergebnis des Sprints vorgestellt und abgenommen. Dabei entstehende neue Anforderungen werden für weitere Sprints aufgenommen (→ Product Backlog Items).

- **Sprint Retrospektive:** Die rückwirkende Betrachtung, die vom Scrum Master moderiert wird, hilft dem Entwicklerteam Stärken und Schwächen zu identifizieren und somit von Sprint zu Sprint besser zu werden. Andere Rollen können auf Wunsch des Entwicklerteams hinzugezogen werden.

- **Estimation Meeting (EM):** Während jedes Sprints finden fortlaufend ein bis zwei sog. Estimation Meetings statt. In diesen wird das Product Backlog bzgl. der Prioritäten und Zeiten vorhandener und **neu** hinzugekommener User Stories aktualisiert. Das Meeting wird vom Scrum Master geleitet und betrifft das gesamte Scrum Team. Dabei werden neue und vorhandene User Stories in Bezug auf Aufwand und der Geschäftswert für den Kunden bewertet (→ priorisiertes Product Backlog).

Zur Aufwandsabschätzung von Stories wird im Gegensatz zum klassischen Projektmanagement selten mit Personenstunden oder Tagen, sondern mit Story Points gearbeitet. Diese werden über ein sogenanntes Planning Poker im Konsens mit der Gruppe ermittelt.[64]

Dieses zyklische Vorgehen wird so lange wiederholt, bis je nach Abrechnungsmodell entweder die Budgetgrenze, die veranschlagte Zeit oder sämtliche geforderten Anforderungen erreicht wurden. Durch den offenen Charakter, der Änderungen zulässt, genießt Scrum den Ruf, dem Kunden eine "ehrlichere" Planung anzubieten. Dabei werden durch sich veränderten Anforderungen ergebende Kostenänderungen nicht verschleiert, sondern als konzeptionelle Größe berücksichtigt.

192. *Warum bietet sich Scrum sehr gut für ein Software-Entwicklungsprojekt und weniger für einen Brückenbau an?*

193. *Welche Vorteile bietet die Verwendung eines Task-Boards?*

194. *In welchem Verhältnis stehen die Rollen Product Owner und Scrum Master zum Entwicklerteam? Orientieren Sie sich unter anderem an der Grafik auf der nächsten Seite.*

195. *Welche Soft Skills müssen die einzelnen Rollen Ihrer Meinung nach mitbringen?*

196. *Einige Scrum Master fordern, dass nie mehr Tasks in Bearbeitung sind, als Entwickler zur Verfügung stehen. Welcher Gedankengang könnte im Bezug auf ein optimales Teamwork dahinterstecken?*

197. *Welche Unterschiede weist Scrum im Vergleich zu einer linearen Methode wie dem Wasserfallmodell auf? Erstellen Sie eine Gegenüberstellung. Mögliche Kriterien könnten sein: Teamgedanke, Kundenbeteiligung, Aktivitätenplanung, Zeitplanung, Teamwork, Handlungsergebnis, Koordination, Zielfestlegung.*

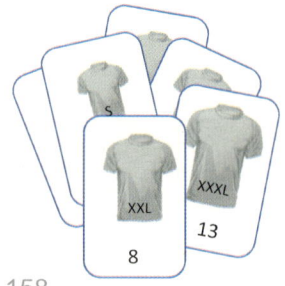

[64] Beim **Planning Poker** legt jedes Teammitglied eine Spielkarte seines Stapels mit der entsprechenden Aufwandsabschätzung verdeckt auf den Tisch. Aufwand ist dabei nicht mit Personenstunden oder -tagen gleichzusetzen. Es ist eine fiktive Größe wie T-Shirt Größen (S, M, L, XL, XXL), die häufig eine Folge von Fibonacci-Zahlen repräsentieren. Nachdem jedes Teammitglied seine Schätzung gelegt hat, werden die Karten gleichzeitig umgedreht. Meist liegen die Schätzungen nicht weit auseinander. Diejenigen mit dem größten und kleinsten Wert erklären kurz die Beweggründe für die Einschätzung. Beim Planning Poker findet ähnlich wie beim Blitzlicht keine Wertung anderer Einschätzungen statt, niemand muss sich verteidigen und es findet auch keine Diskussion mit dem Ziel einer Umstimmung statt. Nachdem die Beweggründe dargestellt wurden, wird die Pokerrunde so lange erneut durchgeführt, bis über den Austausch eine konsensfähige Aufwandsabschätzung herbeigeführt wurde.

Vision und User Stories festlegen

- Vision festlegen
- User Stories festlegen
- Priorisieren der User Stories
- Aufwandsabschätzung für User Stories (z. B. Planning Poker®)

Product Backlog

Sprint Planning Meeting 1 (das „Was" festlegen)

- User Stories/Backlog Items vorstellen
- Anforderungen klären
- User Stories für den Sprint festlegen

Selected
Product Backlog

Sprint Planning Meeting 2 (das „Wie" festlegen)

- Tasks (Aufgaben) zur Umsetzung der angestrebten User Stories festlegen
- Tasks auf dem Taskboard fixieren (visualisieren)

Sprint
Backlog

Daily Scrum Meeting; täglich ~ 15 Min.

- Überblick mit Hilfe des Taskboards geben
- Kurzes Stand-Up Meeting durchführen (Rückblick, Ausblick, Probleme)
- Längere Tasks zerlegen
- Schwierige Fragen/Probleme ins Impediment Backlog aufnehmen und außerhalb des Daily Scrum Meetings klären
- Tasks bearbeiten und dokumentieren
- Burn Down Chart aktualisieren

Estimation Meeting

Sporadische Überprüfung und Erweiterung der angestrebten User Stories (inkl. Bewertung)

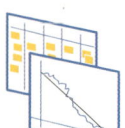

Tasks

Task Board
& Burn Down Chart

Sprint Review (Abnahme von Sprints)

- Ergebnis präsentieren
- Produkt/Ergebnis überprüfen
- Nicht erreichte User Stories in das Product Backlog verschieben
- Sprintergebnis abnehmen
- Neue Ideen als User Stories ins Product Backlog aufnehmen

Product Backlog

Retrospektive (Reflexion)

- Letzten Sprint reflektieren, um als Team von Sprint zu Sprint besser zu werden

Rollen und Rollenlegende

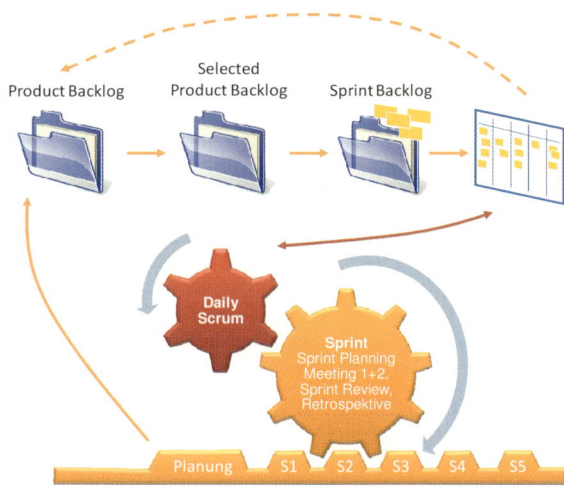

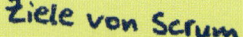

Ziele von Scrum

dem Kunden das zu liefern, was er braucht

die Ausführungsplanung denen zu übertragen, die die Ausführung umsetzen

große Ziele mit kleinen überschaubaren Schritten erreichen

maximale Transparenz gegenüber allen Beteiligten

als Team immer besser werden

12 Handbuch: GanttProject

Bei der Software GanttProject handelt es sich um ein klar strukturiertes Projektmanagement-Werkzeug (PM-Tool) zur Planung und Kontrolle kleiner und mittelgroßer Projekte. Dabei beschränkt sich das Programm auf elementare Funktionen. Durch zahlreiche Exportfunktionen zur Veröffentlichung von Plänen unterstützt es die Arbeit in Teams.

Um die gesamte Projekterfassung zu verdeutlichen, werden die nachfolgenden Erstellungsschritte anhand des Beispiels „Einführung einer mobilen Datenerfassung" aufgezeigt. Diese Informationskioske sollen es Reisenden ermöglichen, sich Informationen zu Flügen selbstständig zu beschaffen.

NR	Vorgangsbezeichnung	Dauer in Tagen	Unmittelbarer Vorgänger	Unmittelbarer Vorgänger	Verant-wortlich
1	Planung des Projekts	1	-	2, 4	Anita Hansen
2	MDE-Geräte beschaffen	25	1	3	Anna Tomi
3	MDE-Geräte einrichten	10	2	6	Dieter Pete
4	LAN Dosen installieren	6	1	5	Rainer Zufall
5	Netzwerk einrichten	1	4	6	Dieter Pete
6	MDE-Hubs einrichten	2	3, 5	7	Dieter Pete
7	Tests und Nachbesserung	1	6	-	Anita Hansen

Bitte begleiten Sie jedes Kapitel dieses Workshops, indem Sie die dargestellten Handlungsschritte durch Anwenden im Programm nachvollziehen. **Setzen Sie dabei alle Vorgänge inkl. der Zeiten und Ressourcen aus der Vorgangstabelle selbstständig um!**

12.1 Projekt anlegen

Das Anlegen eines neuen Projekts (STRG + N) erfolgt in drei Schritten. Nachdem im ersten Schritt beschreibende Informationen eingegeben wurden, wird im zweiten Schritt festgelegt, ob vordefinierte Rollen[65] genutzt werden sollen.

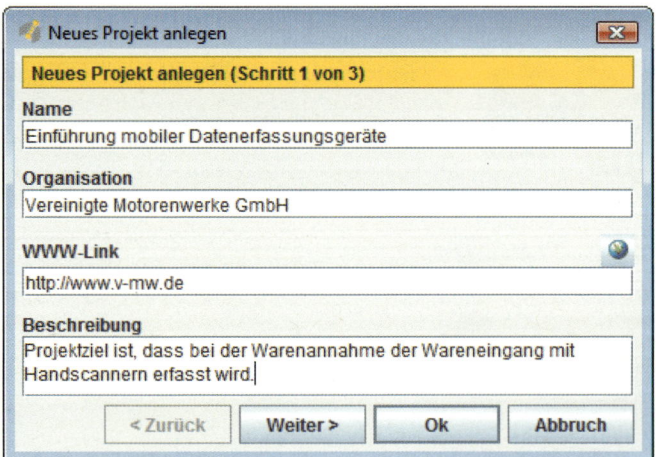

---

[65] Definierte Funktionen und Verantwortlichkeiten von Personen innerhalb eines Projekts.

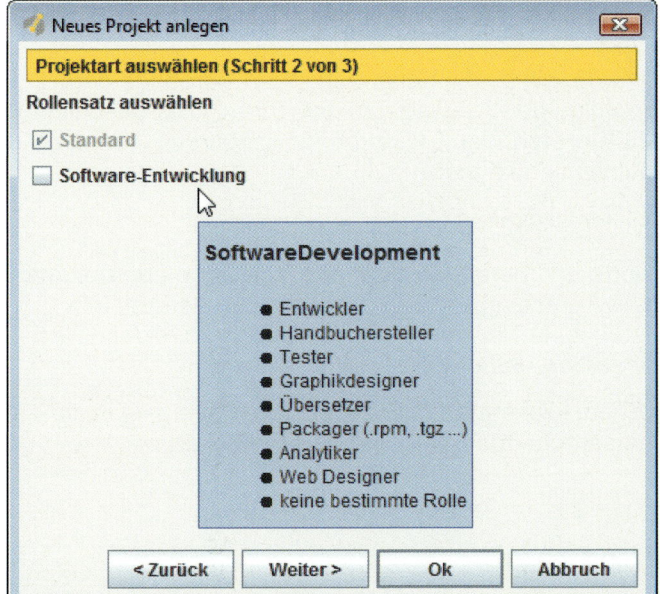

Die entsprechenden Rollen des Rollensatzes „Software-Entwicklung", sehen Sie in der nebenstehenden Abbildung.

Aufgrund der Komplexität und der Unterschiedlichkeit der Projektziele, enthält der Standardsatz lediglich zwei Rollen, die aber nach dem Anlegen des Projekts über die Menüzeile PROJEKT ▶ PROJEKT EIGENSCHAFTEN ▶ BENUTZERDEFINIERTE ROLLEN erweitert werden können.

Die dargestellten Information können jederzeit auch noch später über Projekt, Projekt Eigenschaften geändert werden.

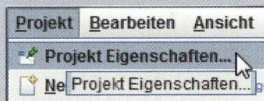

Unter den Projekteigenschaften kann im Menüpunkt Projektkalender beispielsweise das Startdatum des Gesamtprojekts global verschoben werden.

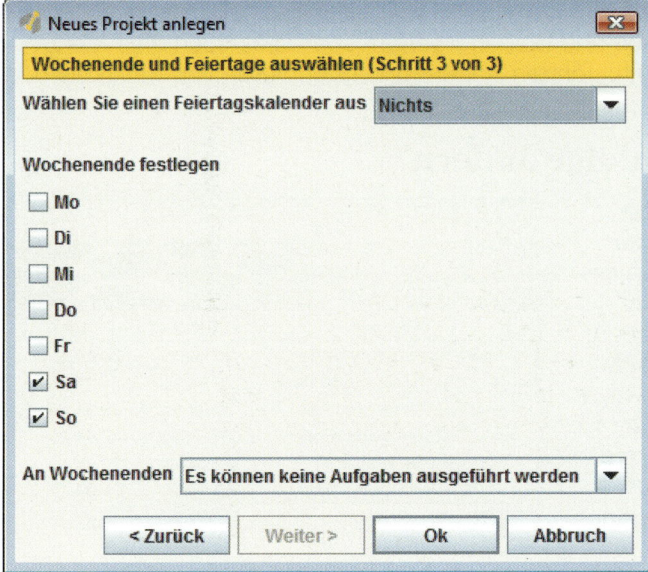

Im letzen Schritt wird festgelegt, an welchen Tagen in der Woche standardmäßig nicht gearbeitet wird, da Wochenende ist.

Gleiches gilt für Feiertage, die über ein entsprechendes Auswahlfenster länderspezifisch ausgewählt werden können. Weitere (ggf. regional unterschiedliche Feiertage) geben Sie nach einem Klick mit der rechten Maustaste auf die Datumsleiste in der Balkenansicht ein.

Diese Schritte haben weitreichende Auswirkungen. Wird nämlich im weiteren Verlauf ein Vorgang mit beispielsweise acht Tagen angelegt, verlängert sich die Balkendarstellung um zwei Tage Wochenende. Somit wird ein automatisch berechneter Balken von zehn Tagen als benötigte Zeit über alles ausgewiesen.

Die Einhaltung der nachfolgenden Tätigkeiten ist wichtig, damit GanttProject die optimale Unterstützung in Projekten leisten kann:

1. **Vorgänge anlegen**

2. **ggf. Vorgänge sortieren und gruppieren**

3. **Zeiten bestimmen**

4. **logische Nachfolger definieren**

5. **ggf. Ressourcen anlegen/zuweisen.**

Ob Sie den Vorgängen die notwendigen Ressourcen zu Beginn oder zum Ende Ihrer Planung zuweisen, hat keine Auswirkung auf das Ergebnis.

21 Harms - ISBN 978-3-8120-1040-5

12.2 Vorgang anlegen

Nachdem das Projekt angelegt wurde, gilt es die entsprechenden Vorgänge und Zeiten festzulegen und die Reihenfolge der Vorgänge zu definieren. Dies geschieht in der Ansicht GANTT im linken **Detailbereich**, den Sie durch Anklicken der entsprechenden Registerkarte auswählen können.

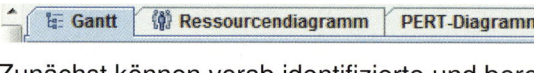

Zunächst können vorab identifizierte und bereits strukturierte Vorgänge übernommen und eingetragen werden. Alternativ kann GanttProject auch genutzt werden, um zunächst unsortierte Vorgangslisten zu entwickeln, die anschließend direkt im Tool effektiv in eine neue Reihenfolge sortiert und gruppiert wird.

Um einen neuen Vorgang anzulegen, klicken Sie mit der rechten Maustaste in die Spalte „Vorgang" oder auf das entsprechende Symbol in der Symbolleiste.

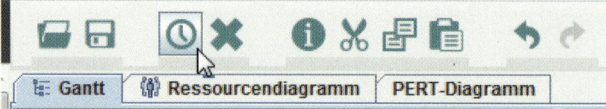

Alternativ dazu können Sie den Kurzbefehl (Short-Key) **STRG + T** nutzen. Das Vorgehen über die Short-Keys spart Ihnen dabei die meiste Zeit. Überhaupt sollten Ihnen einige Short-Keys in Fleisch und Blut übergehen, spart dies doch eine Menge Zeit, wie zum Beispiel beim nachfolgenden Ändern und Gruppieren von Tätigkeiten.[66]

Aufgaben verschieben oder gruppieren können Sie auch mit den Pfeilen oberhalb des Aufgabenbereichs oder dem kontextsensitiven Menü erreichen (Klick mit der rechten Maustaste auf eine Aufgabe). Insgesamt dauert dieser Weg aber bedeutend länger als nebenstehend beschriebene Methode.

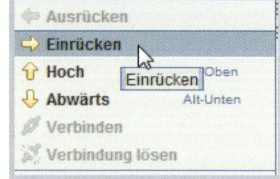

12.3 Vorgangsreihenfolge ändern

Einzelne bzw. mehrere Vorgänge können durch die Kombination der Taste **ALT** und Cursor nach oben ↑ und unten ↓ verschoben werden. Durch das Markieren von Bereichen (UMSCHALTEN und Mausklicks) bzw. durch das Markieren mehrerer unterschiedlicher Vorgänge (STRG + Mausklicks) können gleich mehrere Vorgänge auf einmal verschoben werden. Legen Sie nun alle Vorgänge der Tabelle an.

12.4 Vorgänge gruppieren

Wie in der nachfolgenden Abbildung andeutungsweise zu erkennen ist, können einzelne Vorgänge zu Gruppen zusammengefasst werden. Diese werden dann hierarchisch eingerückt dargestellt. Die Einrückungen nehmen Sie nach dem Markieren der Aufgaben mit den Tasten Alt und Cursor ← bzw. → vor.

Die Gruppen erleichtern es, den Überblick zu bewahren. Darüber hinaus weisen sie beispielsweise im Netzplan-Diagramm kumulierte (summierte) Zeiten aus. In unserem Beispiel sollen die Aufgaben den Gruppen Planung, Durchführung und Kontrolle zugeordnet werden.

Über einen Klick auf das kleine Symbol vor der Gruppierung kann diese minimiert bzw. erweitert eingeblendet werden.

---

[66] Aufgaben werden gelöscht, indem man nach dem Anklicken die Entfernen-Taste drückt. Das Umbenennen ermöglicht nach dem Markieren die Taste F2.

12.5   Meilensteine anlegen

Sofern Sie einen Meilenstein anlegen möchten, rufen Sie nach der Eingabe die Eigenschaften des Vorgangs auf. Klicken Sie dazu entweder mit der rechten Maustaste auf den Vorgang und wählen die EIGENSCHAFTEN oder geben Sie nach Markieren des Vorgangs ALT + EINGABE ein.

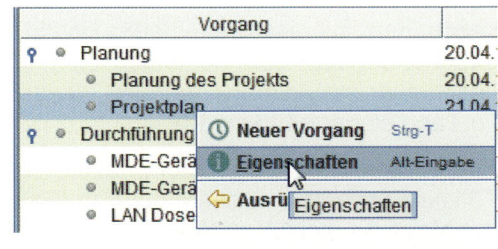

Alternativ zu diesem Vorgehen reicht auch ein Doppelklick auf den Zeitbalken.

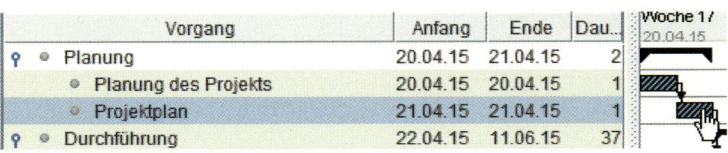

Setzen Sie nun das notwendige Häkchen und bestimmen Sie das Aussehen des Meilensteins.

| Name | Projektplan |
| Meilenstein | ✔ |

Als Ergebnis wird der Meilenstein als Raute in der Balkenansicht dargestellt. In unserem Beispiel soll ein Meilenstein Projektplan eingebunden werden. Dieser ist Nachfolger des Vorgangs „Planung des Projekts".

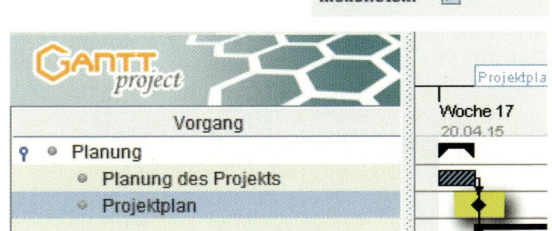

12.6   Zeiten festlegen

Um Zeiten zu erfassen, gibt es unterschiedliche Wege. So können Sie beispielsweise für jeden Vorgang den bereits vorgestellten EIGENSCHAFTEN-Dialog öffnen und die Dauer dort einstellen. Ein mühsames Unterfangen, das nach einem effektiveren Weg verlangt:

Um die Zeiten je Vorgang festzulegen, klicken Sie zunächst mit der rechten Maustaste auf die Spaltenköpfe. Wählen Sie dort SPALTEN VERWALTEN.

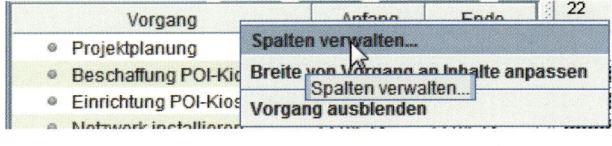

Wählen Sie nun die Spalte Dauer aus und anschließend MARKIERTE ZEIGEN.

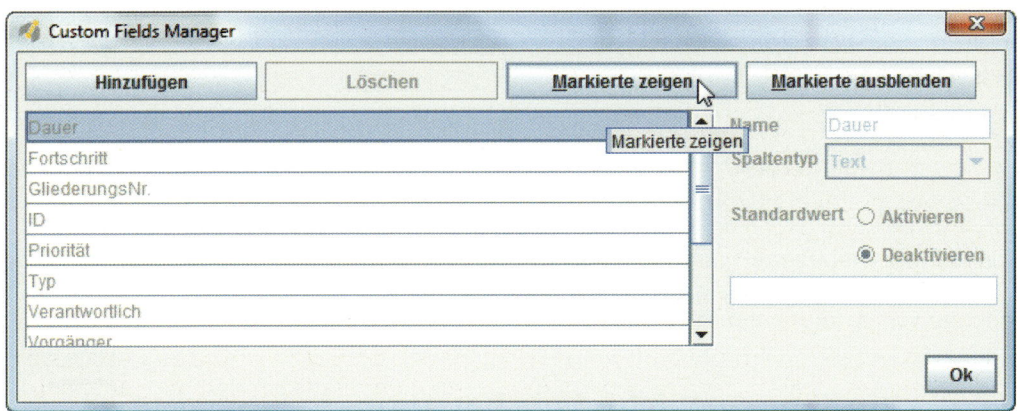

Nun können Sie gebündelt die für notwendig erachteten Zeiten tabellarisch eintragen. Beachten Sie, dass in GanttProject keine kleineren Abläufe als 1 Arbeitstag eingeplant werden können.

Vorgang	Anfang	Ende	Da...
⚲ ● Planung	20.04.15	20.04.15	1
● Planung des Projekts	20.04.15	20.04.15	0
⚲ ● Durchführung	20.04.15	22.05.15	25
● MDE-Geräte beschaffen	20.04.15	22.05.15	25
● MDE-Geräte einrichten	20.04.15	01.05.15	10

Bei den einzupflegenden Zeiten handelt es sich um eingeplante Zeiträume und nicht um effektiv benötigte Zeiten. Demnach bedeutet der Vorgang „MDE-Geräte beschaffen" mit einer Zeiteinheit von 25 Tagen nicht, dass eine Person den vollen Beschaffungszeitraum kontinuierlich mit dem Einkauf der Informationsterminals beschäftigt ist. Vielmehr bedeutet dieser Wert, dass für die Beschaffung der Terminals 25 Tage eingerechnet sind.

Eine weitere Möglichkeit den Endzeitpunkt der Tätigkeit festzulegen, besteht durch die Verwendung der Maus. Verschieben Sie dazu mit gedrückter linker Maustaste den rechten Rand des Vorgangbalkens.

12.7 Weitere Hinweise zu Vorgängen erfassen

Sofern sich bei der Planung wichtige Hinweise zu den Aufgaben ergeben, können diese in das eigens dafür vorgesehene Feld „Notizen" in den Eigenschaften des Vorgangs wie in Kapitel 12.5 beschrieben, festgehalten werden.

Auf dem gleichen Weg können Vorgänge unter der Registerkarte „ALLGEMEIN" der PRIORITÄT nach ihrer Wichtigkeit geordnet, unter ZUSÄTZLICHEN BEDINGUNGEN ein FRÜHESTER BEGINN oder auch der FORTSCHRITT festgehalten werden.

Ein Ausweisen der Werte als Spalten in der Vorgangstabelle erfolgt analog zum Ausweisen von Zeiten in Kapitel 12.6.

Die Bemerkung auf einen frühesten Termin ist immer dann wichtig, wenn Aufgaben auf Grund besonderer Umstände nicht ab dem berechneten Zeitpunkt begonnen werden können.

Beispiel: Eine Spezialmaschine steht erst ab einem bestimmten Zeitpunkt zur Verfügung.

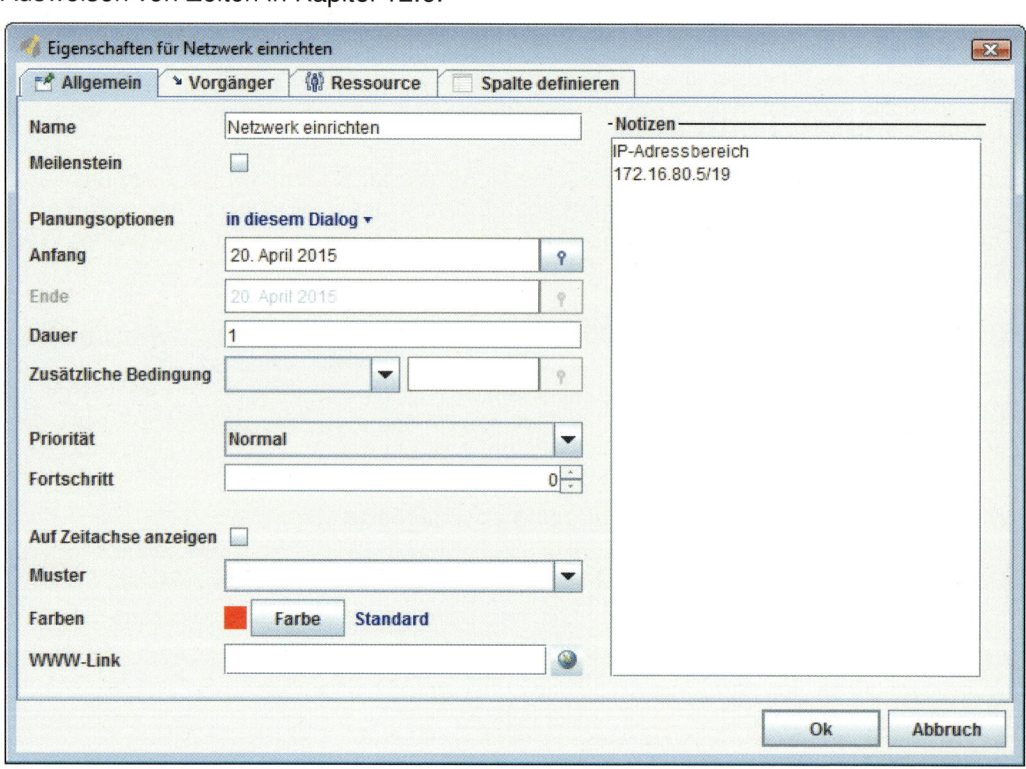

Über den Menüpunkt RESSOURCE, RESSOURCEN IMPORTIEREN, *können Ressourcen bereits bestehender Projekte übernommen werden.*

Ein kleiner „Klebezettel" neben dem entsprechenden Zeitbalken verrät Ihnen, dass es eine Notiz gibt. Sobald die Maus über die Notiz gehalten wird, folgt automatisch eine Darstellung des Inhalts.

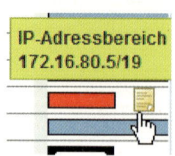

12.8 Vorgänger/Nachfolger bestimmen

Die Stärken eines PM-Tools spielt GanttProject bei der Festlegung nachgelagerter Vorgänge aus. Durch Ziehen von Verbindungen bei gedrückter Maustaste werden Vorgänge miteinander verbunden (vgl. untere Abbildung). Das bedeutet, dass nachfolgende Schritte erst beginnen können, wenn der vorherige Schritt vollständig abgearbeitet wurde.

Durch diese Zuordnung werden sämtliche Vorgänge des Projekts zeitlich korrekt in die Projektplanung eingearbeitet, wobei die Software automatisch Wochenenden und Feiertage berücksichtigt.

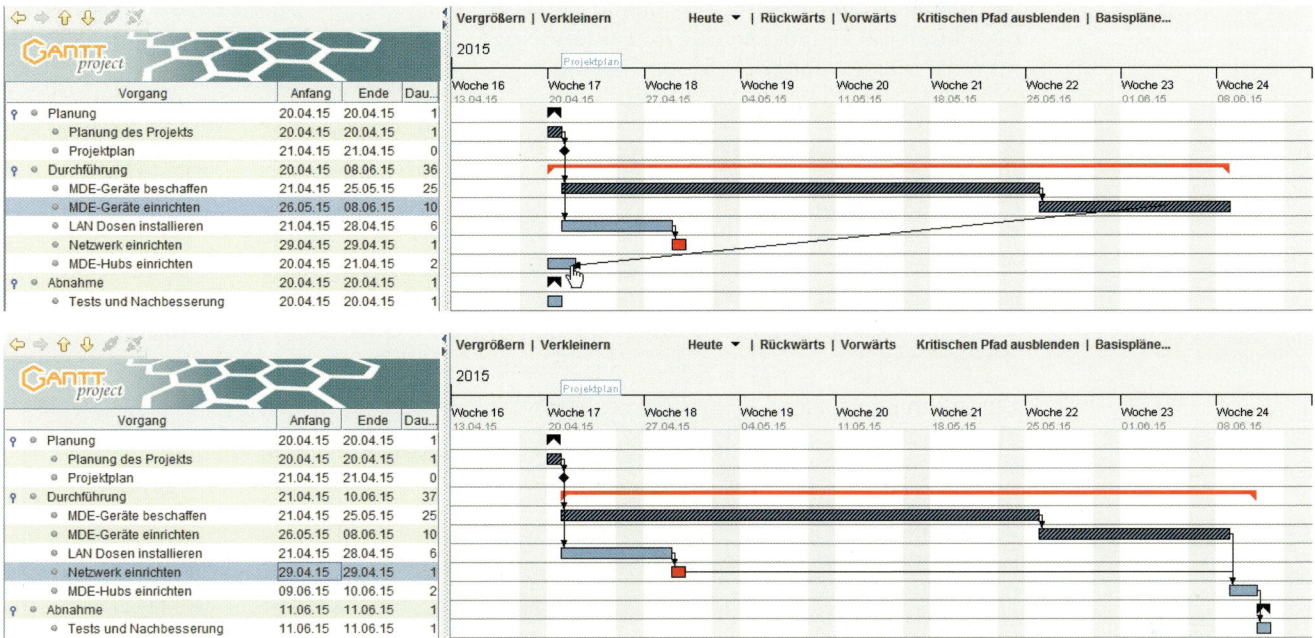

Bereits festgelegte Vorgänger und Nachfolger können wieder gelöst werden, indem Sie die betroffenen Vorgänge mit gedrückter STRG-Taste markieren und dann mit der rechten Maustaste auf eine markierte Aufgabe klicken. Wählen Sie dann im Kontextmenü VERBINDUNG LÖSEN oder den entsprechenden Punkt im Menü oberhalb des Aufgabenbereichs. Ein anderer Weg ist über die Eigenschaften einer Aufgabe (vgl. Kapitel 12.5) in der Registerkarte VORGÄNGER den entsprechenden Vorgänger zu löschen. Klicken Sie dazu auf die ID und dann LÖSCHEN.

Sollten Sie in die automatische Zeitplanung eingreifen und für einen Vorgang einen frühstmöglichen Termin bestimmen wollen, finden Sie in den Eigenschaften des entsprechenden Vorgangs das Vorgabefeld ZUSÄTZLICHE OPTION ▶ FRÜHESTER BEGINN.

12.9 Nachträglichen Vorgang einpflegen bzw. ändern

Sofern Sie einen neuen Vorgang nachträglich in die Liste bestehender Vorgänge integrieren möchten, klicken Sie zunächst mit einem Rechtsklick auf den Vorgang, hinter dem die neue Aufgabe eingefügt werden soll. Wählen Sie NEUER VORGANG.

Die wesentlichen Schritte zur Erfassung aller Vorgänge sind nun erledigt.

12.10 Balken-Navigation

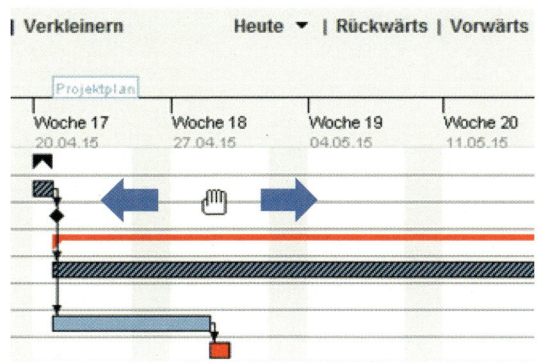

Zur Navigation innerhalb der Balkenansicht halten Sie diesen fest und bewegen die Maus nach links oder rechts. Des Weiteren sind die Menüpunkte am oberen Rand der Balkenansicht nützlich. Darüber können Sie die Skalierung ändern und schnell wieder zum aktuellen Datum springen.

Um schnell zu ausgewählten Aufgaben zu springen, nutzen Sie das Auswahl-Menü im oberen Bereich der Balkenansicht. Dort können Sie mit wenigen Klicks zum Projektanfang, zu dem heutigen Datum, an das Projektende oder auch zu ausgewählten Aufgaben springen.

12.11 Ressourcen erfassen

Ein Projekt lebt von dem Projektteam. Jeder einzelne ist

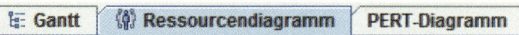

ein fester Bestandteil und muss seinen Beitrag zum Gelingen des Projektes beisteuern. Damit Vorgänge überwacht werden, gibt es Funktionen und Verantwortlichkeiten, die verwaltet werden müssen. Dazu dient der Bereich „Ressourcen".

Personen innerhalb des Projektes können mit der rechten Maustaste in der Tabelle Ressourcen bzw. generell mit STRG + H angelegt werden.

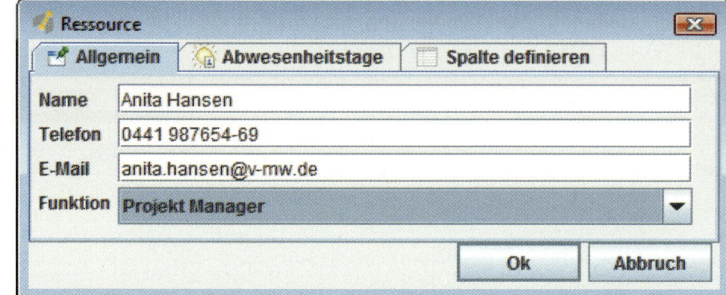

Wie bereits erwähnt ist es Geschmackssache, ob Sie die Ressourcen im Moment der Aufgabenplanung bereits erfassen und zuordnen oder dies in einem nachgelagerten Planungsgang erledigen.

Sofern während eines Projekts ein Mitarbeiter z. B. urlaubsbedingt nicht zur Verfügung steht, kann das in der Registerkarte Abwesenheitstage berücksichtigt werden.

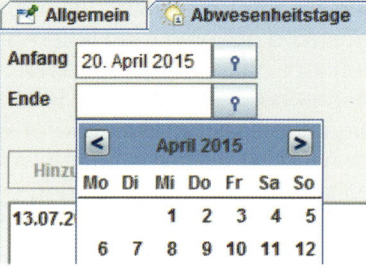

12.12 Funktionen erweitern

Sollte Ihnen der Umfang angebotener Funktionen/Rollen zur Beschreibung der Projektmitglieder nicht ausreichen, können Sie diesen selbstständig auf Ihre Bedürfnisse erweitern. Um beispielsweise die allgemeine Rolle eines Projektmitglieds zu definieren, wählen Sie in der Menüleiste PROJEKT, PROJEKT EIGENSCHAFTEN. Definieren Sie im Bereich BENUTZERDEFINIERTE ROLLEN die benötigten Rollen/ Abteilungen.

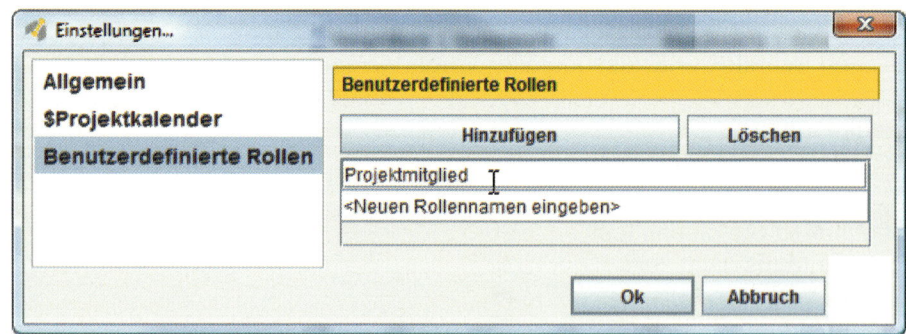

12.13 Ressourcen zuweisen

Die nun angelegten Personen können wie in Kapitel 12.5 beschrieben in den Eigenschaften der Aufgaben den jeweiligen Vorgängen zugeordnet werden.

Durch Setzen des Hakens VERANTWORTLICH, bestimmen Sie eine Person, die für die Ausführung und Überwachung dieser einen Aufgabe bestimmt wurde. Durch Erweitern der Spalten in der Aufgabensicht (Kapitel 12.6) bzw. einblenden am jeweiligen Balken (Kapitel 12.17) behalten Sie stets die Übersicht über Verantwortlichkeiten.

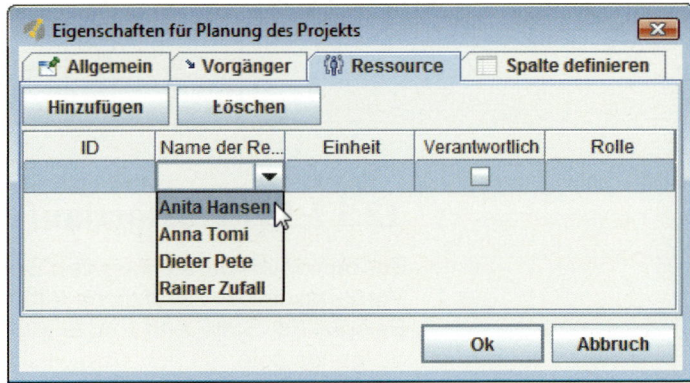

Pflegen Sie nun alle Ressourcen der Tabelle ein.

12.14 Ressourcenfunktion nutzen

Über die Registerkarte RESSOURCEN können Sie sich anzeigen lassen, welche Personen zu welchen Vorgängen zugeordnet sind. Dabei wird z. B. deutlich, ob eine Person zu mehr als 100 % eingeplant wurde, das heißt, ob diese Person zeitgleich an mehreren Vorgängen beteiligt sein wird. Dem nachfolgenden Bild zufolge wäre die Projektleiterin Anita Hansen ebenfalls bei der Installation der LAN Dosen eingeplant. Somit wäre Sie in dieser Zeit zu 200 % verplant worden.

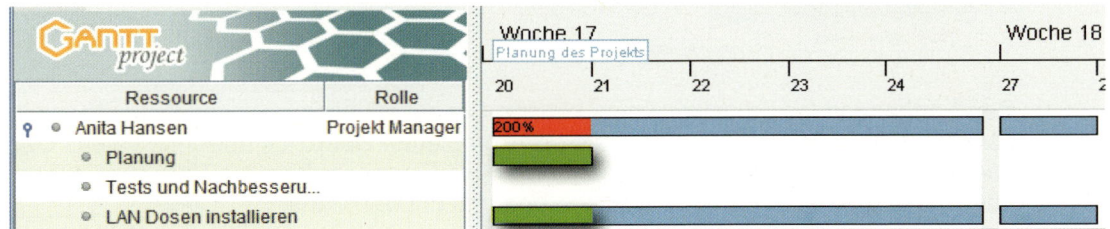

12.15 Kritischen Pfad ausweisen

Der kritische Pfad weist den „zeitaufwändigsten" Weg der Durchführung des gesamten Projekts aus. Es handelt sich also um den Ablaufweg, bei dem parallele Vorgänge keinen zeitlichen Puffer haben.

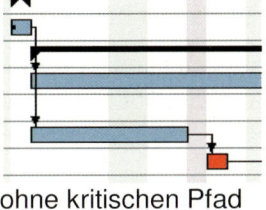
ohne kritischen Pfad

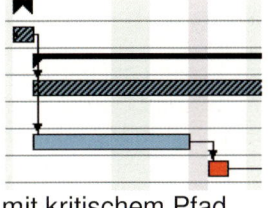
mit kritischem Pfad

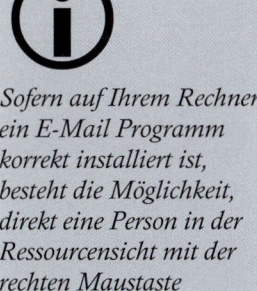

Sofern auf Ihrem Rechner ein E-Mail Programm korrekt installiert ist, besteht die Möglichkeit, direkt eine Person in der Ressourcensicht mit der rechten Maustaste anzuklicken und eine Mail dorthin zu senden.

Der kritische Pfad wird mit einem Klick auf KRITISCHEN PFAD ANZEIGEN oberhalb der Balkenansicht angezeigt.

12.16 Netzplan-Diagramm anzeigen lassen

Das PERT-Diagramm wurde aus der Netzplantechnik hergeleitet und verdeutlich sehr gut die Auswirkungen von parallelisierten Vorgängen.

Die Ansicht wird über den Menüpunkt ANSICHT > PERT-DIAGRAMM aktiviert und kann anschließend jederzeit über das entsprechende Register angesehen werden. Die jeweiligen Vorgänge können im Nachhinein mit drag&drop neu positioniert werden.

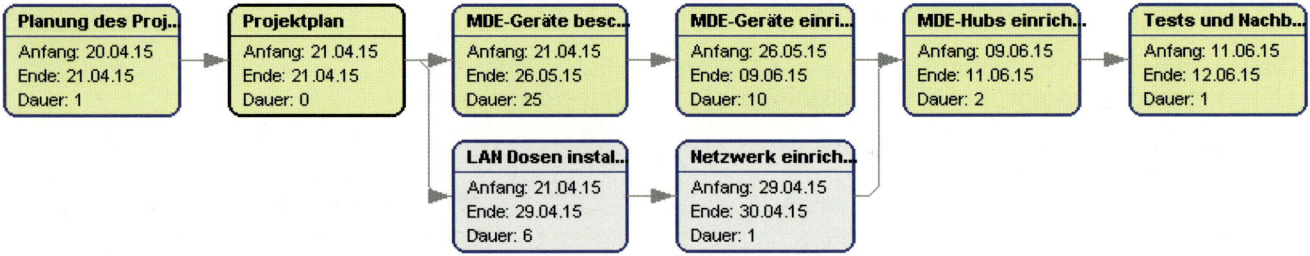

12.17 Prozessfortlauf dokumentieren

Zur optimalen Darstellung von Detailinformationen können Sie sich zu jedem Vorgangsbalken zusätzliche Informationen einblenden lassen. Diese können zum Beispiel der Start- und Endzeitpunkt, die Verantwortlichen oder auch die Dauer des Vorgangs sein.

Zum Ausweisen dieser Informationen klicken Sie mit der rechten Maustaste auf einen Balken und wählen dann DIAGRAMMEINSTELLUNGEN. Bestimmen Sie anschließend, an welchem Ort des Balkens die gewünschten Informationen ausgegeben werden sollen.

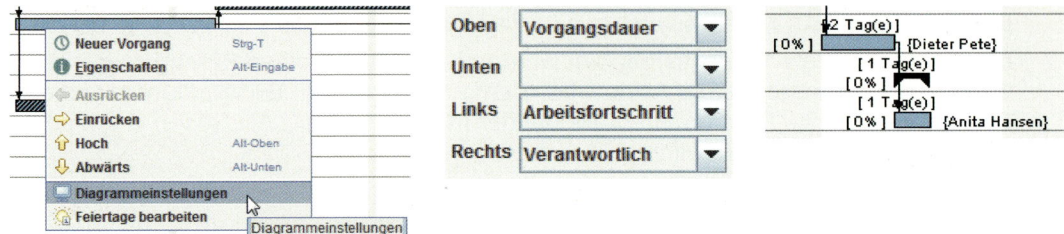

Den Fortgang jedes Einzelvorgangs können Sie auf Wunsch über den Aufgabenstatus dokumentieren. So behalten Sie stets den kompletten Überblick über Ihr Projekt. Dazu können Sie, wie in Kapitel 12.5 beschrieben, die Eigenschaften des Vorgangs öffnen oder Sie ändern den Fortschrittsbalken bequem mit der Maus.
Ziehen Sie dazu die Fortschrittsskala direkt am Vorgangbalken von links nach rechts. Der Grad der Zielerreichung wird Ihnen umgehend eingeblendet.

12.18 Ergebnisse veröffentlichen

In einem Projekt sollten alle Beteiligten stets auf demselben Kenntnisstand bzgl. des Fortschritts sein. Dementsprechend stellt GanttProject mehrere Möglichkeiten der Ergebnisveröffentlichung zur Verfügung. Wählen Sie dazu im Dateimenü PROJEKT den Punkt EXPORT.

Als Exportformate stehen MS-Project-Dateien, Pixelgrafiken, CSV-Dateien zur Weiterverarbeitung in Tabellen, HTML-Websites und PDF-Berichte zur Verfügung. Zu jeder Exportart können im zweiten Dialog verfeinernde Einstellungen gemacht werden.

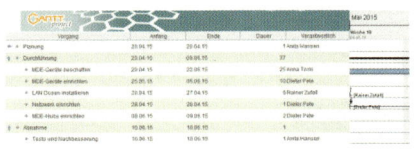

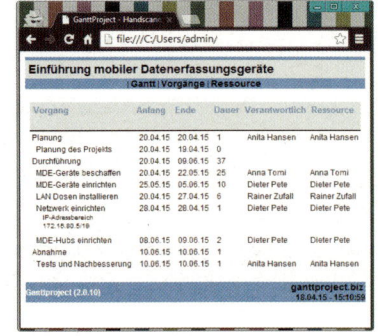

Druck
Website
PDF-Report

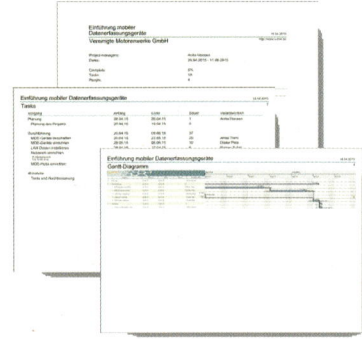

12.19 Nützliche Einstellungen

Über die Menüzeile BEARBEITEN, EINSTELLUNGEN können Sie Ihr internes Logo zur Ausgabe einpflegen, Hilfslinien für Projektstart, -ende und aktuellen Tag einblenden lassen, Standardfarben und -aussehen sowie FTP-Zugangsdaten für den automatischen Upload auf einen Server einrichten.

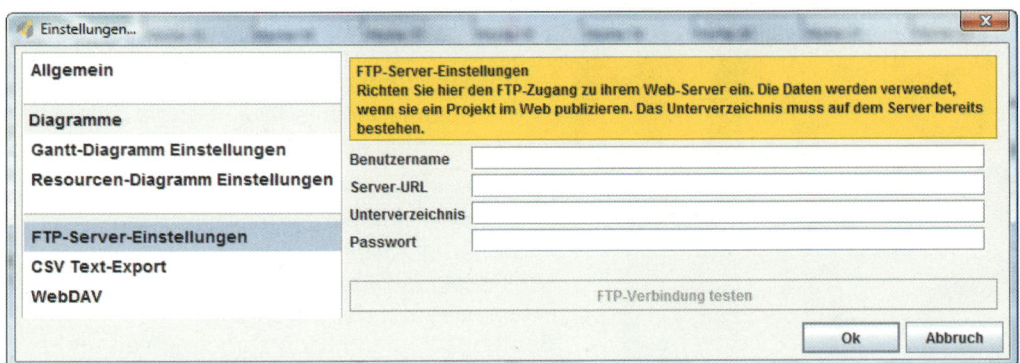

12.20 Überprüfen Sie Ihr Wissen

198. *Wie können Sie schnell zu einer ausgewählten Aufgabe springen?*

199. *Ein Tool muss effizient bedient werden, sonst verfehlt es seinen Zweck. Wie können Sie schnell Aufgaben in der Reihenfolge ändern und diese gruppieren?*

200. *Ändern Sie in unserem Beispielprojekt den Projektstart so ab, dass dieser am ersten Montag im Monat Juli dieses Jahres beginnt. Wann endet das Projekt?*

201. *Legen Sie alle Ressourcen an und ordnen Sie diese gemäß der Beschreibungen den Aufgaben zu.*

202. *Dieter Pete möchte in der zweiten Juliwoche Urlaub nehmen. Tragen Sie diese Abwesenheitstage ein. Wie lautet Ihre Entscheidung über den Urlaubsantrag?*

203. *Erweitern Sie die Planungsphase so, dass Dieter Pete und Rainer Zufall bei der Planung beteiligt sind.*

204. *Berücksichtigen Sie, dass das Netzwerk auf Grund interner Umstellungen erst am 24. Juli eingerichtet werden kann. Berücksichtigen Sie das in Ihrer Planung. Zudem soll diese Besonderheit durch einen roten Balken verdeutlicht werden.*

205. *Vermerken Sie, dass die Projektplanung und die Installation der LAN-Dosen vollkommen abgeschlossen sind. Die MDE-Geräte sind bestellt, wodurch die Aufgabe zu 20 % abgeschlossen wurde.*

206. *Die MDE-Geräte sind unverhofft bereits am neunten Tag der veranschlagten Zeit geliefert worden. Aktualisieren Sie Ihre Planung und geben Sie einen Hinweis daraufhin, welche Auswirkung das auf Ihr Projekt hat.*

207. *Ausgehend davon, dass durch die frühzeitige Lieferung alle nachfolgenden Termine flexibel gehandhabt werden können, soll Folgendes geplant werden: In der Durchführungsphase soll nach dem Einrichten der MDE-Hubs eine drei Mal eintägige Schulungsphase für zahlreiche Mitarbeiter eingeplant werden. Die Abnahmephase soll unabhängig von dieser Schulung wie geplant durchgeführt werden. Die Schulungen werden vom Azubi eigenverantwortlich durchgeführt, Anita Hansen ist als Verantwortliche bei der Schulung jedoch anwesend. Aktualisieren Sie die Planung der Vorgänge und Ressourcen. Verrät der Ressourcenplan problematische Aufgabenzuordnungen? Reagieren Sie entsprechend und ermitteln Sie, wann das Projekt beendet sein wird.*

208. *Geben Sie einen Report im Querformat als PDF aus.*

22 Harms - ISBN 978-3-8120-1040-5

13 Schlusswort

Ihr Praktikum ist abgeschlossen. Sie sind am Ende Ihrer Ausbildung rund um das Geschäftsprozess- und Projektmanagement angekommen. Sie haben viel gelernt über die Notwendigkeit einer Geschäftsprozessorientierung, über das Vorgehen bei der Modellierung von Prozessmodellen sowie über die Optimierung von Abläufen.

Die gesamte Thematik zielt unter anderem auf eine optimale Vorbereitung Ihres weiteren Arbeitslebens ab. Schlüsselqualifikationen, wie die Arbeit in Prozessteams, der Bereitschaft, Betriebsabläufe kritisch zu betrachten und zu verbessern, und die Fähigkeit einer zuverlässigen und motivierten Bearbeitung von Kundenaufträgen, sind Anforderungen, die Entscheidungsträger an zukünftige Bewerber von Arbeitsplätzen richten werden.

Den Kunden als Maß aller Dinge zu betrachten und stets die Qualität von Produkten und Prozessen im Blickfeld zu haben, sichert den Unternehmen am Markt und in letzter Konsequenz auch Ihnen die wirtschaftliche Zukunft.

"Nichts in der Geschichte des Lebens
ist beständiger als der Wandel."

Charles Darwin
(Englischer Naturforscher)

14 Wissens-Check für angehende Prozessmodellierer

1. Kostenart in der Prozesskosten-rechnung, die unabhängig von der Ausführungshäufigkeit genutzt wird
2. Symboltyp für eine Zustands-beschreibung in einer Ereignis-gesteuerten Prozesskette (EPK)
3. Fachbegriff für eine Tätigkeit in einer EPK
4. allgemeine Verzweigung innerhalb einer detaillierten Prozessbeschreibung
5. wertschöpfender Prozesstyp
6. Diagrammtyp zur Beschreibung der Aufbauorganisation
7. geeigneter Modelltyp für Arbeitsanweisungen (Abk.)

8. ganzheitlicher Kundenbetreuer in einem Prozess
9. grobe Übersicht über alle Prozesse einer Unternehmung
10. Symboltyp zum Verweis nach einem anderen Teilprozess
11. Rolle, die einen dokumentierten Prozess ausführt
12. Handlungsprinzip zur Umsetzung und Bewertung von Verbesserungsmaßnahmen nach W. E. Deming (Abkürzung)
13. umfassende Software zur Erfassung und Steuerung von Unternehmensprozessen

14. Abkürzung für Wertschöpfungsketten-diagramm
15. eine EPK besteht aus Ereignissen, Funktionen, Organisationseinheit und ...
16. kleinste organisatorische Einheit
17. Zusammenfassung gleichartiger Stellen
18. Software zur Darstellung von Prozessmodellen
19. steht im Mittelpunkt der Prozessausrichtung
20. Verzweigung, die nur eine Möglichkeit der Fortführung zulässt

Welches Wort erhalten Sie, wenn Sie die Buchstaben 1 bis 17 aneinanderreihen?

15 Stichwortverzeichnis

Bildnachweis: Coverbild (oben): mark.f - Fotolia.com, (unten): contrastwerkstatt - Fotolia.com, (Hintergrund): XtravaganT - Fotolia.com

S.6: contrastwerkstatt – Fotolia.com | S.7: contrastwerkstatt – Fotolia.com | S.8: beermedia.de – Fotolia.com |zelepukin – Fotolia.com | S.9 Aleksandr Bryliaev – Fotolia.com| S.11: iadams – Fotolia.com |S.14: Spiral Media – Fotolia.com | S.19: iconshow – Fotolia.com | S.27: Kadmy – Fotolia.com | S.30: pitemoak – Fotolia.com | S.31: Kasto – Fotolia.com | S.32: nmann77 – Fotolia.com | S.47: beermedia.de – Fotolia.com | S.49: mark.f – Fotolia.com | S.54: Olga Altunina – Fotolia.com | Artalis – Fotolia.com | mico_images – Fotolia.com | S.76: mybytemedia – Fotolia.com | S.83: Robert Kneschke – Fotolia.com | S.85: Maksim Toome – Colourbox.de | S.124: www.colourbox.de | S.137: kharlamova – Fotolia.com | S.138: ianrward – Fotolia.com | S.144: photo 5000 – Fotolia.com | S.145 cirquedesprit – Fotolia.com | S.147: Bacho Foto – Fotolia.com | S.154: foviafoto – Fotolia.com | S.160: www.colourbox.de

Projektdreieck

Ein Projekt bestimmt sich durch ein festes, in der Regel neuartiges Projektziel komplexen Ausmaßes. Zur Erreichung stehen eine definierte Zeit und begrenzte Ressourcen gegenüber.

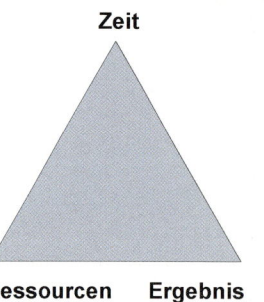

Projektplanung

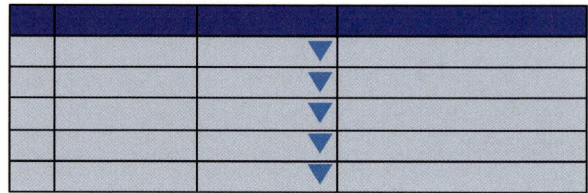

Vorgehensmodell

1. Arbeitspakete bestimmen (**Projektstrukturplan**)
2. Arbeitspakete sequenzieren (**Ablaufplan**)
3. Aufwandsabschätzung für Arbeitspaket (**Zeitplan**)
4. Entscheidung herbeiführen
5. Arbeitspakete parallelisieren
6. Meilensteine bestimmen
7. Ressourcen zuweisen (**Ressourcenplan**)
8. Kosten kalkulieren (**Kostenplan**)
9. Anspruchsgruppen identifizieren (**Stakeholder Analyse**)
10. Projektgefahren identifizieren (**Risikoanalyse**)

Gantt-Diagramm

Das Gantt-Diagramm ermöglicht eine grafische Darstellung zeitlicher Planungsgrößen.

Aufg. a)
Aufg. b)
Aufg. c)
Aufg. d)
Zeit

Universalwerkzeug OPL

Die Offene Punkte Liste (OPL) ist eine tabellarische To-Do-Liste, die u.a. Aufgaben, Status, Verantwortlichkeiten und Termine übersichtlich vereint.

Teambildung

a) Forming (Einstiegs- und Findungsphase)
b) Storming (Auseinandersetzungs- und Streitphase)
c) Norming (Regelungs- und Übereinkommensphase)
d) Performing (Arbeits- und Leistungsphase)
   Adjourning (Auflösungsphase)

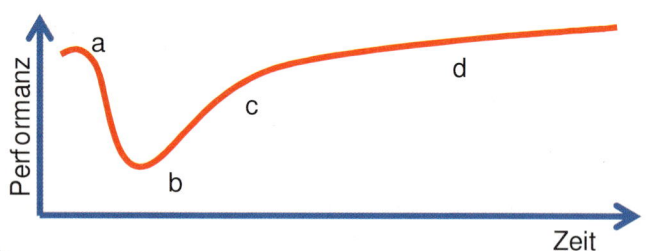

Projektmeeting

1. Start- und Endtermin festlegen und einhalten.
2. Nicht zu viele Tagesordnungspunkte pro Sitzung ansetzen bzw. Zeiträume zu lange ansetzen.
3. Rollen (Moderator, Protokollant, Zeitnehmer) bestimmen.
4. Tagesordnungspunkte im Vorfeld versenden. Dabei die Punkte der Priorität nach anordnen.
5. Immer die eigene Meinung vertreten, geduldig zuhören, ausreden lassen und stets respektvoll und freundlich bleiben.
6. Protokoll führen und den Beteiligten im Nachhinein zukommen lassen.

Netzplantechnik

Die Netzplantechnik ermöglicht es, zeitliche und finale Verkettungen von Aktionen zu planen.

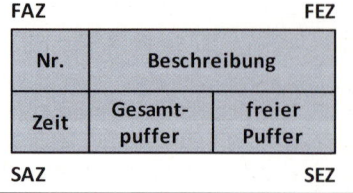

Zeitermittlung nach PERT

$$\frac{\text{minimale Dauer} + 4 \times \text{wahrscheinliche Dauer} + \text{maximale Dauer}}{6}$$

Von der Realität zur Datenbank

1. Realität in einem ER-Diagramm erfassen.
2. Überführen in ein relationales Datenbankschema.
3. Datenbankschema normalisieren.
4. Datenbank anlegen und nutzen.

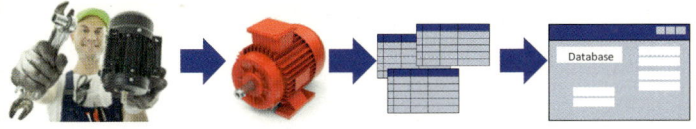

Relationales Modell

Datengrößen, die in Beziehung zueinander stehen, werden in zweidimensionalen Tabellen (Relationen) gespeichert.

Tabellenname

Schlüssel	Attribut	...
1214		
1215	Attribut-	
1216	wert	
1217	⟵	Tupel ⟶

Notationen zur Datenmodellierung

Die Datenmodellierung ist ein wesentlicher Schritt bei der Entwicklung von Datenbanken. Zur grafischen Darstellung stehen unterschiedliche Notationen zu Verfügung. Am häufigsten vorzufinden ist die Notation nach Peter Chen und die Krähenfußnotation nach James Martin.

Grundlegender Symbolvorrat ERM nach Chen

Symbol	Beschreibung
Entität/Entitätstyp	Zusammenfassung unterschiedlicher Objekte der Realität.
Attribut 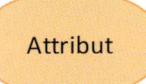	Detaillierte Beschreibung von Eigenschaften einzelner Entitätstypen.
Beziehung 	Beschreibung von Beziehungen (Relationship) von Entitäten zueinander.
——————	Kanten mit entsprechenden Kardinalitäten wie 1, n, m

Grundlegender Symbolvorrat ERM nach Martin

Symbol	Beschreibung
Entität/Entitätstyp	Zusammenfassung unterschiedlicher Objekte der Realität.
Attribut	Detaillierte Beschreibung von Eigenschaften einzelner Entitätstypen.
—‖—	Kardinalität 1
—○‖—	Kardinalität 0 oder 1
—○<—	Kardinalität 0 oder n
—<—	Kardinalität 1 oder n

Kardinalitäten (Multiplizitäten)

1:1   **1:n**   **m:n**

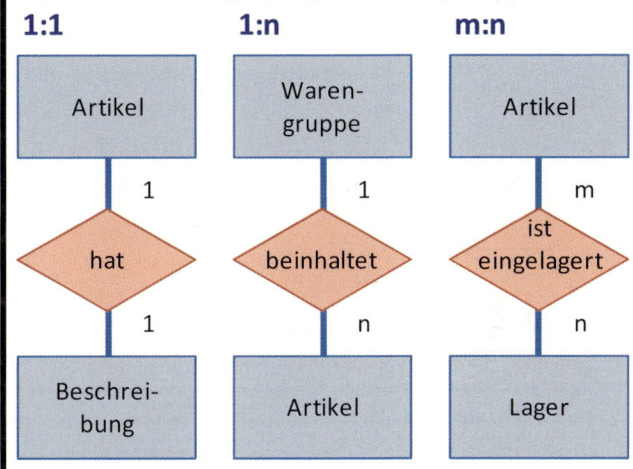

m:n in zwei Mal 1:n uminterpretiert

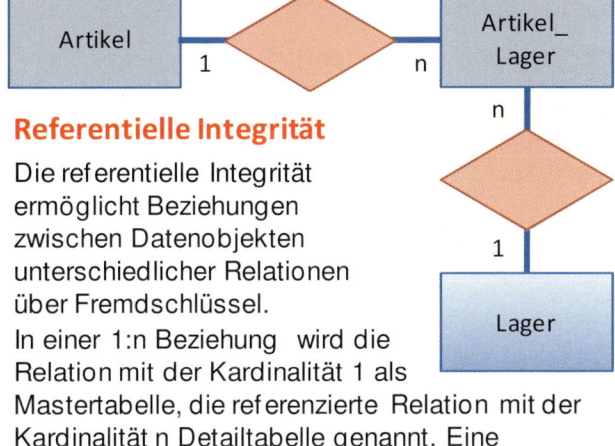

Referentielle Integrität

Die referentielle Integrität ermöglicht Beziehungen zwischen Datenobjekten unterschiedlicher Relationen über Fremdschlüssel.
In einer 1:n Beziehung wird die Relation mit der Kardinalität 1 als Mastertabelle, die referenzierte Relation mit der Kardinalität n Detailtabelle genannt. Eine **Normalisierung** überprüft, ob in einem Datenbestand alle Daten atomar vorliegen und zerlegt funktionale Abhängigkeiten.

Grundlegender Symbolvorrat

Ereignis — Ein **Ereignis** löst einen Prozess aus bzw. ist das Ergebnis einer Tätigkeit.
Beispiel: Rechnung eingegangen

Funktion — Eine **Funktion** ist eine auszuführende Tätigkeit.
Beispiel: Rechnung buchen

Organisations-einheit — Eine **Organisationseinheit** ist eine Stelle, Abteilung, Gruppe oder Person.
Beispiel: Sachbearbeiter

Ressource / **Dokument** — Eine **Ressource** ist ein Hilfsmittel, das zur Bearbeitung des Prozesses benötigt wird. Beispiel: DV-System, Akte, Rechnung, Formular

Prozess-schnitt-stelle — Eine **Prozessschnittstelle** teilt einen Prozess in mehrere Teilprozesse, wodurch er u. a. übersichtlicher wird.

→ Gerichtete Kante (Abarbeitungsweg)

— Ungerichtete Kante (Zuordnung)

Grundlegende Verzweigungen

Konnektoren verzweigen Prozessabläufe bzw. führen diese wieder zusammen.

 Disjunktion (xor): Der Weg der Abarbeitung verzweigt sich. Er kann nur jeweils **eine Richtung** nehmen. Beispiel: »Rechnung prüfen« ergibt »Rechnung i. O.« bzw. »Rechnung n. i. O.«

 **Konjunktion (und):** Der Weg der Abarbeitung gabelt sich in mehrere Wege, die alle ausgeführt werden müssen. Beispiel: »Rechnung ausdrucken« und »Rechnungsdoppel ablegen«

 Adjunktion (oder): Der Weg der Abarbeitung gabelt sich in mehrere Wege, die wahlweise **alle, teilweise** oder auch **separat** ausgeführt werden. Beispiel: »Kunden anschreiben« und/oder »Kunde anrufen«

Praxisbeispiel

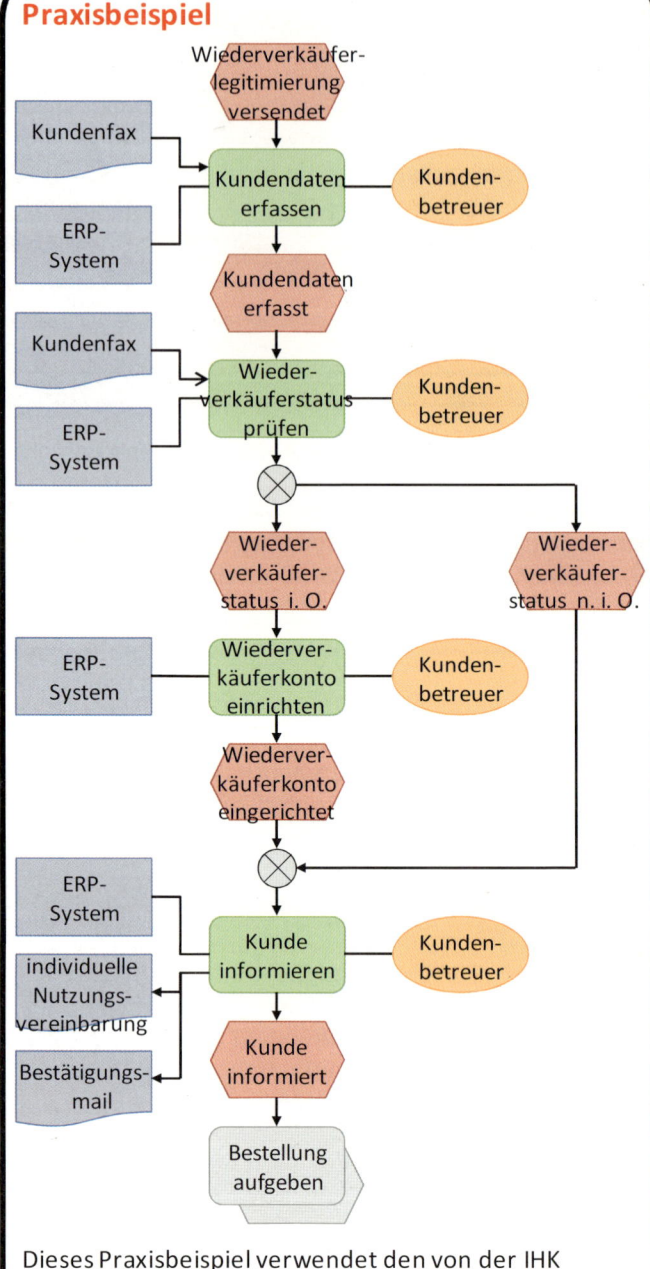

Dieses Praxisbeispiel verwendet den von der IHK präferierten Symbolvorrat.

Grundlegende Grammatik

- Funktionsbeschreibungen: Objekt + Verb
- Ereignisbeschreibung: Objekt + Verb (Partizip Perfekt)
- Einsatz von Funktionen und Ereignissen immer wechselseitig
- Prozess hat immer mindestens ein Start- und Endereignis
- Ressourcen und Organisationseinheiten einheitlich links oder rechts der Funktionen platzieren
- Entscheidungen werden über Konnektoren realisiert